스마트팩토리 2.0

스마트팩토리 2.0

| 정동곤 지음 |

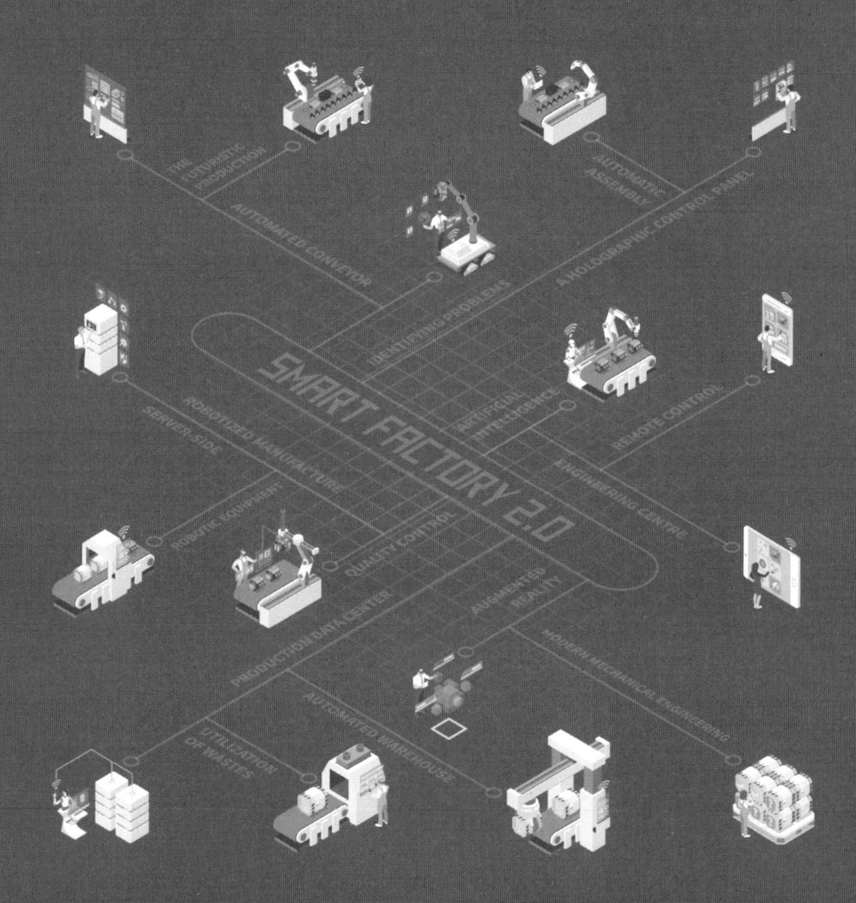

한울
아카데미

차례

제4부 핵심 기술(Key Technologies), 연결과 보안 • 177

제5부 와해성 기술(Disruptive Technologies), 뉴노멀을 넘어 • 225

프롤로그

IoT, 클라우드, AI 등의 용어가 범람하고 신기술만 도입하면 공장이 스마트하게 바뀔 수 있다는 분위기가 팽배하던 2017년 『스마트팩토리: 제4차 산업혁명의 출발점』 초판을 탈고했다. 시간이 지나면서 신기술들이 제조 현장에 속속 적용되는 것을 보면서 제목과 내용 사이의 괴리 때문에 책 제목을 '리얼 팩토리'로 바꿔야 하나 살짝 고민도 했다. 개정판을 통해 디지털 신기술 부분을 추가하는 것도 고려했으나 스마트제조에 있어서 MES/ERP/SCM/PLM의 중요성은 아무리 강조해도 지나치지 않기에 실행으로까지 옮기지는 못했다. 오늘에서야 『스마트팩토리 2.0』 덕분에 그동안 독자들에게 가졌던 죄송한 마음을 조금이나마 덜게 되어 감사하게 생각한다.

글로벌 사업장을 가진 케미컬 회사에 MES를 적용할 때 일이다. 국내에서 완벽하다 싶을 정도의 테스트를 거친 후, 컷오버Cutover를 위해 팀원들과 멕시코로 건너갔다. 사업장별로 ERP와 MES를 동시 원백하는 프로젝트라 일정 관련 한 치의 오차도 허용되지 않았다. 오죽하면 날아가는 비행기의 엔진을 교체하는 일에 비유했을까? D-day는 스멀스멀 다가오는데, 시차 때문에 국내 본사와 충분한 테스트 시간도 확보하지 못한 상태에서 출하박스에 붙이는 A4 사이즈의 검사성적서CoA가 자꾸 찌그러져 출력이 되는 거다. 국내에서 테스트할 때는 A4 용지에 제대로 찍히는 걸 확인하고 왔는데도 말이다. 출력 부분을 여러 번 바꿔보고 한참을 더 헤맨 다음에야 용지 크기가 문제라는 걸 알았다. 프린터 용지로 국내에서는 ISO 216을 따르는 A 시리즈를 많이 쓰지만, 멕시코에서는 얼핏 보기에는 A4와 같지만 세로는 약간 짧고 가로는 더 긴 북아메리카 Letter 규격을 사용하고 있었다. 연구를 전문으로 하는 학자가 아니기에 현장에서 체험한 이런 사사로운 경험들을 남기고 싶었다. 기록을 남기면 역사가 되고, 역사는 힘이라는 말이 있다. 필드에서 알고 경험한 것들에 더하여, 보고 들은 것들을 보태 적었다.

이 책은 모두 다섯 꼭지로 이루어져 있다.

첫째, 제조업의 미래, '생각하는 공장Brilliant Factory'

둘째, 개방과 플랫폼Open & Platform

셋째, AI, 과대광고Hype를 넘어 현실로

넷째, 핵심 기술Key Technologies, 연결과 보안

다섯째, 와해성 기술Disruptive Technologies, 뉴노멀을 넘어

첫째, 제조업의 미래에서는 데이터를 실시간으로 활용하여 공정이나 작업을 최적화하는 '생각하는 공장'에 대해 다루었다. 생각하는 공장을 위해서는 IT와 OT의 공진화co-evolution가 필수적이다. 이기종 설비로 복잡해진 생산 현장은 기술 고도화에 따라 더욱 복잡해지고 있다. 제어시스템의 적용 기술 및 다양한 산업 표준과 통신 프로토콜을 지원하기 위한 설비온라인 기술의 여러 사례를 적었다. 4차 산업혁명의 핵심 기술을 적극 도입해 세계 제조업의 미래를 혁신적으로 이끌고 있는 등대공장의 소개와 함께, 인텔리전트 엔터프라이즈의 핵심 경영 시스템인 ERP와 SCM, CRM의

최신 트렌드에 대해서도 설명했다.

둘째, 개방과 플랫폼 관점에서는 4개의 주제를 골랐다. 오픈소스와 API에 대해 정리했다. 전자정부에 적용된 SW 프레임워크 구성요소들을 소개하고 디지털 전환의 핵심인 IT 플랫폼을 설명했다. 마이크로소프트MS는 50%, 애플은 70%, 구글은 90% 정도 오픈소스를 사용하고 있다. 이제 테크 기업들의 오픈소스 사용은 일상화가 되었다. IBM, GE 등 글로벌 기업들은 데이터 활용 체계를 강화하고 신사업에 대응하기 위해 플랫폼 기반 IT 혁신을 추진하고 있다. 삼성전자 SET 부문도 비용 최소화와 효율성 극대화를 위해 지능형 제조 플랫폼을 도입했다. 이미 14개국에 걸친 32개 공장에서 매일 발생하는 45TBTerabytes의 데이터를 처리 중이다.

셋째, 과대광고의 유혹에서 벗어나 현실로 뚜벅뚜벅 걸어 들어온 AI와 데이터에 대한 이야기다. 데이터 분석에 대한 내용과 산업용 AI의 적용 사례와 가능성을 설명했다. AI·데이터 생태계의 핵심 기반이자 반도체 산업의 신성장 동력인 AI 반도체에 대한 이야기도 덧붙였다. 전 산업의 패러다임을 근본부터 바꿀 인공지능이 기업에 미치는 영향은 엄청날 것으로 전망된다. 캐나다의 블루닷BlueDot은 CDC보다 6일, WHO보다 9일 앞서 코로나19의 글로벌 확산을 예측했다. 의사, IT 엔지니어 등 직원 40명의 작은 규모로 전 세계 65개국의 뉴스, 가축 및 동물 데이터, 모기 등 해충 현황, 국제항공 이동 데이터, 실시간 기후변화 관련 데이터를 수집해 의료 전문 지식 및 고급 데이터 분석 기술과 AI 기술을 결합해 전염병을 추적하고 예측하는 솔루션을 개발했다.

넷째, 연결과 보안 관점에서 5G와 클라우드 컴퓨팅, 엣지 컴퓨팅 및 클라우드와 ICS(산업제어시스템)의 보안에 대해 설명했다. 5G가 상용화되면서 초고속, 초저지연, 초연결의 특성이 있는 5G 네트워크가 제조 과정 중 발생하는 정보를 실시간으로 공유할 수 있도록 지원하게 되었다. 단말에서 발생하는 데이터 양이 적고 전송 지연이 치명적이지 않는 환경에서는 클라우드 컴퓨팅 환경이 적합하나, IoT 기기들의 데이터 양이 많아지고 실시간 처리의 중요도가 높은 환경에서는 엣지 컴퓨팅의 활용이 요구되고 있다. 공장 내 유해가스의 누수를 감지하는 아날로그 방식의 PLC가 이상 감지 기능이 탑재된 엣지 디바이스로 대체되고 있다. 하지만 이러한 IT 환경과 OT 환경을 융합하는 스마트팩토리는 우리 기업들에게 기존 IT 영역의 보안 위협이 OT 영역과 기업 전체로 전이되는 것을 막아야 한다는 새로운 숙제도 같이 안겨주고 있다. 클라우드와 ICS의 보안이 중요해지는 이유다.

마지막 다섯째는 스마트팩토리 분야의 국가 경쟁력에 위협이 될 수 있거나 혹은 국력 신장에 기여할 정도로 파급효과가 큰 와해성 기술에 대해 설명했다. 블록체인, 챗봇 & RPA, IoT, XR, 3D프린팅, 디지털 트윈, 로봇 등을 디지털 혁신의 중심인 디지털 전환 엔진Digital Transformation Engine으로 선정하여 기술적인 배경과 함께 산업 현장에서의 쓰임새에 대해 정리했다. 이러한 DT 엔진 기술은 산업뿐만 아니라 일상생활의 서비스 혁신에도 영향을 주는 등 지속적으로 발전 중이다.

감사를 전하고 싶은 사람들이 많다. 시간이 흐를수록 또렷이 떠오르는 기흥/화성/평택/온양, 천안/아산/탕정, 부산/양산/거제, 여수/구미/의왕/오창, 중국/베트남/멕시코/미국 등 수많은 프로젝트 현장에서 길게는 1년 이상을 같이 부대낀 고객사 담당자들과 프로젝트 팀원들에게 감사하다. 글쓰기에 재주가 있는 것도 아니고, 스마트팩토리와 관련된 모든 테크놀로지를 경험한 것도 아니어서 많은 보고서와 논문, 저작물들이 책에 언급되는데 이와 관련된 (혹시, 빠져 있을) 연구자와 저자들에게도 빚진 마음을 갖고 있다. 고객들에게 제공하기 위해 홍보 자료를 만들고, 콘퍼런스나 세

미나 등에서 좋은 내용을 발표하고 공유해 준 사내 많은 동료들에게도 고마움을 전하고 싶다. 서툰 글을 세상의 독자와 연결하기 위해 뛰어난 능력으로 나를 지원해 준 한울엠플러스㈜의 윤순현, 이진경 님에게도 특별히 감사를 전한다.

2021년 5월

정 동 곤

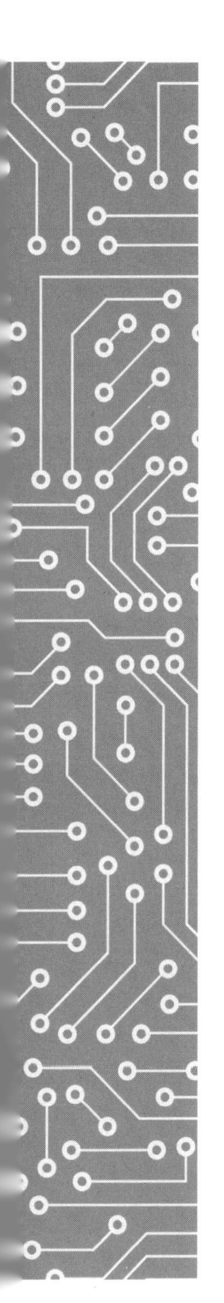

제1부

제조업의 미래, ‘생각하는 공장 (Brilliant Factory)’

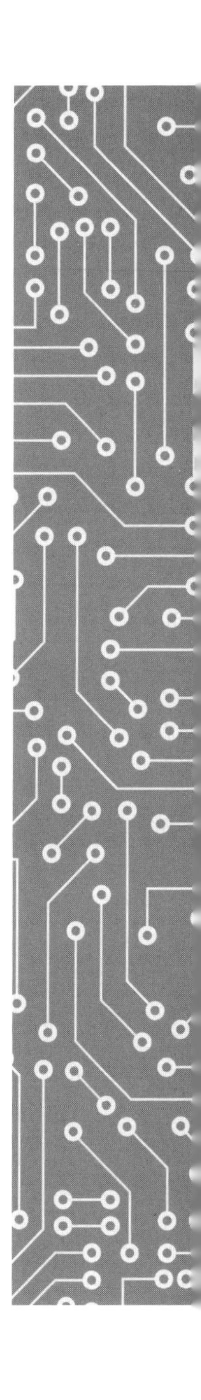

01

생각하는 공장, IT만으로는 안 된다

3차 산업혁명의 핵심 키워드가 IT 기술을 기반으로 한 정보화·자동화였다면 4차 산업혁명의 핵심 키워드는 초연결Hyper-Connectivity 기반의 지능화Intelligence를 통한 자율화Autonomization라고 볼 수 있다. 여기서 초연결은 물리적 공간과 인터넷상의 사이버공간이 연결되어 다양한 데이터가 발생하고 이동되는 것이며, 지능화는 집적된 데이터의 분석 및 활용을 통해 현실세계의 사물 제어가 가능한 수준이 되는 것이고, 자율화는 이를 통해 제품 생산과 서비스가 자율적으로 이루어지는 것을 말한다. 포터·헤플먼(Porter and Heppelmann, 2014)의 자동·자율화 로드맵에 따르면 1단계가 내부 센서와 외부 소스를 통해 종합적인 모니터링을 하는 것이다. 모니터링을 바탕으로 변화에 대한 경고 알람도 제공할 수 있다. 2단계는 모니터링 결과를 바탕으로 제품·서비스의 기능을 제어하고 동작하게 하는 것이다. 3단계는 최적화 단계로 모니터링, 제어와 동작의 결과를 최적화할 수 있는 알고리즘을 미리 세팅하는 것이다. 4단계가 되어야 비로소 실시간으로 상황

그림 1-1 자동·자율화 로드맵

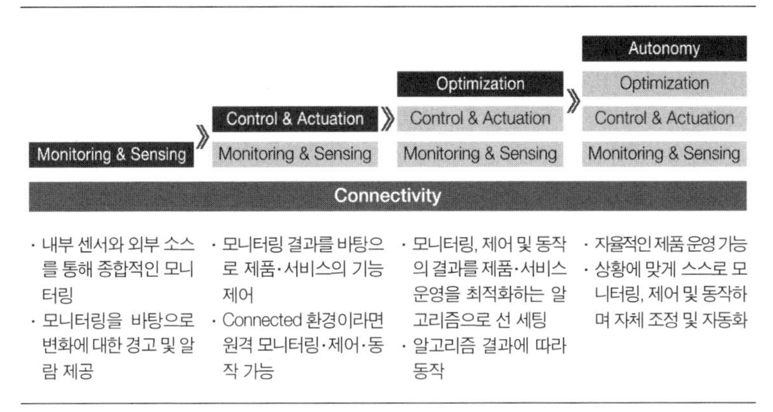

자료: Porter and Heppelmann(2014).

에 맞게 스스로 모니터링, 제어 및 동작하며 자체 조정 및 자동화가 가능해져 자율적인 제품·서비스 운영이 가능해진다.

8대 스마트제조 기술

효과적인 '4차 산업혁명' 추진은 단순히 IT 기술의 현장 적용을 통해서 가능한 것이 아닌 IoT, 클라우드 등 정보기술Information Technology: IT과 이를 적용해야 하는 산업 현장의 DCS, SCADA 등 운영기술Operational Technology: OT 간 효과적인 융합을 통해서만 가능하다. 4차 산업혁명을 선도하는 여러 국가에서는 이들 IT-OT 간 융합의 중요성을 인지하고 IT의 공급 주체를 '촉진자Enabler', OT 보유자로서 IT 활용 주체를 '수용자Adopter'라고 구분하여 이들 간 소통 및 협업을 중시하고 있다. 여기서 중요한 점은 IT 수용의

그림 1-2 IT-OT 기술 융합 및 제조 분야 혁신

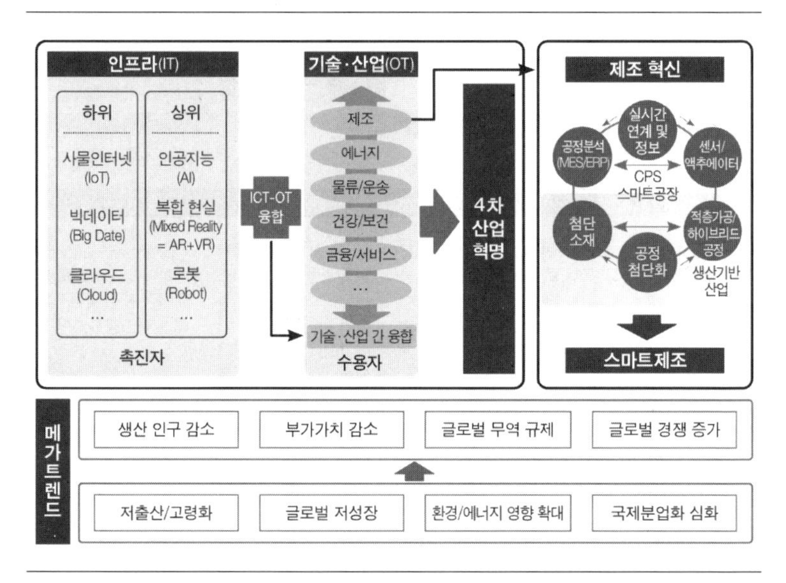

자료: KIET(2016).

최적화를 위하여 OT 자체도 지속적인 혁신이 필요하며, IT-OT는 필연적으로 공진화Co-Evolution의 관계에 있다는 것이다.

실제로 IT 강국인 미국과 제조 강국인 독일, 일본은 물론 영국, 프랑스 등 제조업 부활을 추진하는 국가와 스웨덴, 오스트리아 등 강소국으로서의 차별적 경쟁력을 중시하는 국가들도 이의 중요성을 인지하여 자국의 현실과 국가 혁신 전략과의 일관성을 감안하여 산업 분야별 촉진자와 수용자를 구분하여 세부 발전 전략을 추진하고 있다. 4차 산업혁명이 IT 기술의 발전으로 촉발되는 것은 의심의 여지가 없으나 IT가 적용되는 운영기술, 즉 OT의 혁신 역시 중요하다. 독일은 물론 많은 제조 중심 국가에서는 IT 이외에도 OT 개발을 병행하여 추진하고 있다. 이런 측면에서 우리나라도

내부적으로 스마트제조화에 대응할 수 있도록 기존 제조 기술의 고도화가 필요하다. 제조 분야 4차 산업혁명 추진과 관련하여 정부는 2015년 8대 스마트제조 기술을 발표한 바 있다. 생산시스템 혁신기술인 ① 스마트센서, ② 사이버물리 시스템, ③ 3D프린팅, ④ 에너지 절감 등 4개 기술과 정보통신 기반 기술로 ① 사물인터넷, ② 클라우드, ③ 빅데이터, ④ 홀로그램 등 4개 기술이다. 8대 기술은 신제품 조기 개발, 효율적인 시제품 제작과 최적화된 양산 시스템 구축 등 제조업 혁신을 위한 핵심 기술로서 독일의 Industry 4.0, 미국의 첨단제조파트너십AMP 등 선진 제조 강국들도 관련 기술 개발과 현장 응용에 박차를 가하고 있는 분야다.

쉬어가기 삼성국제기능경기대회

글로벌 삼성 기능인의 축제로 2008년에 시작된 기술 경연대회다. 기술인력을 육성하고 발굴하기 위해 매년 전자 계열사들과 해외법인 임직원이 함께 참여하고 있다. 제조 현장의 핵심 기능 직종인 △ 자동화 시스템 구축, △ 전기제어시스템 제작, △ 제조설비·지그 설계, △ CNC 밀링가공, △ 로봇티칭·응용프로그래밍 등 5개 부문에서 대회가 진행된다.

자동화 시스템 구축

① 제품을 투입하면 센서가 제품을 구분하고, 구분된 제품에 맞게 조립하는 시스템 구축

② 기구 배치/조립 및 배선, 공압 연결, PLC 및 터치화면 구성

전기제어시스템 제작

① PLC 제어장치 기술 습득을 위한 전기전자 기자재와 계측기기를 활용하여 자동제어 설비 제작 및 설치

② 각종 센서에서 신호를 받아 제어기에 신호를 보내주고 신호를 받은 설비가 정해진

대로 작동하는 원리를 이용하여 제어장치를 구축

제조설비·지그 설계

① 제품 분석, 3D 모델링 작업, 2D 도면화, 조립, 작동

CNC 밀링가공

① 정밀 가공하는 데 밀링머신을 사용하여 원하는 형상의 가공물을 만드는 일
② 가공 툴을 사용해서 블록 형상의 원재료를 제시된 도면의 형상과 치수에 맞게 가공하여 설비 부품, 금형 등을 만드는 일

로봇티칭·응용프로그래밍

① 전혀 다른 상황과 조건에서도 로봇의 움직임을 이해하여 계산한 대로 구동시키는 것이 핵심
② 비전카메라와 컴퓨터 간 통신 등을 활용함

2019년 모바일 로보틱스, 메카트로닉스, 기계설계(CAD) 등 50개 직종과 사이버 보안, 클라우드 컴퓨팅, 사업용 드론제어 등 3개 직종이 포함된 전국기능경기대회가 열렸다. 기업의 R&D 연구소와 공장은 지리적으로 멀리 떨어져 있는 경우가 많은데 미국 항공우주산업에서는 혁신 아이디어가 공장 현장에서 나오는 것을 인정하고 아웃소싱이 점점 감소하는 추세다. 엔지니어와 테크니션들이 얼굴을 맞대고 제조 공정에 대한 경험과 이해를 바탕으로 공정상 문제들을 토론하고 새로운 해법을 시도하면서 엄청난 학습이 이루어진다. 또한 R&D와 제조가 근접하여 동시 병행 설계를 함으로써 하드웨어 신제품 출시 기간도 크게 단축되고 있다. 제조업의 힘은 현장이며 현장의 경쟁력은 기능인력에 있다고 볼 수 있다.

주요국 제조업 혁신 동향

미국

미국은 2008년 금융위기 이후 제조업을 국가 경쟁력의 근간으로 재인식했고, 'America First', 'America Makes'라는 슬로건을 내세워, 제2의 제조업 르네상스 시대를 맞이하고자 범국가적 차원에서 노력하고 있다. 그러나 여전히 높은 인건비, 전문 기술자 및 엔지니어의 부족, 다시 예상되는 노동자 파업, 환경 이슈 등 여전히 해결해야 할 많은 문제들이 산재해 있다. 미국은 이런 문제들을 해결하고, 차세대 제조 산업 경쟁력을 높이기 위해 산·학·연 기관을 중심으로 컨소시엄 및 단체를 구성하여 다양한 연구를 수행하고 있으며, 이 개념은 스마트제조, 사이버물리 생산시스템, 산업 사물인터넷, 스마트팩토리, GE의 브릴리언트 공장Brilliant Factory 등 다양한 용어로 불리고 있다.

스마트제조에 관한 연구는 NIST(국립표준기술연구소)[1] 및 여러 산·학·연 기관을 중심으로 컨소시엄을 구성했으며, 기존의 제조혁신네트워크NNMI 및 여러 협력 단체가 'Manufacturing USA'(https://www.manufacturingusa.com) 명칭으로 통합되었다. NIST에서는, 스마트제조에 관한 공식적인 정의는 아직 없지만 스마트제조 시스템에 대해 "공장과 공급망 그리고 변화하는 고객의 요구와 환경에 부합하며 실시간으로 대응할 수 있는 완전 통합되고, 협업할 수 있는 시스템"으로 정의하고 있다. 현재 NIST에서는 '스마트제조 프로그램'이라는 명칭으로 차세대 생산 체계에 관한 연구를 수행

1 NIST(National Institute of Standards and Technology): 1901년 산업의 기술적 발전을 보조하고, 상품의 질과 생산과정을 현대화하며, 상품의 신뢰성을 증대할 목적으로 미국 의회가 설립한 상무부 산하 국가 연구소.

중이다. 스마트제조에 관한 연구는 2018년에 완료된 스마트제조 시스템 디자인 및 분석, 스마트제조 운영 계획 및 제어 외에, ① 스마트제조를 위한 로봇 시스템, ② 적층제조를 위한 측정과학, ③ 모델 기반 엔터프라이즈, ④ 스마트제조를 위한 신뢰할 수 있는 시스템, ⑤ 구성요소 및 데이터 등의 과제가 진행되고 있다(NIST, 2021). 스마트제조 프로그램을 크게 둘로 나누어보면, "정보통신 기술ICT"과 로봇 및 적층제조(3D프린팅) 등 "제조 기술"로 나눌 수 있다. NIST에서는 많은 제조 기술 중에서 로봇과 적층제조 기술을 스마트제조 패러다임을 실현시킬 수 있는 핵심 제조 기술로 여기고 있다. 미국의 제조업체들은 각 지역에 속한 NIST의 MEP 센터를 통해 MEP 내셔널 네트워크[2]를 구축하여, 적층제조 및 협동로봇과 같은 첨단기술을 활용하고 있다. 또한 NIST는 미래의 제조 경쟁력을 강화하고자 2019년 주목해야 할 다섯 가지 제조 기술 트렌드로 적층제조Additive Manufacturing, 협동로봇Collaborative Robots, 스마트제조Smart Manufacturing, 사이버 보안Cybersecurity, 인력개발Workforce Development을 제시했다(Devereaux, 2019).

독일

유로 경제권은 독일의 막강한 재정력에 의존하는 까닭에 독일의 주력 산업인 제조업 경쟁력 위기는 유럽 전역의 위기로 확산될 것이라는 우려가 제기되고 있다. 여기에 미국에서 플랫폼형 비즈니스 모델이 확산되면서 독일 제조기업들이 미국 플랫폼 기업의 하청기업으로 전락할 것이라는 위

2 1989년부터 NIST에서는 중소 제조기업의 기술 채택과 지원을 위한 '제조업 확장 파트너십(Manufacturing Extension Partnership: MEP)' 프로그램을 추진하고 있다. 미국 각 주와 푸에르토리코에 소재한 51개 센터에서 지역 중소 제조기업과 지자체, 지역 대학, 기관 등이 참여하는 민관 협력 모델이다.

표 1-1 독일 플랫폼 인더스트리 4.0 워킹그룹 역할

워킹 그룹	역할
레퍼런스 아키텍처, 표준화 및 규범	· 레퍼런스 아키텍처 RAMI(Reference Architecture Model Industie) 4.0 수립 · 관리 셸(Administration Shell) 개념 수립 및 상용화 인더스트리 4.0 표준화 작업
기술 및 응용프로그램 시나리오	· 인더스트리 4.0 응용 시나리오 개발
네트워크 시스템 보안	· 산업 내 안전한 네트워크를 위한 솔루션, 권장안 개발
법률 프레임워크	· 인더스트리 4.0이 기존 산업에 미치는 법률적 영향 평가 · 데이터 기반 협력을 위한 독점 금지 프레임워크 개발 · 기업에게 디지털화에 대한 법적 안정성 제공
일, 교육 및 훈련	· 인더스트리 4.0 관련 기술과 지식 습득을 위한 권장 사항 · 노사 간 협력 방안 마련
인더스트리 4.0 디지털 비즈니스 모델	· 디지털 비즈니스 모델의 기본 메커니즘 분석 · 디지털 비즈니스 모델 활용 방안 마련

자료: Plattform Industrie 4.0(2020).

기감이 확산되고 있다. 2011년 출범 당시의 기대와 달리, 인더스트리 4.0의 표준화 합의가 지연되고 실제 현장에서의 구현에 어려움이 발생했다. 특히 중소기업들이 인더스트리 4.0의 기본 개념조차 받아들이지 못하자, 2015년 참여자 간 이해 조정을 위해 정부가 주도적으로 개입하여 '플랫폼 인더스트리 4.0Plattform Industrie 4.0'을 출범시키고, 독일전기전자제조업협회ZVEI와 함께 인더스트리 4.0 표준화 모델인 RAMI 4.0을 발표했다. 출범 당시 5개 워킹그룹이 구성되었으나 이후 내용과 구성이 조금씩 수정되어 2019년 6개의 워킹그룹이 활동 중이다.

워킹그룹 이외에도 테스트베드를 운영하면서 유즈케이스 보급도 적극적으로 시행하고 있다. 하이테크전략 2025, 국가산업전략 2030과 함께 2018년에는 인공지능 연구센터를 12개 이상 설립해 'AI Made in Germany'를 목표로 독일 산업의 주축인 자동차, 제조업, 헬스케어의 AI 경쟁력을 높이는 인공지능 국가 전략을 추진하고 있다.

중국

1990년 중국의 제조업 생산액은 전 세계 생산액의 2.7%에 불과했으나, 2010년에는 미국을 제치고 19.8%의 비중을 차지하며 세계 최대 제조국으로 자리매김했다. 그러나 2008년 글로벌 금융위기 및 국내외 환경 변화로 인해 오랫동안 유지되어 왔던 고속 성장의 시대가 종말을 맞이하고 있다. 2015년 중국은 인터넷 인프라를 바탕으로 사회 전 분야에서 혁신을 일으켜 새로운 성장 동력을 찾는다는 목표를 설정하고 '중국제조 2025', '인터넷 플러스' 등을 발표했다. 중국제조 2025, 인터넷 플러스는 정보통신 기술을 전면에 내세워 근본적인 산업구조 혁신을 목표로 하는 전략이라는 점에서 주목받고 있다. 중국제조 2025는 향후 30년간 중국 제조업 관련 목표를 설정

표 1-2 중국제조 2025의 중점 추진 사항

추진 사항	주요 내용
제조업 창업·혁신 역량 제고	핵심 기술 R&D 지원 확대, 혁신 설계 역량 강화, 과학기술 성과 운용 활성화, 국가 제조업 혁신 시스템 구축, 표준 관리 시스템 구축, 지식재산권 보호 강화
정보기술·제조업 융합 촉진	스마트제조업 발전 방안 수립 및 추진, 설비 개발 및 제조 공정의 스마트화 추진, 인터넷과 제조업의 융합을 통한 혁신적 제조 인프라 구축
산업 기반 강화	4대 산업 기반 부실 문제 해결을 위한 발전 방안 연구·추진, 완제품 기업과 기반 산업 기업의 협력 발전 추진
품질 개선	제품 품질 및 기술 관리 시스템 개선, 제조업 브랜드 이미지 제고 추진
녹색 제조	제조업 전반의 친환경화, 고효율 친환경 제조 시스템 구축
10대 중점 분야의 혁신 발전 촉진	차세대 정보기술, 고정밀 수치제어 및 로봇, 항공우주장비, 해양장비 및 첨단기술 선박, 첨단 궤도교통설비, 에너지 절약 및 신에너지 자동차, 전력설비, 농업기계장비, 신소재, 바이오 의약 및 고성능 의료기기
제조업 구조조정 촉진	기업의 기술 개선 지원, 생산능력 과잉 산업에 대한 관리 강화, 대·중소 기업 간 협력 추진, 제조업 구조 최적화 추진
서비스형 제조업 및 생산자 서비스 발전 추진	서비스형 제조업 발전 추진, 생산자 서비스 개발 촉진
제조업의 국제화 수준 향상	외국인 투자 유치 및 국제협력 수준 향상, 다국적 경영 능력 및 국제경쟁력 향상, 국제협력 강화 및 기업의 해외 진출 가속화

자료: NNPC(2015).

하고 이를 달성하기 위한 3단계 발전 단계를 제시하고 있다(〈표 1-2〉 참조).

인터넷 플러스보다 업그레이드된 '스마트플러스智能+'는 스마트 기술과 제조업의 융합을 강조하고 있다. AI, 빅데이터 등 4차 산업혁명 기반 기술을 활용한 스마트플러스를 추진해 제조업의 고도화를 추진하는 것이다.

국내 스마트제조 기술 현황

한국은 제조업을 기반으로 수출 중심 경제 전략을 통해 발전해 왔으며, 수출 비중에 있어서도 제조업의 비중이 지속적으로 증가하고 있다. 1960년대 GDP 대비 제조업의 부가가치 비중은 약 6%대에 불과했으나, 2010년대에는 20% 후반 수준까지 늘어났으며, 이러한 비중은 제조 선진국 독일 및 일본보다도 높은 수준이다.

그간 추격형 전략의 성공으로 반도체 등 주요 산업이 세계시장을 주도하고, 세계 일류기업도 다수 배출하면서 세계 6위의 제조 강국으로 성장했다. 한국의 제조업은 4차 산업혁명, 중국의 약진, 환경 규제 등 글로벌 경쟁 환경이 급변하면서 새로운 성장 전략을 모색해야 할 시점에 도달했다. 중국 등 신흥 제조 강국의 부상, 4차 산업혁명의 확산 등으로 양적 추격형 전략이 한계에 봉착했으며 주력 산업은 정체되고 신산업 창출이 지연되고 있다는 위기감이 확산되고 있다. 한국과 중국의 기술 격차는 2010년 2.5년, 2016년 1.0년으로 해마다 줄어들고 있는 추세다.

국내 스마트제조 기술은 개별 제품 단위에서는 어느 정도 기술력을 확보했으나 세계시장 진출 및 글로벌 흐름 대응에는 열세다. 범용·중저가 제품의 개별 기술력은 확보했으나, 하이엔드 제품의 시장 진입에는 어려움을 겪는 상황이다. 글로벌 선도기업(지멘스, 다쏘시스템, 미쓰비시 등)처럼 지능화·패키지화된 생산설비 시스템 공급 능력은 상대적으로 취약하다. 2019년 산자부에 따르면 지능형 설비 중 일부 범용 중저가 장비에서 양적 성장을 거두었으나, 지능화·패키지화가 지연되고, 로봇은 기술 수준·신뢰성 부족으로 대부분 부품·SW를 수입에 의존하여 로봇 제작 단가가 높은 수준이다. 센서는 대부분 센서칩을 수입해 단순 모듈화하여 공급 중이다. 3D프린팅은 장비 외산 의존도가 높고, 다양한 신소재 개발이 미흡하다. 머신비전 또한 자동차·반도체 등 활용처는 많으나, 기술 경쟁력 없이 외산 제품을 수입·가공·유통하는 수준이다. 이렇듯 국내 스마트제조 기술의 해외 종속 심화가 우려되는 상황이다. 국내 기업들이 스마트제조 설비 도입 필요성에는 공감하나, 투자 대비 불확실한 효과, 유지보수 및 인력 확보의 어려움 등으로 도입을 주저하고 있다. 이에 정부가 스마트공장 보급을 적극 지원 중이나, 고도화된 스마트제조 기술 활용은 많이 미흡하다.

정부에서는 '스마트공장 R&D 로드맵(2015)'을 통하여 단기(2018~2020)에 적용할 수 있는 개별 기술별 기술 발전 로드맵을 제시했고, '스마트제조 R&D 로드맵(2019)'을 통하여 대·중·소 전 제조기업 및 공급기업을 대상으로 애플리케이션, 플랫폼, IoT 및 엣지, 제조 공정, 장비 등 전 분야와 표준화 연계까지 고려한 중장기(2019~2025) 로드맵을 제시했다. 이제는 AI 융합으로 퀀텀 점프가 필요한 시점이다. 세계 주요국은 AI 융합을 통해 성장 한계에 부딪친 제조업을 신성장 동력으로 육성하려는 노력을 진행 중이다. 미국과, 독일을 포함한 유럽 등은 AI 융합으로 경영의 지능화, 제품의 개인 서비스화, 공장의 생산성·품질 극대화로 새로운 부가가치를 창출하고 있다.

표 1-3 제조업 르네상스 비전 및 전략

비전 및 목표

세계 4대 제조 강국			
· 제조업 부가가치율	(2017년) 25%	➡	(2030년) 30%
· 신산업·신품목 비중	(2018년) 16%	➡	(2030년) 30%
· 세계 일류기업	(2018년) 573개사	➡	(2030년) 1200개사
· 수출 순위	(2018년) 6위	➡	(2030년) 4위

추진 전략

산업정책 패러다임 전환	① 산업구조	② 산업 생태계	③ 성장의 핵심 요소
	추격형 ➡ **선도형**	위험 기피 ➡ **도전, 축적**	자본 ➡ **기술, 사람**

【1】 **스마트화·친환경화·융복합화로 산업구조 혁신 가속화**

- 스마트화: 스마트공장 + 스마트산단 + AI 기반 업종 특화 산업 지능화
- 친환경화: 제품과 생산의 친환경화 → 친환경 시장 선두국가 도약
- 융복합화: 제조업과 서비스업, 이업종 간 융합으로 부가가치 제고

【2】 **신산업을 새로운 주력 산업으로 육성, 기존 주력 산업은 혁신을 통해 탈바꿈**

- 지속적인 신산업 창출에 국가적 역량과 자원 결집
- 주력 산업은 고부가 유망 품목 중심으로 전환 가속화
- 제조업의 허리 소재·부품·장비 산업 집중 육성
- 상시적 산업 재편과 기업 구조 혁신 촉진
- 산업단지 대개조 및 혁신 허브 구축
- 지속적인 세계 일류기업 확대 및 수출 지원 강화

【3】 **산업 생태계를 도전과 축적 중심으로 전면 개편**

- 사람: 제조업이 필요로 하는 인재를 적기에 충분히 양성
- 기술: 도전, 속도, 축적이 가능하도록 R&D 체계 혁신
- 금융: 혁신 제조기업의 도전·성장을 뒷받침하는 금융 체계 구축

【4】 **투자와 혁신을 뒷받침하는 정부 역할 강화**

- 기업 하기 좋은 환경 조성과 과감한 지원을 통해 국내 투자 활성화
- 정부가 First Buyer로서 선도적으로 수요 창출, 대규모 실증 확대
- 혁신이 확산될 수 있는 민관 협력체계 구축

자료: 관계부처 합동(2019).

02

IT와 OT의 콜라보, 스마트제어.zip*

머신, 로봇, PLC, 센서 등이 운용되는 산업 현장에서 일반적으로 많이 사용되는 DCS 및 SCADA, 필드버스 등을 OTOperational Technology(운영기술)라 부르며, 이는 물리적인 장치와 프로세스, 관련 이벤트를 모니터링하고 제어한다. 경쟁력을 높이고 수익성을 개선하며 향후 추세를 예측하기 위한 현장 데이터의 분석 욕구는 지속적으로 늘어나고 있지만 OT 영역은 여전히 데이터를 액세스하는 것이 쉽지 않다. 각각의 장치들이 서로 다른 프로토콜을 사용하거나 독립적으로 실행되며 온라인화(네트워크에 연결)되지 않은 상태로 운전되는 경우가 많기 때문이다. 예를 들면, 현장에 있는 로봇 제어기의 CP 온도를 기존에는 PLC가 모니터링하지 않았다. 하지만 IoT를 활용하면 온도, 가동률, 고장 시간 등을 체크해서 데이터를 상위로 올릴 수가 있다. 산업 현장 최하단의 데이터를 어떻게 최상위로 보내 효율성을 높

* 권대욱, 「Smart Factory 구현기술」(한국산업지능화협회, 2017) 참고.

그림 2-1 IT와 OT의 비교

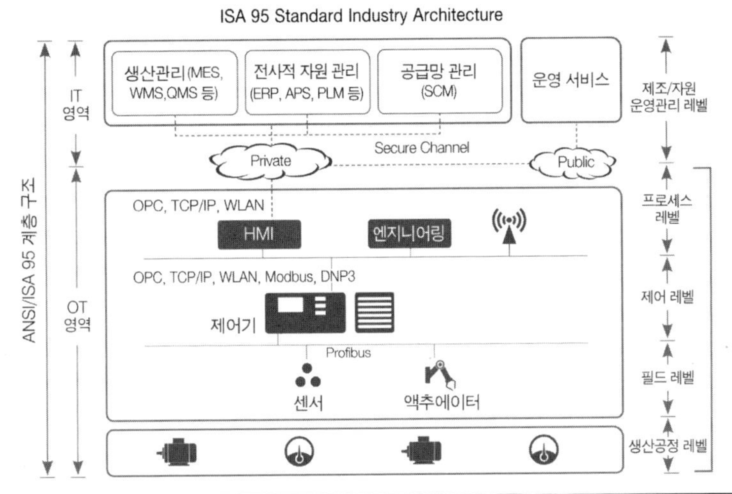

항목	IT 시스템	산업제어시스템
하드웨어 및 소프트웨어	짧은 교체 주기(3~5년)	장기간의 교체 주기(15~20년)
	다양한 애플리케이션 및 범용 프로토콜 사용	전용 애플리케이션 및 비공개 전용 프로토콜(제어 프로토콜) 사용
	패치 등 유지·보수가 용이	패치 등 유지·보수가 어려움
	범용 OS 사용 (윈도우, 리눅스 등)	전용 OS/실시간 OS 사용
네트워크 성능 요구사항	전체 성능(throughput)에 초점	견고성 및 실시간 요구사항 중시
위험관리 목표	데이터의 무결성 중요	인간의 안전 및 시스템 가용성 중요
	일부 고장 및 장애 허용	운전 정지가 허용되지 않음
사고 영향	사고 발생 시 업무 불편 및 지연 등 상대적으로 미미한 경제적 피해 발생	사고 발생 시 산업 현장 운영 중단으로 인한 인명 피해 및 대규모 물리적·경제적 피해

일 것인가 하는 것이 핵심이다.

전통적인 IT 업체가 특정 산업 분야에 대한 운영 노하우를 얻기 위한 노력은 하고 있지만 충분하지는 않다. MS나 IBM이 GE 풍력발전기용으로 GE보다 더 나은 유지보수 예측 솔루션을 내놓지는 못한다. 마찬가지로 GE나 지멘스 같은 OT 업체도 IT 영역의 모든 것을 갖추고 있지는 않다. 대형

IT 업체는 기반 인프라에 대한 제어 역량이 있으며 분석에 뛰어나다. OT에 약간만 통합해도 훨씬 매력적인 솔루션이 될 수 있다. 데이터 중심 컴퓨팅에 사용되는 IT 시스템과 미션 크리티컬Mission-critical한 산업제어시스템ICS에 사용되는 OT 시스템 간의 콜라보가 필요한 이유다.

산업제어시스템의 특징

산업제어시스템은 최적화된 설계 반영으로 기계장치나 설비의 안전성과 신뢰성을 확보하기 위해 표준 사양서SPEC에 의한 일관성 있는 시스템 제작과 유지보수가 이루어져야 한다.

표준 사양서는 제어설계와 통신 영역에 적용되며 제어시스템(기구, 전장, PLC 등)의 설계에 관한 내용은 PLC 설계(I/O, 이중화, 로직 등), 전기 패널 및 전기 설계 기준, 비상 정지 회로, 드라이브 과부하 보호, 개폐 서지Surge 및 낙뢰로 인한 과전압 보호, 접지Earth 및 감전 방지 대책, 설비 운영 매뉴얼, 유지보수 절차 및 매뉴얼 등에 적용된다.

페일 세이프[1] 기능이 탑재된 세이프티Safety 시스템이 필요할 경우, 세이프티 PLC, 세이프티 디바이스, 세이프티 프로토콜이 요구된다.

- 세이프티 PLC: 검증된 세이프티 로직 및 페일 세이프 기능이 적용되어야 한다. 모든 안전회로는 요구되는 성능 기준Performance Level: PL을 만족하는지 PL 계산 및 이를 증명하는 PL 리포트를 제출해야 한다.

1 페일 세이프(Fail-Safe): 시스템 결함이 발생해도 안전한 상태로 복구하는 기능.

표 2-1 산업제어시스템 표준 사양서

구분		내용	적용 규격
표준 제어설계 사양서	제어 시스템	**제어설계 표준화** · 계층 구조의 모듈화 설계를 통한 모듈 단위 검증 · SW 로직의 기능별 검증된 펑션 블록 제공	ISO 13849-1 EN 60204-1 ISO 13850 ISO 14119 IEC 61508
	세이프티	**세이프티 표준화** · 일반 제어와 세이프티 시스템 영역 분리 적용	
	형상관리	**프로세스 표준화** · 형상관리 툴 적용 및 표준 라이브러리 구축 · 설계/도면, 공정 등의 제어/관리 및 산출물 관리의 표준	
표준 통신 사양서	통신	**통신 표준화** · 다양한 필드버스의 표준화된 단말 인터페이스 제공 · 산업용 이더넷 및 OPC UA 대응	IEC 61508 IEC 61131-9 IEC 61158 IEC 61850 IEC 62439

- 세이프티 디바이스: 방폭ATEX 인증 및 신뢰성이 검증된 부품을 사용하여 PL 등급 중 4단계에 해당하는 'd등급'(5단계가 가장 높은 등급) 이상의 시스템이 구축되어야 한다.
- 세이프티 프로토콜: 세이프티 필드버스 적용으로 안전한 제어시스템 구현 및 세이프티 데이터 관리가 이루어져야 한다. SIL 3등급(1000~1만년 사이에 예상치 못한 장애 발생 가능)의 안전 통신 사양이 적용된다.

제어설계를 위한 설계도면, 공정 등의 제어관리 및 산출물은 국제 규격을 준수하는 일관성 있는 표준 프로세스를 반영하여 형상관리를 해야 한다. 공정, 전기 등의 시스템 설계는 '표준 형상관리 툴'을 이용해야 하며, 표준규격에 의거한 변경관리가 적용되어야 한다. 프로젝트 구조 및 식별자 지정, 신호 지정, 터미널 지정, 기호 설계, 도면의 심벌, 도면의 구분과 지정, 전기 설계도면의 작성 요건, 파트 리스트 작성 요건 등이 국제표준규격IEC을 준수하여 설계·반영되어야 한다.

표준 기반의 이더넷Ethernet 및 OPC UA 기술을 적용하고, 다양한 필드버스의 인터페이스를 위한 플랫폼 설계나 기능 구현을 위해서 '표준 통신사양서'을 정립해야 한다.

통신 설계를 위한 표준 사양서Specification의 적용 항목과 범위는 다음과 같다.

- 통신 인터페이스 정의: 시리얼 (RS-232C/RS-422/RS-485), 이더넷 (TCP/IP)
- 필드버스의 특성 정의: 계층 구조, 프레임의 구조, 메시지 규약
- 통신장비의 특성 정의: Status Specification, 데이터 구조, Relation Sequence, 메모리 맵 정의
- 통신 프로토콜의 체계화: 인터페이스 및 통신 포맷, Command Message 정의

쉬어가기 산업제어시스템 설계에 관한 국제 규격

규격	내용	주요 내용
ISO 12100	위험성 평가	기계류의 위험 평가 및 감소
ISO 13849-1	제어시스템	제어시스템의 안전
ISO 13850	비상 정지	액추에이터의 전원 공급 중단 및 정지
ISO 13857	안전거리	위험 구역의 안전거리 확보
ISO 14119	인터로킹 장치	인터락 장치의 설계
ISO 14120	가드 관련	이동식 가드의 설계 및 구축
ISO 4413/4414	유압/공압 유체 동력	유압/공압 시스템 및 부품에 대한 규정
ISO 10218-1	산업용 로봇	산업용 로봇의 안전 사항
EN 60204-1	기계의 전기적 장치	배선 및 전기 안전
IEC 60947-5-2	제어장치	저전압 개폐장치 및 제어장치-근접 스위치
IEC 61508	기능 안전	모듈 설계 및 소프트웨어 개발의 단계별 검증

규격	내용	주요 내용
IEC 61558	제어 전압	전력용 변압기, 전원 공급 장치 및 유사 기기의 안전
IEC 61558-2-16	제어 전압	변압기 또는 변압기에 장착된 스위치 모드 전원 장치
IEC 61131-3	산업용 프로그래밍	PLC 프로그램의 표준 정의(PLCopen)
IEC 61131-9	통신 인터페이스	센서 및 액추에이터의 통신 인터페이스 정의
IEC 61850	통신 인터페이스	전력 통신 네트워크 및 시스템을 정의
IEC 62061	제어시스템	전기, 전자 및 프로그램 가능한 전자제어시스템의 기능상 안전
IEC 62439	통신 인터페이스	산업 통신 네트워크의 고가용성 자동화 네트워크 정의

제어시스템 유즈케이스

스마트공장을 위한 제어시스템 적용기술에는 PLC/PAC, HMI/SCADA, 이중화Safety, Redundancy, IO-LINK, 리모트 I/O, 머신 제어, 로봇, 모션, 공압 등이 있다.

CASE 1 페일 세이프 시스템

페일 세이프는 기계장치가 고장 났을 경우에도 재해 없이 안전을 확보하는 것을 말한다. 항공기는 비행 중 엔진이 고장 나더라도 다른 엔진으로 운행이 가능해야 하며, 철도의 신호가 고장 나면 청색 신호는 반드시 적색으로 변경되어야 하는 경우다. 1단계인 페일 패시브Fail Passive는 부품이 고장 나면 기계장치가 보통 정지하는 방향으로 설계가 되며, 2단계인 페일 액티브Fail Active는 경보가 울리는 가운데 짧은 시간 동안의 운전이 가능한 상태다. 운전상 제일 선호하는 3단계인 페일 오퍼레셔널Fail Operational은 부품에 고장이 있어도 추후 보수가 될 때까지 안전한 기능을 유지하는 것이다.

그림 2-2 세이프티 기반의 제어시스템 구성

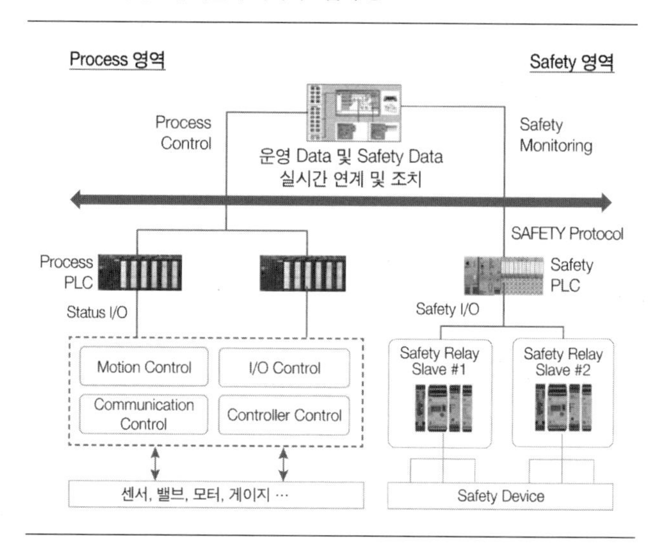

〈그림 2-2〉는 페일 세이프 시스템의 높은 무결성 및 가용성에 의한 안정성과 신뢰성 확보를 위해 HMI, 제어기, 네트워크, I/O, 전원의 이중화 구축 방안이다.

CASE 2 IO-LINK

IEC 61131-9 국제인증 표준인 IO-LINK는 필드 레벨의 센서가 상위의 정보 시스템에 용이하게 통합되도록 하는 공개 표준 통신 프로토콜이다. IO-LINK는 필드버스, 이더넷 시스템을 대체하기 위한 새로운 종류의 통신 인터페이스로 개발되었다. 표준화된 IO-LINK 기술은 센서 및 액추에이터의 심플하고 경제적인 연결을 지원하며 3~5개의 비차폐형 3선 케이블만 필요하여 복잡한 배선 없이 점대점 연결을 지원한다. 기존에는 제일 하위 레벨을 필드버스에 통합하기 위해 많은 비용을 들였지만, 이제는 케이블

그림 2-3 밸브 조립라인 컴포넌트 구성 사례

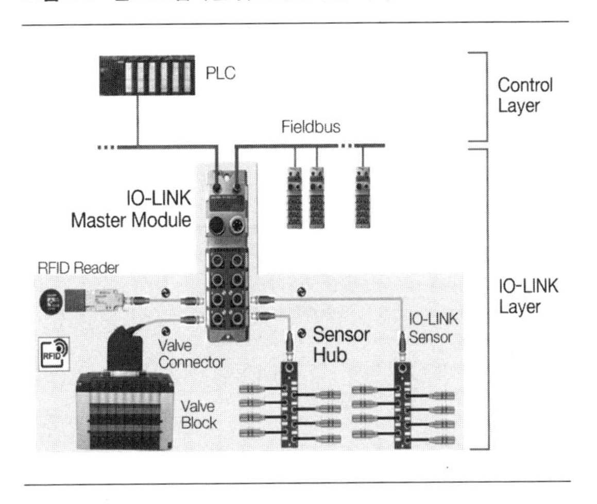

의 트위스트, 임피던스 또는 종단 저항 추가와 같은 특별한 작업 없이도 심플한 3선 또는 5선 케이블로 전송할 수 있다. 시스템 구성품은 IO-LINK 마스터와 IO-LINK 디바이스, 즉 센서나 액추에이터 또는 둘의 조합이다. IO-LINK 마스터는 I/O 모듈의 일부로서 제어함에 설치되어 있거나 또는 보호등급이 IP 65/67인 리모트 I/O로서 필드에 직접 설치된다. IO-LINK 디바이스는 최대 20m의 표준 센서, 액추에이터 케이블을 통해 마스터와 연결된다. 이 디바이스는 IO-LINK를 통해 직접 디지털 방식으로 전송되는 신호(이진 스위칭, 아날로그 입·출력)를 생산하고 소비한다(〈그림 2-3〉).

IO-LINK 시스템에는 표준화되어 줄어든 배선, 증가한 데이터 가용성, 원격 구성 및 모니터링, 간단한 장치 교체 및 고급 진단을 비롯한 다양한 이점이 있다.

CASE 3 리모트 I/O 시스템

공장자동화 시스템이 발전하면서 상위 레벨에서 처리해야 할 데이터의 양이 점점 증가하고 있다. 따라서 보다 정확하고 세밀한 정보를 수집하기 위해서 리모트Remote I/O와 주변기기들이 계속 증가하고 있는 상황이다.

전통적인 제어시스템에서는 점대점 연결을 위하여 I/O 모듈(Digital Input, Digital Output, Analog Input, Analog Output, Special 모듈, 시스템 모듈)을 사용했으나, 최근에는 리모트 I/O를 활용하여 I/O 모듈이 필요 없어졌다. PLC와 I/O 접점을 1 : 1로 병렬연결할 경우 I/O 추가나 변경이 어려웠으나, I/O 접점을 필드버스 통신 케이블로 연결하여 이러한 단점을 없앴다.

제조 현장의 시스템을 설계할 때 주로 사용하는 PLC나 DCS 제품이 있다. 이를 다른 벤더의 제품으로 교체하는 일은 시간과 비용 문제뿐만 아니라 편의성 등의 익숙함 때문에라도 쉽지 않다. 이와 달리 리모트 I/O의 경우 원가절감이나 사용자가 원하는 통신 프로토콜 또는 제품의 장점 등을 보고 교체하는 경우가 생기고 있다.

그림 2-4 일반적인 리모트 I/O 구성

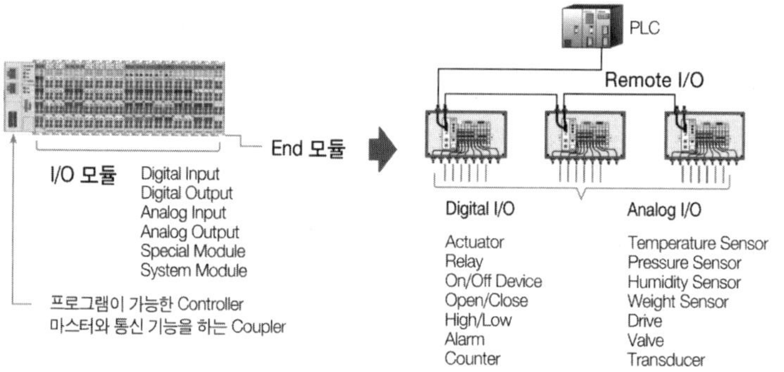

CASE 4 머신 제어시스템

컨베이어 설비를 제어하기 위한 MCS의 예로서, 분산되어 있는 수백 개의 모터를 순차적으로 제어하는 사례다. 〈그림 2-5〉의 MCSMachine Control System는 컨베이어를 제어하는 시스템인 CCSConveyer Control System와 각 구간을 제어하는 시스템인 ZCSZone Control System, 그리고 실제로 컨베이어를 제어하는 CUCBConveyer Unit Control Board로 나뉘어 있다. CCS는 상위 시스템의 지령을 받아 ZCS에 제어 명령을 전송하는 역할을 한다. 장비를 모니터링하고 로깅 데이터를 기록한다. ZCS는 CCS로부터 명령을 받아 CUCB를 제어하는 역할을 한다. 각 CUCB의 아이디를 관리하고 컨베이어의 각 구간을 제어한다. CUCB는 컨베이어의 모터와 회전 모듈 등을 제어하고, RFID 판독 기능을 탑재했으며, 수천 개의 I/O 상태를 직접 제어할 수 있다. 제어

그림 2-5 컨베이어 설비 제어를 위한 MCS 구성 예

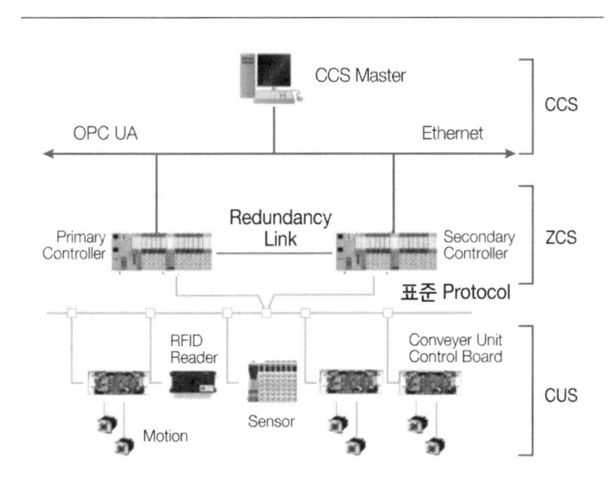

- CCS(Conveyer Control System): 전체 컨베이어 시스템의 제어 및 상태 모니터링
- ZCS(Zone Control System): 인터페이스 제어 및 컨베이어 구간 제어
- CUS(Conveyer Unit Control Board System): 컨베이어 모션 제어 및 I/O 관리

기와 네트워크 I/O 및 전원을 이중화하여 세이프티 시스템을 구성하고 컨베이어 모션 제어를 위한 전용 제어 보드를 채택한 경우다.

표준규격에 의한 제어시스템의 안전설계(ISO 13849-1)와 V-Model(IEC 61508)을 적용하여 모듈 설계 및 소프트웨어 개발의 단계별 기능 검증을 수행한다. CCS와 ZCS 사이의 데이터 연계는 표준화된 통신 프로토콜인 이더넷이나 OPC UA를 활용하고 CUS에서는 산업용 네트워크 프로토콜을 사용한다.

CASE 5 로봇 제어시스템

로봇은 크게 주 제어장치, 센서장치, 구동장치, 전원장치로 구성되며, 주 제어장치(제어부)는 사람의 뇌에 해당하는 장치로, 각종 주변 환경에 대한 판단과 행동에 대한 명령을 내리는 역할을 담당한다. 구동장치(기구부)는 사람의 팔과 다리와 같은 역할을 하는 장치로, 실질적으로 일을 수행하는 부분이다. 로봇 제어Robot Control와 관련된 규격으로는 ISO 10218-1(산업용 로봇의 안전 사항)과 ISO/TS 15066(협동로봇이 인간과 안전하게 작업할 수 있는 규격 정의)이 있다.

CASE 6 모션 제어시스템

하나의 모션 제어기는 여러 대의 서보 모터나 스텝 모터를 제어하며 여러 개의 센서 인풋 및 디지털 아웃풋을 제어한다. 이더넷 기반의 표준 프로토콜 및 분산제어시스템의 구성이 용이한 아키텍처다.

CASE 7 PAC

대부분의 산업 현장에서 릴레이 로직이나 아날로그 루프 제어기로 제

그림 2-6 로봇 제어

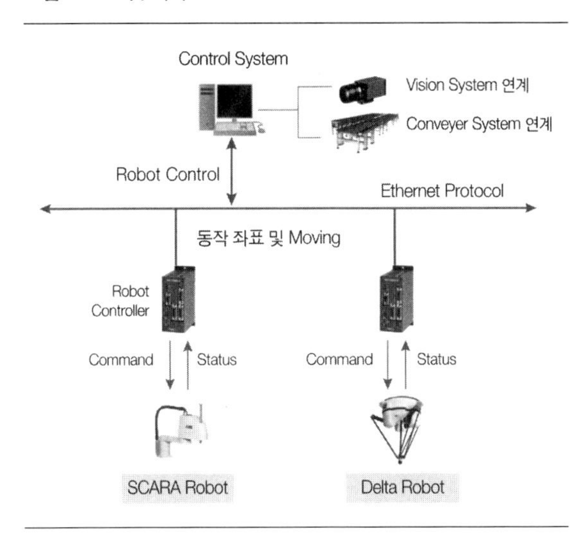

그림 2-7 모션 제어시스템

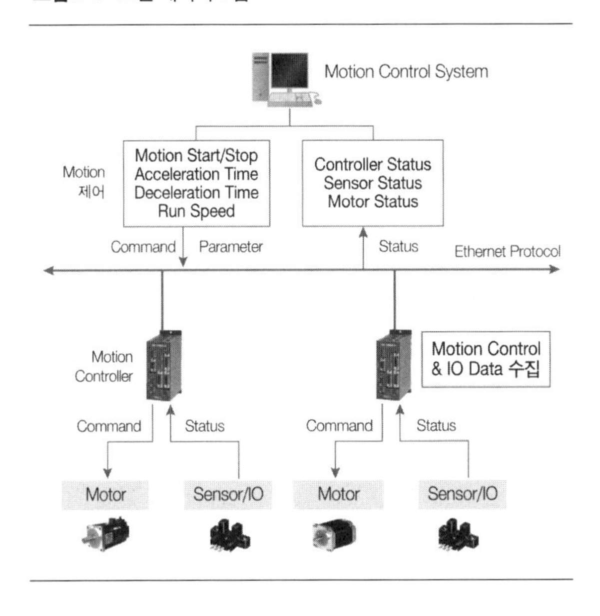

그림 2-8 PAC(M580) 기반의 시스템 구성 예

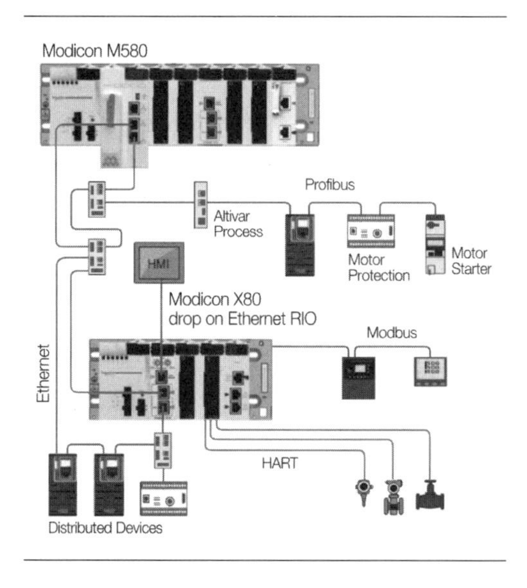

어가 가능해진 것은 불과 30년 전의 일이다. 30년 전 우주왕복선의 3개 컴퓨터에 내장된 메모리는 100KB 이하였고, 이를 통해 우주왕복선 내의 복잡한 프로그램을 실행했다. 1968년 모디콘Modicon의 리처드 몰리Richard Morley와 앨런브래들리Allen-Bradley의 오토 스트루거Otto Struger가 PLC(Modicon 084)를 처음으로 발명하여, 하드웨어에 내장된 릴레이 로직을 쉽게 대체할 수 있었다. 2002년 ARC의 크레이그 레스닉Craig Resnick은 래더로직이 프로그래밍된 PLC를 대신하여 퍼스널 컴퓨터 형태의 구조를 가진 PACProgrammable Automation Controller을 고안했다. PAC 시스템은 소프트웨어와 하드웨어의 통합을 최대로 할 수 있도록 설계되어, PLC와 리모트 I/O, 운전 제어, 드라이브, PID 제어를 비롯한 많은 것들을 통합하고, 이더넷(TCP/IP)을 통해 회사 전체의 통합을 이루었다. 기존 PLC는 프로그램·모니터링·시스템 설정 환

경에 따라 제각각 구성되는 한계가 있었지만 PAC은 전체 시스템에서 한 가지 프로그램만으로도 제어와 관리가 가능해 통합화 추세에 맞춰 다양한 기능을 제공한다.

PLC에 상용COTS 하드웨어가 사용되고 PC 시스템이 리얼타임 OS와 통합되면서 PC와 PLC 간 기술적 차이는 날로 줄어들었다. PAC은 PLC와 PC, DCS, 개방형 제어 플랫폼 등의 장점들만을 모아 통합한 제조 시스템으로 기업들의 요구 조건들을 모두 충족할 수 있도록 설계되었다. PAC 기술은 개방적인 산업 표준과 다양한 적용 영역, 공통 개발 플랫폼을 제공한다.

03

실전! 설비온라인.zip

설비온라인은 다양한 산업 표준과 통신 프로토콜을 지원하여 제조 현장에서 발생하는 모든 데이터들을 장비로부터 실시간 수집하여 IT 시스템에 표준화된 방식으로 연계시키는 작업을 의미한다. 설비온라인(설비 인터페이스)의 목적은 스마트팩토리의 대표적인 IT 시스템인 MES가 장비의 제어기로부터 운전 정보, 생산 정보 등을 수집하고, 제품을 생산하거나 장비를 운전하기 위한 레시피 정보 등을 장비의 제어기에 내려보내는 것이다. 온라인 방법에는 직접결선Hard Wiring과 통신을 이용한 인터페이스 방법이 있다. 직접결선은 송신장비에서 수신장비로 전기를 보내서 장비 상호 간에 신호를 전달하는 방식이다. 송신장비에는 전기신호를 제어하기 위한 스위치와 같은 디바이스를 설치해야 하고, 수신장비는 수신한 전기신호를 장비 내부에서 사용할 수 있는 정보의 형태로 변경하는 기능을 갖추고 있어야 한다. 직접결선을 이용하여 컴퓨터와 장비 간 인터페이스를 하고자 할 때는 디지털 입출력 모듈을 컴퓨터에 장착해야 한다. 장비의 제어기에 범용통신(RS-232C, 이더넷 통신) 기능이 있을 경우 직접결선이 아닌 통신을 이용하여 쉽게 인터페이스를 구현할 수 있다. 범용통신이 아닌 필드버스를 지원할 경우 범용통신으로 변경해 주는 게이트웨이를 사용하거나 컴퓨터용 해당 통신 모듈을 컴퓨터에 장착하면 인터페이스가 가능하다. 통신을 이용해 인터페이스를 할 경우 직접결선보다 많은 양의 정보 교환이 가능하고 사용자 요구에 따른 정보의 확장(변경)이 쉽고 장비와 컴퓨터 간 배선이 단순해지는 장점이 있다.

설비 I/F 솔루션

제조 현장으로 대표되는 산업 현장에는 다양한 종류의 자동화 설비들이 존재하며, 이러한 설비들은 각각의 통신 방식(프로토콜)과 데이터 포맷으로 운영된다. 현장에 적용되는 설비온라인 솔루션은 다양한 프로토콜과 데이터 포맷을 표준화하고 메시지 버스 등을 활용하여 데이터를 수집, 가공, 전달한다. 현장 데이터 연계의 복잡성과 다양성으로 인해 부분적·한계적으로 수집·활용되던 데이터들이 설비온라인을 통해 제약 없이 실시간Real-Time으로 연계되면 설비제어까지 가능해진다. 최근의 설비온라인은 대부분 설비 I/F 솔루션(호스트 통신 모듈)[1]을 많이 사용한다. 설비 벤더의 온라인 대응력이 부족하기 때문에 설비 I/F 솔루션은 검증이 완료된 솔루션을 사용하는 것이 시스템의 안정성 확보에 필수적이다. 설비온라인의 핵

1 설비 I/F 솔루션 예: ECP/HCM(SDS), FAmate(미라콤), DABOM-Gateway(에이시에스), CoreCode(나무아이엔씨).

그림 3-1 설비온라인 주요 기능

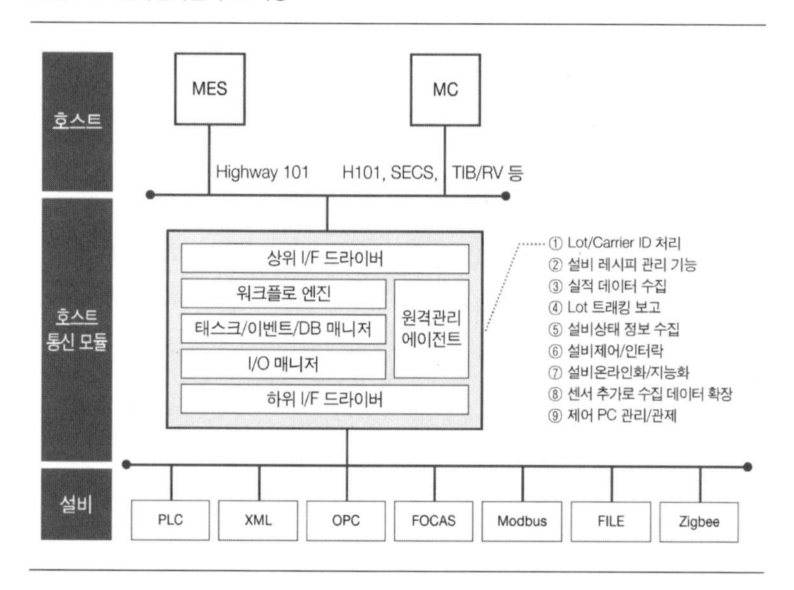

심적인 역할을 수행하는 호스트 통신 모듈은 자동화와 설비 고도화 및 지능화 대응을 위하여 주로 〈그림 3-1〉과 같은 기능을 수행한다.

컴퓨터의 품질은 메인보드 수준에 의해 결정된다고 볼 수 있다. 메인보드 위에 올라가는 하드디스크, 그래픽카드, 사운드카드 등의 부품은 메인보드와 상호작용하여 특정 기능을 수행하는데 메인보드는 컴퓨터 부품들이 동작할 수 있게 하는 기반 구조로서 요청/응답 처리, 시간제어, 상태 저장, 신호 교환 등의 눈에 보이지는 않지만 중요한 기능을 수행한다. 마찬가지로 설비제어 서버(MC, EC, TC, BC 서버로도 불림)의 품질 수준은 설비 I/F 솔루션인 호스트 통신 모듈의 품질 수준에 의해 결정된다.

설비를 처음 발주할 때는 설비온라인을 염두에 두고 설비와 관련 시스템 간의 인터페이스 사양을 정리하여 설비 벤더에 제시해야 한다. 인터페이스 사양서는 시스템과 설비 간에 필요한 인터페이스 사양을 나타내며 설비 벤더의 설비 공급 시 테스트를 수행하는 기준이 된다. PLC 기반의 인터페이스 위주인 경우에는 설비의 PLC 링크 맵, 타임 차트, 온라인 통신 링크 맵, 네트워크 맵, 타입별 데이터(인터락, 알람, 데이터, QMS 등) 정의를 기술하여 설비 벤더가 구현할 수 있도록 하며, 표준화된 인터페이스 방식(Command 방식: HSMS 등)은 통신 인터페이스 사양서를 Command 정의 형식으로 설비업체에 사양서로서 제공한다.

셋업이 완료된 설비(장비)와 연동하여 필요한 데이터를 가져오기 위해서는 인터페이스 가능 여부, 통신 부하, 설비 개조 가능 여부 등을 사전에 검토해야 한다. 우선 현장 조사를 통해 설비별로 사용되고 있는 제어장치 종류(PLC, 그래픽 패널, PC, 계측기, 스캐너 등)와 관리하고자 하는 항목을 인터페이스할 수 있는 제어장치의 I/O 모듈 상황 등을 종합적으로 파악해야 한다. 공정과 제품의 특성을 파악하여 각 공정별 표준 관리 항목을 결정한 후 기존 장비에서 누락된 항목은 새로운 센서/계측기를 추가하여 데이터가 수집될 수 있도록 설계해야 한다.

MES 서버에서 설비의 데이터를 가져오는 방법은 설비제어MC 서버에서 직접 설비(제어기)와 통신하는 경우도 있지만 중간에 게이트웨이Gateway를 두는 경우도 있다. 게이트웨이를 사용할 경우 장비 추가에 따라 비용이 증가하지만 게이트웨이 장비에서 데이터 버퍼링 및 단일 트랜잭션 전송이 가능하고 설비제어 서버에서 데이터 입출력 관리가 용이하다는 장점이 있다.

① 게이트웨이와 현장 PC 간 통신 인터페이스

검사 PC, 비전 PC 등은 주로 품질 목적으로 데이터를 수집한다. 소켓

그림 3-2 설비온라인을 위한 네트워크 구성 사례

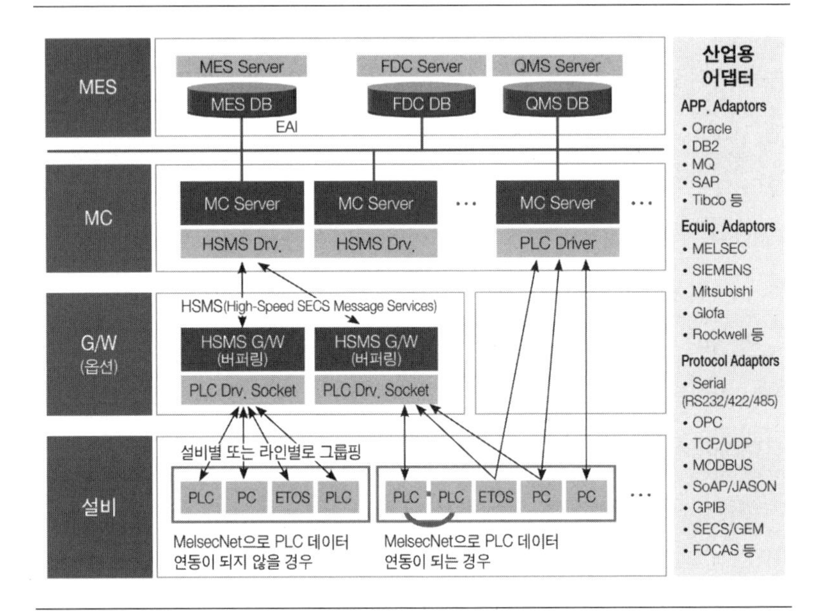

통신을 표준으로 하고 통신 에러 시 데이터의 재전송 기능을 포함하도록 한다.

② 게이트웨이와 계측기 간 통신 인터페이스

계측기가 시리얼 통신이 가능하고 아날로그 출력 신호가 나오는 경우, PLC에서 I/O 카드를 통해 데이터를 읽어 전송한다.

③ 설비제어 서버와 설비 간 직접 연동

PLC, PC, ETOS 등 단위 장비마다 통신을 해야 하므로 데이터 입출력의 일관성이 없고, PLC 직접 스캔 시 로 데이터Raw Data 레벨Bit/Word로 제어해야 하는 어려움이 있다.

설비온라인 유즈케이스

설비온라인 방법은 현장 실사를 통해 파악한 장비에 사용된 제어장치 종류와 I/O 모듈 상황, 프로토콜 공개 여부에 따라 적용할 수 있는 솔루션이 다양하다. 산업 현장의 장비는 PLC나 전용제어기 없이도 스위치나 릴레이 제어반을 이용하여 간단한 on/off 조작만을 하는 경우도 많다. 이러한 장비는 스위치와 부하 간 상용 전원이 직접결선되어 컴퓨터용 입·출력 모듈을 사용할 수 없는 경우가 많다. 이럴 경우 온라인을 위한 PLC 도입 등 장비 자동화가 선행되어야 한다. 전용 제어기가 사용되고 있어도 범용통신이 아닌 경우 장비와 직접 인터페이스할 방법이 없다. 통신이 가능한 PLC로 교체해야 한다. 각각의 유형별 고려사항은 〈표 3-1〉과 같다.

CASE 1 PLC 제어기 LAN 카드 부착 여부

온라인을 위해서 가장 먼저 확인해야 하는 부분은 해당 제어기의 LAN 카드 부착 상태다(〈그림 3-3〉). 제어기에 LAN 카드가 부착되어 있는 경우

표 3-1 상황별 설비온라인 유즈케이스

구분	유형	방법
PLC 제어기 사용됨	범용통신 사용, 프로토콜 공개	· MES에서 PLC와 통신할 수 있는 프로그램 개발 · HMI 솔루션 사용
	범용통신 사용, 프로토콜 비공개	· HMI 솔루션 사용, 제2의 추가 PLC 설치
전용 제어기 사용됨	범용통신 사용, 프로토콜 공개	· 모니터링만 가능하고 제어는 불가능한 경우 많음 (HMI 솔루션 사용 가능)
	범용통신 사용, 프로토콜 비공개	· MES와 직접 연계 불가능(HMI 솔루션 사용 가능) · 전용 제어기를 PLC 제어기로 교체
	범용통신 아님	· MES와 직접 연계 불가능(PLC 추가 설치)
제어기 사용 안 됨	스위치, 릴레이 제어반 사용	· MES와 연계 불가하여 장비 자동화 선행 필요(PLC 추가 설치)

그림 3-3 제어기의 LAN 카드 부착 유무

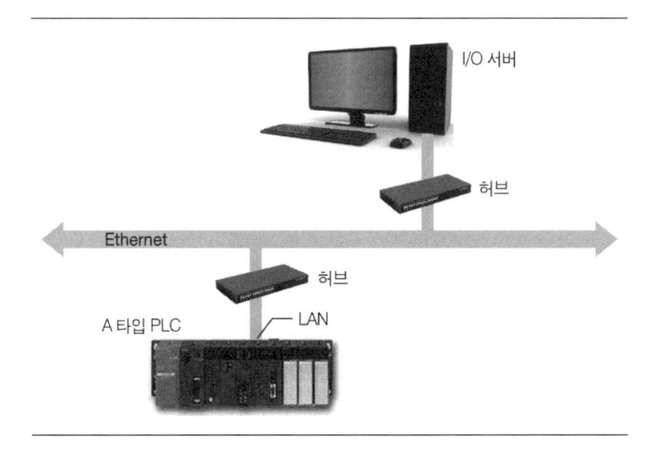

는 직접 LAN에 연결하면 된다. LAN 카드가 없는 경우 LAN 카드를 증설하거나 PLC에 여유 슬롯이 없는 경우는 베이스를 증설하고 LAN 카드를 부착한다.

CASE 2 범용통신을 사용한 PLC 제어기

프로토콜이 공개된 범용통신(이더넷 통신, RS-232C 등)을 사용한 PLC의 경우, MES에서 공개된 프로토콜을 이용하여 PLC와 통신할 수 있는 프로그램을 개발한 후 필요한 데이터를 수집한다(〈그림 3-4〉). 통신 프로그램 구현이 어려울 경우 해당 PLC의 통신 드라이브를 가지고 있는 범용 HMI 솔루션을 사용할 수도 있다. HMI는 여러 장비와 통신하기 위해 다양한 프로토콜을 통신 드라이버 형태로 구현해 놓은 경우가 많기 때문에, HMI가 PLC와 통신을 담당하고 MES는 HMI에서 정보를 가져오는 방법으로 PLC와 통신할 수 있다. 드라이버를 가지고 있는 HMI 솔루션도 없고 프로토콜도 공개되어 있지 않을 경우는 통신 가능한 제2의 PLC를 추가로 설치하는

그림 3-4 범용통신을 사용한 제어기

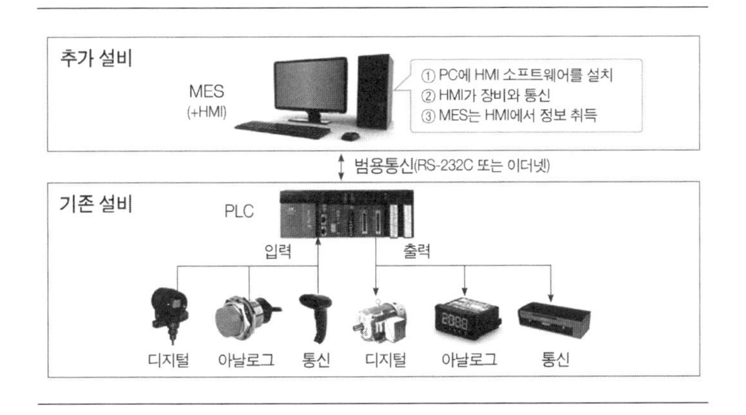

방법이 있을 수 있다. 통신 분배기를 설치하여 기존 시스템의 데이터를 제2의 PLC에서 수집하고, 아날로그 센서/부하 정보도 아날로그 신호 분배기를 사용하여 제2의 PLC로 수집할 수 있다. 이 방식을 사용할 경우 MES에서 데이터 수집은 가능하지만 제어기로 데이터 전송은 불가능하다.

CASE 3 제품이 단종된 PLC 제어기 사용

기존 GPGraphic Panel가 LAN 접속이 불가하고 PLC가 단종일 경우는 ① GP를 교체하고 데이터 수집을 위한 I/O 서버(MES 서버)에서 ② I/O 드라이버도 신규로 개발해야 한다(〈그림 3-5〉).

CASE 4 이기종 PLC 제어기 사이의 인터락 연동

이기종 제어기 사이의 인터락이 필요할 경우, 하드웨어적으로 두 시스템을 연결하고 ① 각 시스템에 I/O 카드를 부착한다. 그리고 ② DC 24V를 이용한 데이터 연동 방법이 있을 수 있다(〈그림 3-6〉).

그림 3-5 단종된 제어기 사용

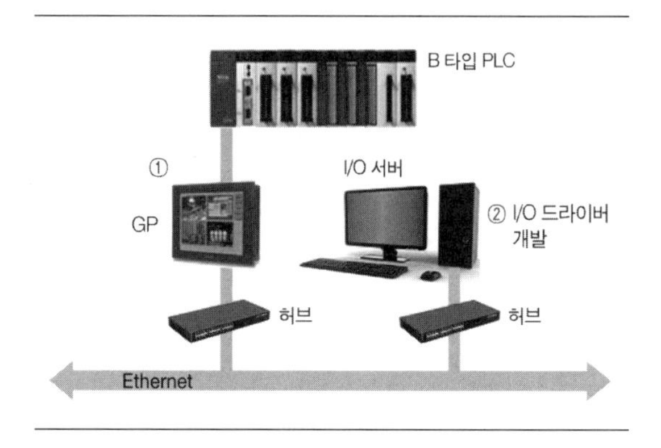

그림 3-6 이기종 제어기 사이의 인터락 연동

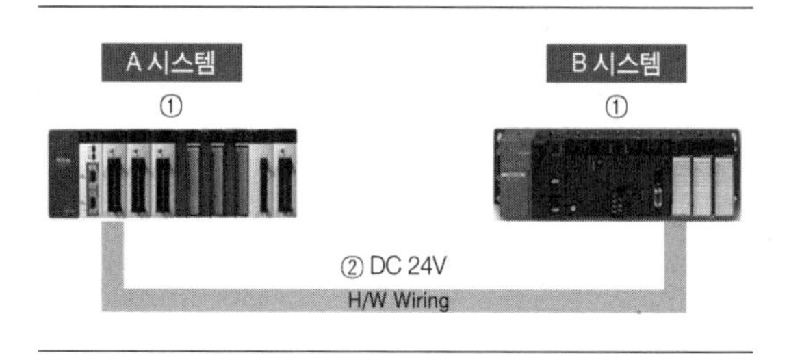

CASE 5 프로토콜이 공개된 범용통신을 사용한 전용 제어기

전용 제어기란 특정 장비를 제어하기 위해서 제작 단계부터 입·출력 신호가 고정되어 있는 경우를 말한다(〈그림 3-7〉). 또한 입·출력 신호도 디지털, 아날로그로 한정되는 경우가 많고 입력된 데이터를 가공하는 방법도 고정되어 있어 사용자 의도대로 데이터를 가공하지 못하는 경우가 많다. 범용통신을 제공하는 전용 제어기도 있으나 입력된 데이터를 가공하는 방법이 고정되어 있어 MES에서 정보를 읽을 수는 있으나 제어기로 정보를

그림 3-7 프로토콜이 공개된 범용통신을 사용한 전용 제어기

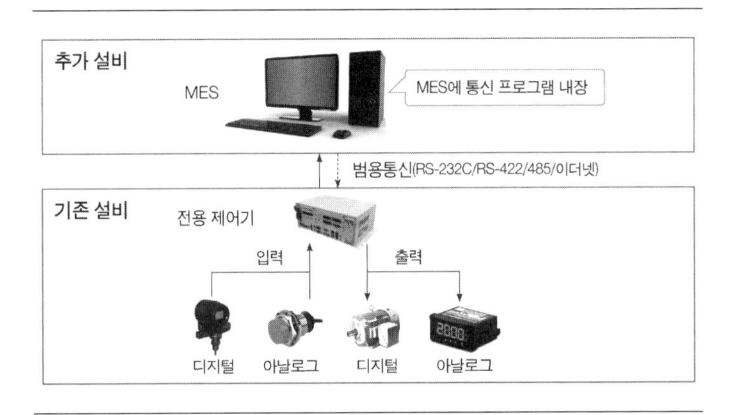

전송하는 것이 불가능한 경우가 많다. 이럴 때는 HMI 솔루션을 활용하여 HMI가 장비와 인터페이스를 담당하고, MES는 HMI에서 정보를 취득하는 방법으로 인터페이스가 가능하다.

CASE 6 프로토콜이 비공개된 범용통신을 사용한 전용 제어기

전용 제어기에서 범용통신을 사용하더라도 통신 프로토콜이 공개되지 않을 경우 MES는 장비와 직접 인터페이스할 수 없다. 이 경우 통신 가능한 PLC를 추가 설치하고 수집할 데이터를 계측할 수 있는 센서를 PLC에 연결하여 PLC와 통신하는 방법으로 인터페이스를 구성한다(〈그림 3-8〉). 기존 시스템의 아날로그 센서/부하 데이터를 수집하고자 할 경우, 아날로그 신호 분배기를 사용할 수도 있다. 이 경우도 MES가 설치되는 컴퓨터나 별도의 컴퓨터에 HMI를 설치하여 HMI가 장비와 인터페이스를 담당하고, MES는 HMI에서 데이터를 취득하는 방법으로 인터페이스를 구성하고, MES에서 필요한 데이터를 수집할 수 있다. 전용 제어기를 통신이 가능한 PLC 제

그림 3-8 프로토콜이 비공개된 범용통신을 사용한 전용 제어기

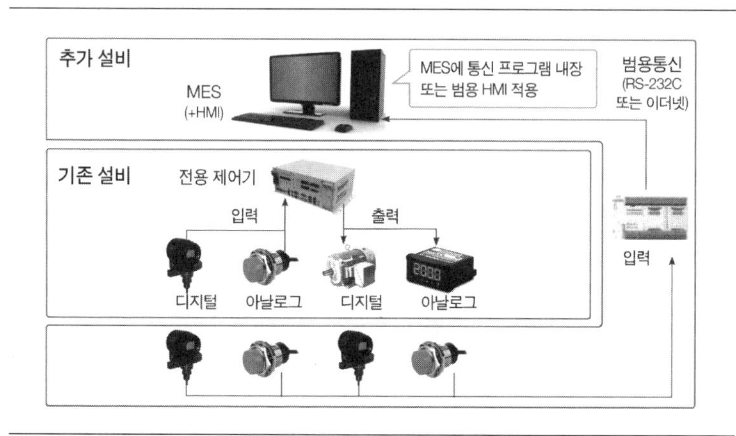

어기로 대체하는 것이 좋다.

CASE 7 통신 포트가 있는 계측기

데이터를 가져오고자 하는 계측기에 통신 포트가 있는 경우는 I/O 서버(MES 서버)에서 ① 계측기 통신 드라이버를 개발한다(〈그림 3-9〉).

CASE 8 통신 포트는 없으면서 4~20mA 출력이 있는 계측기

① 신설 PLC 반에 아날로그 입력 카드Analog Input Card를 설치하고, ② 센서와 계측기 사이에 분배기를 설치하여 데이터를 수신한다(〈그림 3-10〉).

설비온라인을 통해 제조 현장의 데이터 가시성이 확보되고 비즈니스 현장의 모든 상황이 실시간으로 조회되고 통제가 가능해지면 다양한 측면의 효과가 기대된다.

그림 3-9 통신 포트가 있는 계측기

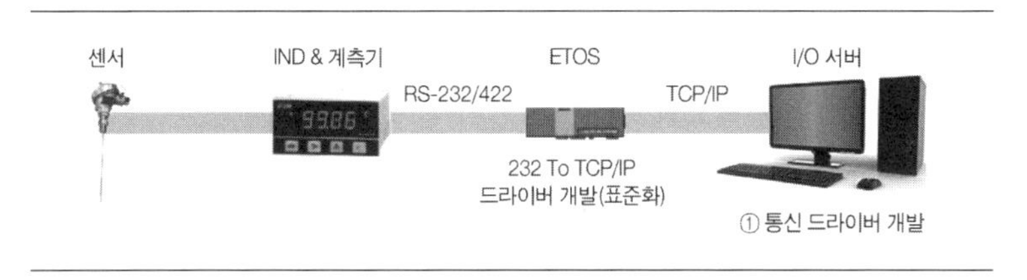

그림 3-10 통신 포트는 없으면서 4~20mA 출력이 있는 계측기

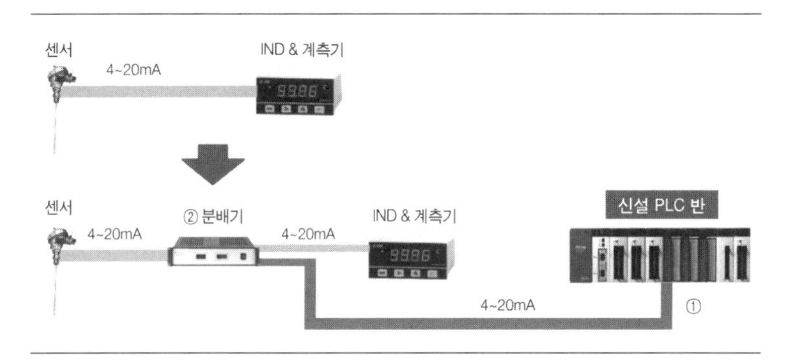

하나. 제조 현장 기대 효과

- 현장의 장비로부터 데이터를 실시간 자동 수집하여 수율, 실적 데이터의 정합성을 보장하고 상위 시스템(MES, ERP 등)과의 데이터 동기화를 통해 데이터에 기반한 정량적 경영이 가능해진다.
- 기계(동작 횟수, 가동 시간, 고장 원인), 설비(전압, 전류, 유량, 압력, 전력량), 제품(위치, 특성, 성능, 치수, 제품명), 작업자(Lot 번호, 시작/종료 시각, 불량 코드, 비가동 사유), 에너지(사용량 시간) 등의 데이터를 수집할 수 있다.
- 생산설비의 데이터 연계 및 설비제어가 동시에 가능하므로 시스템 설

계가 간단하고 유지보수가 용이하고 비용이 감소한다.

둘. 품질관리 기대 효과

- 제품의 품질에 영향을 미칠 수 있는 모든 데이터의 수집이 가능하기 때문에 데이터의 상관관계 분석을 통한 CTQCritical to Quality 인자 추출이 가능해진다.
- 이러한 품질 관련 인자를 추출하기 위한 데이터 수집 범위를 시스템 변경 없이 민첩하고 유연하게 적용할 수 있다.
- 임계치 데이터의 꾸준한 모니터링과 관리를 통해 전반적인 수율과 품질 향상이 이루어진다.

셋. 유틸리티 기대 효과

- 실시간 유틸리티 모니터링과 단계별 알람 상황에 대한 즉각적인 대응을 통해 위험 상황을 사전에 예방하고 긴급 상황 발생 시 신속한 대응이 가능해져 안정적인 제조 환경을 유지할 수 있다.
- 통계적 분석을 통해 위험 요소를 사전에 제거하고 개선 요소를 도출할 수 있다.
- 불량 원인 분석을 위한 제조 시점 유틸리티 데이터를 분석해 상관관계를 도출할 수 있다.

넷. 보안·방재 기대 효과

- 사업장에 산재되어 있는 건물별·층별 보안 및 방재 시스템 운영 상황을 통합 모니터링하여, 실시간 상황 파악 및 조기 대응 시스템 구축이 가능하다.

04

미래 제조업 이끌 '등대공장'

등대공장의 특징

매킨지와 세계경제포럼WEF은 2018년 미래 제조업을 선도하는 세계 '등대공장Lighthouse Factory'으로 16곳을 선정했고, 2019년에는 국내 포스코를 포함하여 10곳을 추가로 발표했다(McKinsey & Company, 2019; WEF, 2019). 등대공장은 어두운 밤하늘에 '등대'가 불을 비춰 길을 안내하듯 사물인터넷IoT, 인공지능AI, 빅데이터, 3D프린팅 등 4차 산업혁명의 핵심 기술을 적극 도입해 세계 제조업의 미래를 혁신적으로 이끌고 있는 공장을 의미한다. 최첨단 기술을 활용해 설비 교체를 최소화하고 공정 프로세스의 혁신을 도모한 등대공장은 근로자가 더 흥미롭고 생산적으로 근무할 수 있는 최적의 인프라를 제공한다. 또한 생산 효율성을 제고하며 더 나은 단계로 나아갈 수 있는 제조업계의 방향을 보여주는 비콘Beacon이자 세계경제 성장의 동력이라고 맥킨지는 설명했다. 4차 산업혁명 기반의 제조 혁신을 이

표 4-1 2018년 선정된 세계의 등대공장 16곳

등대공장 위치		기업		주요 내용 (주력 업종/첨단기술 도입 사례)
		기업명	국적	
유럽	스웨덴	샌드빅 코로만트	스웨덴	절삭 공구 전문 기업 · 공정 운영 계획부터 가공·물류·소비·품질관리까지 빅데이터를 구축해 자동화 공정을 최적화
	독일	피닉스 컨택트	독일	공정 자동화 기술 전문 기업 · 산업자동화 분야 선두 기업으로 IoT를 통해 생산기기와 생산품 간 상호 소통 시스템 마련 · 전체 생산 과정을 최적화하는 인더스트리 4.0을 적극 활용
	독일	BMW	독일	자동차 제조 · 린(Lean) 프로세스* 등 디지털 제조 생산 방식을 도입한 매우 진보된 공장
	이탈리아	바이엘	독일	제약 · SW로 현실 세계를 구현하는 '디지털 트윈'을 활용해 제조 공정·시간·동선을 최적화하고 문제점을 사전에 파악해 품질 개선
	이탈리아	롤드	이탈리아	세탁기 도어 잠금장치 등 부품 생산 중소기업 · 디지털 전광판을 설치해 투입 생산 자원을 실시간으로 모니터링하고 IoT 기기에서 수집한 데이터를 기반으로 비용 추산 · 문제 발생 시 관리자의 스마트워치에 실시간 알람 서비스, 고객사에도 자동 주문·관리 서비스 제공
	네덜란드	타타스틸	인도	철강 · 최첨단 분석 솔루션을 활용해 폐기물 감축과 품질 개선, 제조 공정의 신뢰성 향상, 경비 절감
	아일랜드	존슨 앤드존슨	미국	제약·메디컬·화장품·소비재 등 · 인공지능과 IoT를 이용해 기계의 청소·검사·수정·대기 시간 등 비(非)가동 시간을 줄이고 운영비용을 절감
	프랑스	슈나이더 일렉트릭	프랑스	에너지 관리와 자동화 전문 기업 · 생산·보수·에너지 사용 과정을 한눈에 볼 수 있게 시각화하고 시스템을 통합해 유지보수비용 절감
	체코	프록터 앤드갬블	미국	비누·샴푸 등 다양한 소비재 · 실시간 핵심 성과 지표를 터치스크린에 표시해 성과가 떨어지는 원인을 즉시 파악할 수 있는 시스템 구축
중국	칭다오	하이얼	중국	가전 · 클라우드 기반의 대량 맞춤형 주문 제작 시스템 구축 · 주문 후 납품까지 이르는 시간을 절반으로 단축하고 재고까지 감축하는 시너지 효과 창출
	우시	보쉬	독일	자동차 및 산업 부품·기술 · 최첨단 데이터 분석 기술을 도입해 생산 과정에서의 손실 발생을 줄이고 생산장비 고장을 사전에 예측
	청두	지멘스	독일	전력·운송·의료·정보통신·조명 등 · 모든 부품과 재료·제품에는 일련번호를 부여하고 각각의 생

등대공장 위치		기업		주요 내용 (주력 업종/첨단기술 도입 사례)
		기업명	국적	
				산설비에는 센서와 측정장치 부착 · 이를 통해 수천만 개의 정보가 상호 연결되어 공장이 스스로 작업
	선전	폭스콘	대만	컴퓨터·전자기기 제조 · 스마트폰 부품과 전기·전자제품 생산 · 머신러닝과 AI 구동장비, 스마트 셀프 관리 및 실시간 모니터링 시스템 등을 제조 라인에 도입해 생산 효율성 30% 증대 · 부품 재고 사이클은 15% 감소
	톈진	댄포스	덴마크	냉장고와 에어컨에 사용하는 컴프레서 생산 · 디지털 추적 시스템과 스마트센서, 비주얼 검사, 자동 모니터링 시스템 등과 같은 디지털 툴을 도입해 품질 개선과 생산성을 30%까지 제고했으며 2년간 고객 불만은 57% 감소
미국	시카고	패스트 래디우스	미국	3D프린팅 · UPS와 협력해 주문 제작형 3D프린팅 서비스 런칭 · 고객이 주문하면 가장 가까운 3D프린팅 제조 매장으로 설계도가 전송, 이후 해당 장소에서 3D 제품을 제작하고 UPS가 고객에게 배송
중동	사우디 아라비아	아람코	사우디 아라비아	석유 · 하늘에 드론을 띄워 석유 생산 플랜트 곳곳에 산재해 있는 파이프라인과 기계류 검사 · 이 드론에 센서-카메라 등을 장착한 '디지털 헬멧'과 같은 웨어러블 기술을 도입해 검사 시간을 90% 단축

* 린 프로세스: 필요한 만큼의 생산능력을 투입·유지해 생산 효율을 극대화하는 시스템.
자료: WEF(2019); Mckinsey & Company(2019).

끄는 3개의 기술 트렌드 '① 연결성Connectivity, ② 지능화Intelligence, ③ 유연한 자동화Flexible automation'를 성공적으로 적용한 것도 이들 등대공장의 특징 중 하나다.

세계 등대공장 현황

2018년 선정된 16개 등대공장이 위치한 지역으로는 유럽이 9곳, 중국

그림 4-1 등대공장에서의 주요 성과

구분	항목	성과
생산성	생산량 증대	10~200%
	생산성 향상	5~160%
	설비종합효율 향상	3~50%
	품질 비용 감소	5~90%
	제조원가 감소	5~40%
	에너지 효율 증대	2~50%
민첩성	재고 감소	10~90%
	리드타임 감소	10~90%
	제품 출시 시간 단축	30~90%
	작업 변경 시간 단축	30~70%
맞춤화	로트 사이즈 감소	50~90%

자료: WEF(2019); McKinsey & Company(2019).

5곳, 미국·사우디아라비아가 각각 1곳으로 유럽에 가장 많이 위치했고, 등대공장 기업의 국적별로는 독일이 5개로 최다이며, 미국 3개, 중국·대만·프랑스·이탈리아·덴마크·스웨덴·인도·사우디아라비아가 각각 1개씩 선정되었다(〈표 4-1〉). 4차 산업혁명의 핵심 기술을 성공적으로 도입하고 통합하여 최첨단 미래형 제조설비로 거듭난 등대공장은 글로벌 제조업계가 지향해야 할 나침반으로 주목받고 있다. 등대공장은 AI, IoT, 로봇, 빅데이터 등 첨단기술을 적극 활용한다는 공통점이 있으며, 이는 4차 산업혁명 시대의 거스를 수 없는 메가트렌드임이 분명하다.

등대공장 중 특히 전통의 제조 강국으로 꼽히는 독일 제조업계의 변화와, 정부의 첨단기술 육성 정책이 자국뿐 아니라 글로벌 기업에게까지 혁신의 기회를 제공하는 중국 등은 주목해야 할 사례다.

국내 등대공장 사례(feat. 포스코)

우리나라에서 등대공장으로 맨 처음 선정된 포스코 제2 열연공장은 길이가 1킬로미터인데, 절반은 생산공정이고 나머지는 검수하고 제품을 쌓아놓는 공간이다. 포스코는 지난 2016년 이 공장을 스마트팩토리 모델 공장으로 선정하고 다양한 AI 기술을 공정에 접목시켜 성공을 거두었다. 쇳물을 생산하는 용광로는 높이가 110미터에 달하는 40층 아파트 수준의 거대한 설비다. 내부 온도는 최대 섭씨 2300도에 이르고 뜨거운 액체와 고체가 뒤섞여 있어 변화도 많고 예측도 쉽지 않다. 또한 24시간 연속 생산 체제이기 때문에 설비를 멈추고 내부를 보기도 쉽지 않은 구조다. 이 같은 용광로의 변수들을 디지털화하는 것이 스마트 용광로의 첫 시작이다. 포스코는 여기서 축적한 빅데이터들을 가지고 2017년부터 용광로 스스로 수많은 케이스를 학습하는 딥러닝을 시작했다. 그동안 수동으로 제어해 오던 용광로를 딥러닝을 통해 자동제어화하고자 한 것이다. 이에 따라 알아서 변수를 제어하고 최적의 결과 값을 산출할 수 있도록 하는 디지타이제이션Digitization과 스마타이제이션Smartization에 나섰다. 사물인터넷도 스마트용광로의 탄생을 앞당겼다. 과거에는 투입되는 연·원료의 양, 노열 등을 작업자가 일일이 측정해야 했지만, 스마트용광로는 설비에 설치된 카메라와 센서가 그 작업들을 대신하고 알아서 데이터화한다. 그 결과 포스코의 포항 2고로는 'AI 용광로'라고 불릴 만큼 인공지능 수준의 자체 제어와 예측이 가능해졌다는 것이 포스코의 설명이다.

WEF의 등대공장은 대기업 중심으로 4차 산업혁명 제조업을 이끌고 있으며, 이탈리아의 세탁기 부품사 '롤드'가 중소기업으로는 유일하게 등대공장으로 등재되어 있다. 중소벤처기업부에서는 포스코 사례를 기반으로

표 4-2 K-등대공장

단계별 K-등대공장 구축 방안				
1단계(정밀 진단)	➡	2단계(전략 수립)	➡	3단계(구축 지원)
전략 수립 전 기업의 현재 수준, 공정, 성장 가능성 등 정밀 진단		선도형 스마트공장 구축을 위한 솔루션, 추진 일정, 투자 금액 산출, 공급사 매칭 등		제조 전반에 AI, CPS 등 지능화 기술이 적용된 스마트공장 구축

포스코 등대공장 주요 지정 사유		
딥러닝 AI 기반 용광로 조업 자동제어	제품 원가의 60~70%를 차지하는 핵심 공정	
	기존	개선 후
	· 조업자 경험과 직권에 의존, 수동 조정에 따른 편차 발생 · 용광로 공정 특성상 유효 데이터가 부족하고 비정형 데이터가 다수	· 용광로 투입 전 원료 품질 측정 시스템 및 RADAR·비전 등 스마트센서를 이용한 용광로 상태 모니터링 · AI 기반 용광로 상태 최적화(편차 개선) 자동제어
AI 기반 초정밀 도금 제어	고객사의 요구에 따라 도금 두께가 수시로 변동해 규격에 맞게 오차를 줄이는 것이 매우 중요	
	기존	개선 후
	· 도금량 측정값을 회귀 모델을 이용해 1차 오차 보정을 실시하고 상황에 따라 작업자가 수동 개입해 최종 보정 · 설비·강종(철강 종류) 변화 시 도금 두께 정확도 하락 및 편차 발생	· AI 기반 모델을 통해 도금량 측정값과 조업자 노하우를 학습해 정합성 확보 · AI 기반 학습 모델이 도금량을 실시간 자동제어함에 따라 설비·강종 변화에 유연하게 대응

자료: ≪전자신문≫(2020.7.29).

'K-등대공장' 육성에 나서고 있다. 국내에서는 자동차용 금형과 프레스 및 용접조립 부품 전문업체 오토젠, 클린룸 전문업체 신성이엔지, 자동차용 조향장치 개발업체 태림산업 등이 대표적인 선도형 사례로 꼽힌다. 오토젠의 경우, MES와 350여 대의 자동화 로봇을 통해 제품 모델 변경에 유연하게 대응할 수 있는 생산 체계를 완성했다. 또 제조 라인에 RFID를 도입해 공장별 물류를 자동으로 추적하고 있으며, 용접 품질을 모니터링하기 위해 전압·전류 값 등도 실시간 수집하고 있다. 신성이엔지는 빅데이터 분석을 통해 국내 최초 클린에너지 기반 스마트공장을 구축했으며, APS와 연동해 실시간으로 공장의 전력 사용량을 분석, 시간별 에너지 발전 계획을 수립하고 있다. 태림산업은 가공 라인 대상으로 100% 기초 데이터 수집이 가능해짐에 따라 기존 '경험에 따른 관리'에서 '데이터에 따른 관리'로 전환했다.

05

인텔리전트 엔터프라이즈

지능형 기업이란?

지능형 기업Intelligent Enterprise은 차세대 정보통신 기술과 기업 내·외부의 생산요소를 고도로 융합해 생산, 관리 및 서비스 과정에서 자율적 의사결정, 자율적 실행 및 자율적 진화 능력을 구비한 기업을 가리킨다. 지능형 기업의 발전은 '자동화→정보화→디지털화→지능화'의 형태를 거치는데 데이터 역량, 글로벌 협업, 인간-기계 협업, 최적화 배치, 자율성 등의 특징이 있다. 디지털 기술 주도형 기업은 다음과 같은 질문에 명쾌하게 답을 줄 수 있는 지능형 기업으로 빠르게 변신하고 있다.

① 오늘의 비즈니스를 유지하며, 내일의 혁신을 도모할 수 있는가?
② 방대한 기업 데이터에서 시행 가능한 인사이트를 실시간으로 얻을 수 있는가?

그림 5-1 기업혁신의 진화

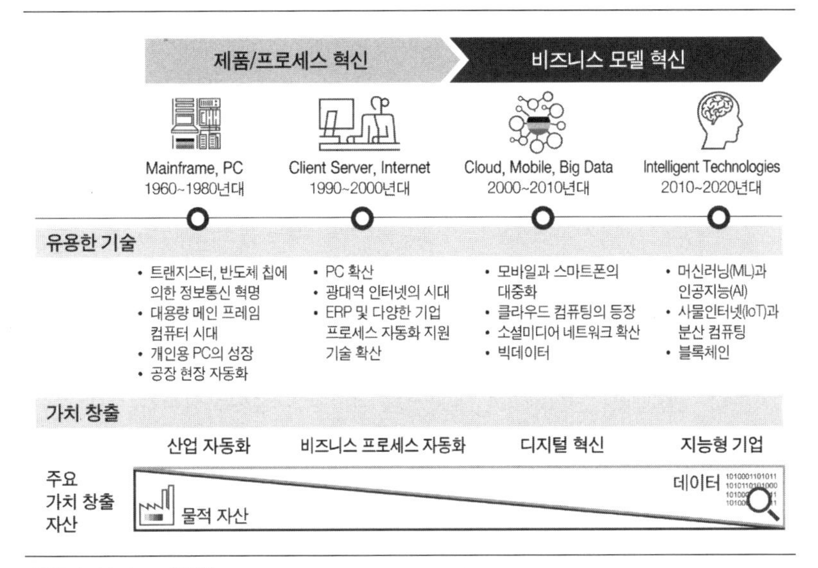

자료: Jackie Jeong(2018).

③ 효과적으로 직원 맞춤형 업무 기회를 제공하는가?

④ 고객의 니즈를 바로바로 파악해서 빠르게 서비스에 대응하는가?

2019년 중국정보통신연구원에 따르면 세계의 공장으로 불리는 중국 기업들의 지능화 영역을 보면 제조(55.8%), 경영관리(31.3%), 서비스(27.9%) 등으로 제조부문의 지능화 전환이 가장 중점적으로 추진되고 있다. 제조부문에선 생산(82.9%)이 절대적인 비중을 차지하고, 다음으로는 부품 공급, 판매 순이다. 기술 응용 관점에서는 빅데이터 기술이 가장 광범위하게 사용된다. 대기업의 약 절반이 빅데이터 기술을 사용하고, 다음이 클라우드 컴퓨팅, 사물인터넷 기술을 사용하며 약 30%의 기업이 인공지능을 활용하고, 이 외에 이동통신, 로봇/드론, 블록체인, VR/AR 등 정보통신 기술을 활용하고 있다. 지능화 효과에 대해서도 비용 절감 및 효율 향상(75%), 제품 업그레이드(30%), 안전생산(24%), 가치 창출(18%) 순으로 조사되고 있다.

핵심 경영 시스템: ERP, SCM, CRM

지능형 ERP

ERP는 실시간 경영 환경을 제공하고 업무 효율을 극대화하며 새로운 비즈니스 모델을 창출하여 인텔리전트 엔터프라이즈를 실현하는 또 하나의 플랫폼이다.

ERP도 기존의 시스템으로는 급변하는 경영 환경 및 IT 기술 변화 대응에 한계가 있다. 신규 비즈니스가 발생하고 기존 사업이 성장하여 비즈니스 복잡성이 증가하고 있으며, 실시간 의사결정 지원을 위해서는 데이터의 실시간 통합 분석과 비즈니스 지원이 필요하다. 데이터베이스 및 하드웨어 발전과 인메모리In-Memory 기반 ERP가 등장했고, 신기술의 접목이 가능하도록 IT 기술이 변화했다. 대표적인 글로벌 ERP 솔루션인 SAP는 2004년 ECC 버전 출시 이후, HANA DB(2011년), S/4HANA(2015년), Leonardo(2017년) 등 꾸준히 디지털 기술을 도입하고 있다.

안정성과 효율성이 강조되고 실시간 분석을 주로 하던 전통적 영역에 급변하는 시장에 신속 대응하고 자동화/지능화 기술을 이용하여 새로운 비즈니스 모델을 확장하기 위한 ERP의 플랫폼 환경도 변화하고 있다.

인메모리 플랫폼 기반의 단순화된 아키텍처

① 아키텍처 최적화 및 성능 향상

그림 5-2 삼성 ERP 여정

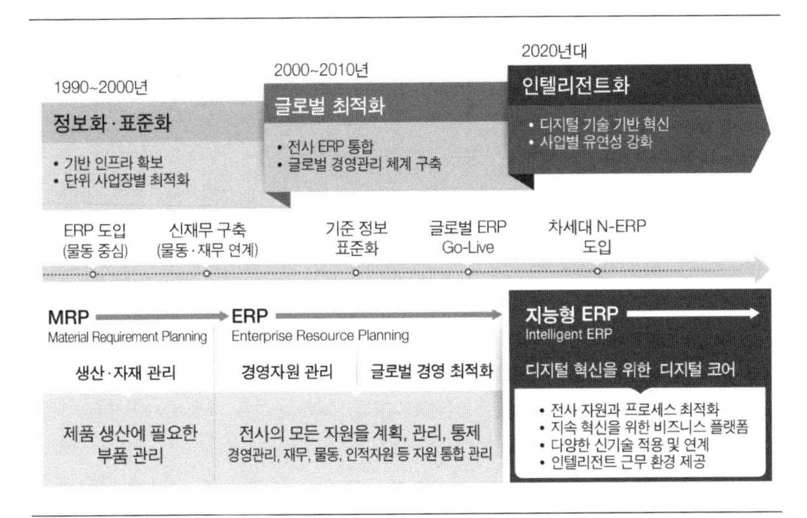

자료: 삼성SDS(2020).

- 데이터 볼륨 최적화: 기존 활용된 데이터베이스 대비 70~80% 축소
- 획기적인 프로세스 수행 시간 단축

② 리얼타임 시뮬레이션과 기능 개선

- 원하는 시점에 라이브 데이터 즉시 활용(단일 DB 내에서 OLTP/OLAP 활용)

최신의 UX 활용을 통한 업무 생산성 향상

① 업무 처리 편의성 강화

- 기능별 개별 화면 구성으로 업무 생산성이 저하되었는데 역할 기반 업무 흐름 중심으로 구성

② 다양한 형태의 디바이스 제공을 통한 연속적인 업무 환경 구현

신기술 도입을 통한 인텔리전트한 환경 구현

- (연구개발) 설계 협업: 블록체인
- (생산) 불량 검출: 센서 데이터 기반 이상 감지 → AI, IoT
- (서비스·물류) 단순 반복 업무 자동화: RPA, M/L
- (마케팅·영업) 판매/마케팅 시장 반응 분석: 빅데이터
- (환경·안전) 스마트안전모, VR 안전교육: VR/AR

빠르고 효율적인 클라우드 IT 도입

① 클라우드를 통해 신속한 시스템 구축 환경 지원: 신속한 시스템 도입
② SaaS 솔루션 확장성 및 빠른 업그레이드: 신기술 도입 용이
③ 유연한 시스템 확장/축소: IT TCO 효율화

이 중에서도 특히 클라우드 전환은 큰 관심사 중 하나다. 국내 많은 기업들은 이미 ERP 시스템을 상향 평준화한 후 1일 결산 수행 등 수준 높은 ERP 혁신 프로세스를 정립했다. 그리고 IT 비용에 대한 효율화 필요성에 따라 인프라 비용을 절감할 수 있는 IaaS 방식 클라우드 전환을 적극 검토 중이다. 기업들은 클라우드로 전환하면 IT 비용을 기존 대비 50~60% 이상 절감한다는 사실은 인지하면서도 가용성, 성능에 대한 불안감을 가지고 있다.

"인프라 비용이 많이 낮아지는데, 성능도 같이 낮아지지 않을까?"
"x86은 UNIX보다 불안하다는데 장애가 자주 생기지 않을까?"
"전환 기간을 단축하기 위한 효율적인 방법은 없을까?"
"미션 크리티컬한 업무에 대해 가용성은 보장이 될까?"

이와 같은 기업의 요구사항 충족과 불안감 해소를 위해서는 시스템 전환 가이드를 활용하여 무중단 아키텍처 구축, 진단을 통한 장애 요소 사전 제거, 부하 테스트를 통한 성능 확보, 이중화 테스트 등을 통한 가용성에 대한 신뢰 확보를 해야 한다. ERP는 기업의 전사적 핵심 업무로 무중단과 재해에 대비한 아키텍처가 필요하며 대용량 트랜잭션을 발생시킨다. 특히, 클라우드 환경의 ERP 시스템을 위해서는 가용성, 대용량 트랜잭션 처리, 시스템의 유연한 확장성 측면에서 구성 방향을 제시해야 한다.

① 비즈니스 무중단을 위한 시스템 아키텍처 구현
- 고가용성 기술을 기반으로 한 무중단 인프라 아키텍처
- 모든 장애/재해에도 데이터 손실 없이 복구 가능한 대응 체계
- 장애 예방 및 감지를 위해 검증되고 고도화된 운영 체계 도입
② 대량 트랜잭션 처리 성능 확보
- 자원 증설/증감 시 서비스 중단을 최소화할 수 있는 기술 선정
- 업무 증가에도 안정적인 성능을 보장할 수 있는 아키텍처 구성
③ 기존 설계 사상을 최대한 유지하며 유연하게 클라우드 전환
- 업무 규모와 중요도를 고려한 클라우드 기반의 아키텍처 제시
- 기존 아키텍처를 기반으로 클라우드 환경에 적합한 아키텍처 제시

또한 이를 근간으로 서버, 스토리지, 백업, 네트워크, DRDisaster Recovery 등에 대한 아키텍처도 검토해야 한다.

쉬어가기 상위 45개 클라우드 ERP 소프트웨어

다음은 상위 클라우드 ERP 소프트웨어다. SAP Business One, Brightpearl, NetSuite ERP, Orion ERP, Kinaxis RapidResponse, Jeeves ERP, Ignition, ECount ERP, Oracle ERP Cloud, SAP S/4 HANA, Munis ERP, Dynamic 365, Ramco ERP, Plex Manufacturing, IFS ERP, Apprise ERP, SAP Business ByDesign, BatchMaster ERP, QAD ERP, Expand ERP, FinancialForce ERP, OnCloudERP, Comarch ERP, VISIBILITY.net ERP, Infor ERP, Aptean Ross ERP, Glovia, Kenandy, Deltek Vision, Acumatica Cloud ERP, JD Edwards EnterpriseOne, Oracle PeopleSoft, NetSuite Global ERP, Rootstock, Priority, Accolent ERP, Traverse, Clearview InFocus, IQMS, Compass Suite, Oracle E-Business Suite, SAP S/4 HANA Cloud, Epicor ERP, Exact Globe, CGram Enterprise(PAT Research, 2020).

디지털 SCM/물류

월마트와 아마존 간 경쟁으로 대변되는 리테일 전쟁의 승부는 공급사슬 분석 역량이 결정할 것으로 보인다. 공급사슬Supply Chain은 상이한 목표를 가지는 다양한 비즈니스 주체를 다루는 복잡한 시스템이며 데이터 분석에 기반하여 공급사슬을 운영하는 것이 필수적이다. 최저가 정책을 바탕으로 오프라인에서 주로 활동하던 월마트는 최근 제트닷컴을 인수하고 온라인 채널을 확장하고 있는 중이다. 최적 제품 및 할인 가격을 제시하고 무료 배송과 온라인에서 주문하고 오프라인 매장에서 무료로 픽업할 수 있는 고객 서비스를 제공하고 있다.

'Same day delivery'라는 혁신적인 배송 서비스를 운영하는 온라인 유통의 대명사 아마존도 최근에는 식료품 체인인 홀푸드를 인수하고 프라임 회원을 대상으로 1일 내 무료 배송과 식료품 1~2시간 내 배송을 고객 서비스로 내세운다. 이러한 서비스가 소규모 지역에서 실험적으로 운영되는

것이 아니라 미국 전 지역에서 가능한 이유는 서플라이 체인의 운영 역량에서 기인한다고 볼 수 있다. 'On-demand Apparel Manufacturing'도 주문부터 배송까지의 전 과정을 컴퓨터로 처리하여 복잡한 유통 단계를 거치지 않고 의류 공장에서 바로 소비자에게 직송함으로써 의류 유통에서의 시간적 비효율성을 제거했다. 고객(다품종 소량), 제품(라이프 사이클 단축), 채널(옴니채널, D2C), 공급량(글로벌 소싱) 혁신을 통한 차별적인 경쟁력 확보를 위해서는 SCM 역량 확장이 필수적이다. 아마존을 포함한 글로벌 유통사들은 제조기업에서 배운 운영 원칙과 AI, 최적화, 로봇 등 디지털 기술을 결합하여 혁신적 SCM을 구현하고 있다. 전통적 SCM에 디지털 신기술을 결합함으로써 새로운 차원의 자동화, 지능화, 실시간화, 통합된 SCM의 실현이 새로운 성공의 열쇠가 된다.

디지털 SCM이 지향하는 가치 특성은 크게 네 가지로 분류할 수 있다.

하나. 인텔리전트 센싱(Intelligent Sensing)

① 내·외부 데이터 통합 및 분석 기술을 통해, 마케팅과 수요 예측 영역의 데이터 기반 의사결정 체계 구현

② 다양한 유형의 데이터를 입수/정제/구조화하여 제공하고 선진 분석/시각화 기술을 탑재한 분석 플랫폼 구현

③ 내·외부 데이터의 연계 분석을 통해 마켓 셰어 추정, 소비자 인사이트 분석, 마케팅 투자 최적화 지원

④ 머신러닝 기법을 통해 예측 대상을 클러스터링하고, 특성별 예측 모델을 학습하여 수요예측 업무를 자동화함

그림 5-3 디지털 SCM 프레임워크

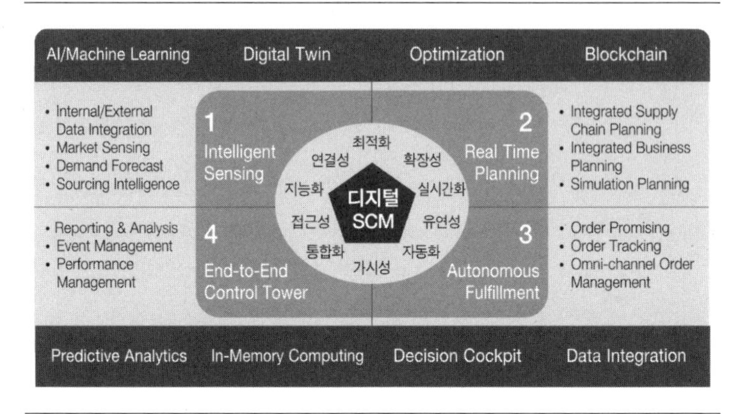

자료: 삼성SDS(2019a).

둘. 리얼타임 플래닝(Real Time Planning)

① 초고속 엔진과 인메모리 기술을 적용하여, 실시간 계획 체계를 구축하고 계획 리드타임을 획기적으로 단축(예: 계획 정보가 메모리에 상주하여 실시간 시뮬레이션 체계가 되면 주간 계획 엔진 1사이클 수행 시간이 7.5시간에서 40분으로 단축되고, 월간 계획 수립의 리드타임도 10일에서 1일로 단축)

② 자원 탐색 특화 알고리즘, 분산/병렬 처리 기술, 3D 공간 탐색 알고리즘을 결합하여 초고속 계획 엔진 구현

③ 다양한 제약(Tact-time, 설비 capa., 가동률)과 정책(Short/Late, 수요 우선순위, 공급 우선순위), 전략(공급 대처, 비축 생산)을 반영한 다중 동시 시뮬레이션 계획 체계 구현

④ 입력 정보를 직접 변경하고 재계획을 수립한 후 결과를 즉시 확인할 수 있는 실시간 인터랙티브 계획 체계 구현

셋. 오토노머스 풀필먼트(Autonomous Fulfillment)

① 수요 변경 및 공급 이슈에 대해 신속한 자원 점검을 통해, 긴급 오더에 대한 대응 스피드 및 오더 가시성 향상

② 수요/공급 상태 변경을 반영하여, 오더 페깅 정보를 최신화하고, 오더 추적 정보를 제공함

③ 온오프라인 채널 재고에 대한 실시간 가용성 정보를 기반으로 옴니채널 주문에 대한 대응 체계 구현

넷. 엔드투엔드 컨트롤타워(End-to-End Control Tower)

① E2E 프로세스에 대한 계획, 실적, 이슈 정보를 능동적으로 제공하여, 신속하고 효과적인 의사결정을 지원함

② 역할별 대시보드, 정보 특성별 시각화, 연관 콘텐츠 분석 등 직관적/즉각적 정보 제공이 가능하도록 UX 구현

③ 위젯, 챗봇, 자연어 검색 등 AI 기술을 활용하여 능동적이고 인터랙티브한 정보 제공이 가능하도록 함

④ HTML5 기반 웹 표준 프레임워크 및 모바일 환경 지원을 통해 언제 어디서든 SCM 정보 접근이 가능하도록 함

오프라인 상거래는 공장에서 공장, 그리고 공장에서 도·소매업체로의 이송만 관리하면 된다. 계약 기반으로 물류가 이루어지기 때문에 변동성에 대한 관리가 상대적으로 수월하다. 하지만 이커머스e-Commerce 물류는 주문에서부터 출고까지 단시간 내 발생할 수 있는 변동성에 대한 대비를 하기 위해 '풀필먼트 서비스'라 불리는 시스템을 갖추어 물류 과정을 관리해 주어야 한다. 풀필먼트 서비스는 물류 전문 기업이 상품 보관, 제품 선

별, 포장, 배송, 처리까지 판매자의 물류를 일괄 대행해 주는 것을 뜻한다.

물류 산업자동화 분야의 가장 큰 화두는 자율주행 기술을 활용한 물류 운영이다. 2016년 영국의 유통기업 오카도Ocado는 반자동화된 대형 물류 센터인 앤도버Andover에서 질 높은 배송 서비스를 제공하기 시작했다. 자동화된 로봇이 그리드 모양의 스마트 플랫폼 위를 다니며 주문을 처리하고, 배송 차량에서 수집된 센서 데이터를 활용해 최적 배송 경로를 도출하고, 실시간으로 위치 확인이 가능한 SW를 활용하고 있다. 자율이동로봇AMR 공급업체인 로커스 로보틱스Locus Robotics는 직원들이 물건을 찾고 수집하는 데 도움을 주는 로봇을 개발했는데, 이 로봇은 머신러닝 알고리즘을 활용하여 작업을 수행할수록 더욱 효율적인 창고 내 이동 경로를 학습한다. 이를 통해 직원들이 이동이 아닌 피킹에 집중할 수 있도록 하여 기존 방법 대비 최대 5배 생산성을 향상시켰다.

맥킨지의 연구에 따르면 2022년에는 트럭 플래투닝Truck Platooning 기술을 활용해 고속도로에서 운전자 한 명이 트럭 두세 대를 운행할 수 있을 것으로 전망된다(McKinsey & Company, 2018). 플래투닝은 무선통신 네트워크를 기반으로 주로 트럭 등 산업용 화물차량 여러 대를 하나로 묶고, 후방 차량이 선두 트럭을 자동으로 따라가는 것을 목표로 하는 집단 자율주행 기술이다.

LMDLast Mile Delivery는 상품을 개인 소비자에게 직접 전달하는 마지막 운송을 의미한다. 새벽배송, 당일배송 등 다양한 서비스로 인해 많은 인력과 물류시설이 필요하여 전체 물류 프로세스 비용 중 약 53%로 가장 많은 부분을 차지한다. 물류업계에서는 이러한 LMD의 효율 증가를 위해 다양한 시도를 하고 있다. 택배 기사들의 배송 프로세스를 단순화하고 최적화하기 위한 다양한 IT 장치들을 개발하는 것 외에도 드론을 도입하거나 주유

그림 5-4 첼로 스퀘어의 주요 기능

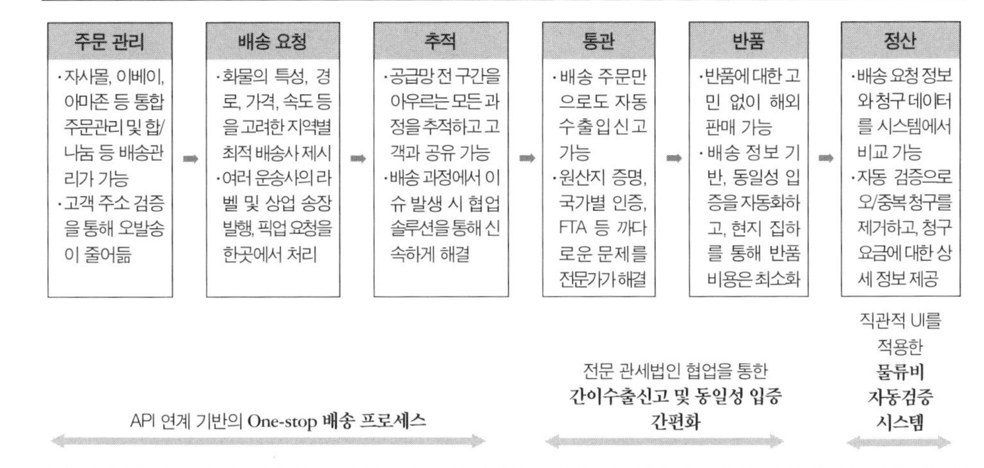

자료: 삼성SDS(2019b).

소 네트워크를 물류센터로 활용하려는 시도를 하고 있다.

아마존, 오카도 등 혁신 기업의 등장으로 물류 산업은 드론 배송, 로봇 기반 창고 자동화 등 첨단기술의 각축장처럼 보이지만 현실은 여전히 종이 문서, 엑셀 반복 작업, 이메일 등에 많이 의존하고 있다. 삼성SDS의 첼로 스퀘어Cello Square 솔루션은 표준화된 온라인 플랫폼 서비스로 물류 실행, 통관/인증 전문 서비스, 블록체인 기반 진품 증명 등 수출입 물류 과정을 지원하며 클라우드, 애널리틱스, 블록체인까지 최첨단 IT 기술을 집대성하고 있다.

지메일G-mail에 가입하고 구글의 이메일 시스템을 사용할 수 있는 것처럼, SME 사업자가 첼로 스퀘어에 계정을 생성하면 클라우드 기반의 물류 실행관리 시스템Logistics as a Service: LaaS을 사용할 수 있으며, 이를 통해 수출입 물류와 관련된 모든 업무를 처리할 수 있다. CelloSquare.com 웹사이트에서 국제 운송 주문/정산/결제, 배송 추적, 통관 대행, 수출입 문서 관리, 반품 물류 관리, 이슈 처리까지 모든 수출입 업무를 원스톱으로 처리할 수 있다.

쉬어가기 S&OP 부문 매직쿼드런트 보고서

매직쿼드런트(Magic Quadrant)는 가트너 발간 보고서 중 조회 수가 가장 높은 영향력 있는 보고서로, 전 세계 CIO와 기술 바이어들의 구매 의사결정을 위한 지침서로 활용된다. IT 분야 기업과 제품의 경쟁력을 다각적으로 평가하고 비전의 완성도와 실행 능력을 기준으로 리더(Leaders), 챌린저(Challengers), 비저너리(Visionaries), 니치 플레이어(Niche Players) 등 4개 그룹으로 분류하고 있다. 이 중 S&OP 부문에서 AI 기반 SCM SaaS 플랫폼 제공업체인 오나인솔루션즈(o9 Solutions)는 리더 기업 중 비전의 완성도 부분에서 높은 평가를 받고 있다. 이 회사는 AI 플래닝 플랫폼이 가

S&OP 부문 매직쿼드런트 보고서

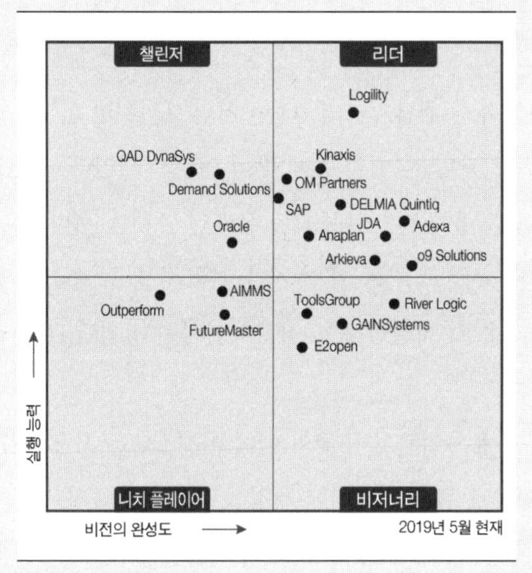

자료: Gartner(2019).

지는 모델링 유연성, 오픈 아키텍처를 통한 솔루션 확장성, 스토리지에 저장된 데이터를 메인 메모리로 옮겨 활용하는 네이티브 인메모리 컴퓨팅 기술을 통한 우수한 분석 성능, 컨피규레이션 기반의 유지보수 용이성을 통해 공급망 분야의 디지털 혁신을 지원하는 '퓨어 네이티브 SCM 클라우드 서비스(Pure Native SCM Cloud Service)'를 전 세계에 제공하고 있다.

SaaS CRM

친절한 매장 직원과 익숙한 매장의 동선이 훌륭한 고객 경험을 의미하지는 않지만, 오프라인에서 디지털 영역으로 영업 환경이 확대됨에 따라 디지털 고객 경험이 그 어느 때보다 중요해지고 있다. 디지털 고객 경험은 고객이 비즈니스와 관련하여 경험할 수 있는 여러 가지 접점에 대한 모든 온라인 상호작용을 다룬다. 예를 들어 1초의 지연이 발생하면 방문자의 약 5%가 해당 웹사이트를 떠나 경쟁 사이트로 이동하거나 여러 사이트를 동시에 탐색한다고 알려져 있다. 실제로 소비자 중 68%는 고객 서비스 담당자가 그들의 서비스 내역을 잘 알고 있어야 한다고 말하고, 73%의 소비자는 회사가 채널에서 일관된 서비스 수준을 제공할 수 없는 경우 브랜드를 바꿀 가능성이 있다고 말한다. 결국, 고객은 온라인 비즈니스를 선택하더라도 여전히 매장 내에서 구매하는 것과 같은 일반적인 일대일 맞춤 고객 여정을 기대한다. 고객 경험을 결정하는 것이 바로 디지털 경쟁력에서 온다는 점을 인지한 각 기업들은 디지털 플랫폼을 확대하면서 고객 경험을 단절하지 않고 지속적으로 연결할 수 있도록 지원하는 솔루션을 원하고 있다. 비즈니스 CRM은 온라인 고객과 연결하고 효과적인 디지털 고객 경험을 제공하는 데 필요한 도구를 지원한다. 많은 장벽에도 불구하고 기업들은 일관성 있고 만족스러운 디지털 고객 경험을 제공하기 위해 CRM 솔루

표 5-1 세일즈포스의 주요 기능 및 특징

구분	주요 기능 및 특징
영업 자동화 (Sales Force Automation)	· 판매 생산성과 가시성을 높이고 수익을 확대하기 위한 영업 자동화 서비스 제공 · 영업 프로세스의 표준화를 통해 효율적이고 능동적인 세일즈 업무 극대화
파트너 관계 관리 (Partner Relationship Management)	· 직간접 채널 비즈니스를 위한 영업 기회의 가시성 제공 및 강력한 통제, 관리 능력 확보
고객 서비스와 지원 (Customer Service & Support)	· 고객 서비스, 제품 지원, 현장 서비스, TM, 주문 테스트 또는 IT 헬프데스크 등 모든 형식의 지원 및 서비스 업무에 적용 · 인/아웃 바운드 고객 서비스로 적절한 시기에 적절한 응대가 가능하도록 서비스 시점 관리 지원
마케팅 자동화 (Marketing Automation)	· 클로즈드 루프(Closed-Loop) 마케팅 기법을 통한 다채널 캠페인을 실행·관리하고 그 결과를 분석할 수 있는 환경 제공 · 예산의 ROI 측정과, 수익과 특정 마케팅 프로그램의 연계 및 실시간 조율 기능
분석 (Analytics)	· 모든 직급의 사용자에게 연관성 있는 정보와 분석 결과 제공 · 실시간 보고, 계산 및 대시보드를 이용한 최적의 의사결정 및 자원 할당

션을 사용한다.

세일즈포스(Salesforce.com)는 CRM, 영업 솔루션을 웹서비스 형태로 제공한 최초의 기업으로, SaaS 모델의 선구자로 평가받고 있다. 기존 설치형 CRM은 구축 기간이 평균 1년 정도 걸린 것에 비해 SaaS형 CRM은 평균 3개월이면 이용이 가능하다. 고객 관련 각종 데이터의 수집, 분석, 의사결정과 관련된 기능들이 클라우드에서 제공되고 필요한 기술 지원이 이루어지기 때문에 조직 내 IT 전문가가 없어도 서비스를 쉽고 빠르게 도입하여 전통적 SW 제품을 도입할 때 겪었던 고가의 유지보수비용, 불편한 업그레이드 없이 CRM을 사용할 수 있다.

자체 보고에 따르면 SFDC는 마케팅 분야(35.2%. Oracle 13.3%), 고객 서비스 분야(38.2%. Oracle 9.8%), 고객관계 관리 분야(19.6%. Oracle 7.1%)에서 각각 시장점유율 1위를 차지하고 있다. SFDC는 클라우드 서비스 플랫폼을 강화시키는 기술 기업에 투자하면서 데이터 지능화, 클라우드 서비스 라인업을 강화 중이다. 클라우드 기반의 워드프로세싱 앱과 이커머스 서비스 제공업체, 비즈니스 분석 자동화 솔루션, 데이터 기반 의사결정 지원 시스템, 딥러닝 기술, API 통합 관리 솔루션 업체인 뮬소프트Mulesoft 등을 지속적으로 M&A하고 있다.

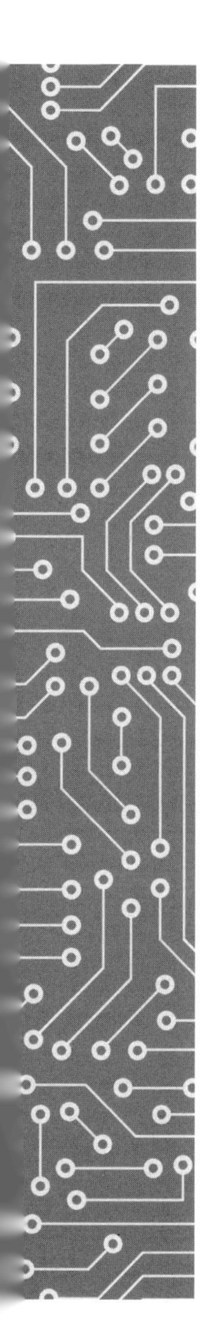

제2부

개방과 플랫폼
(Open & Platform)

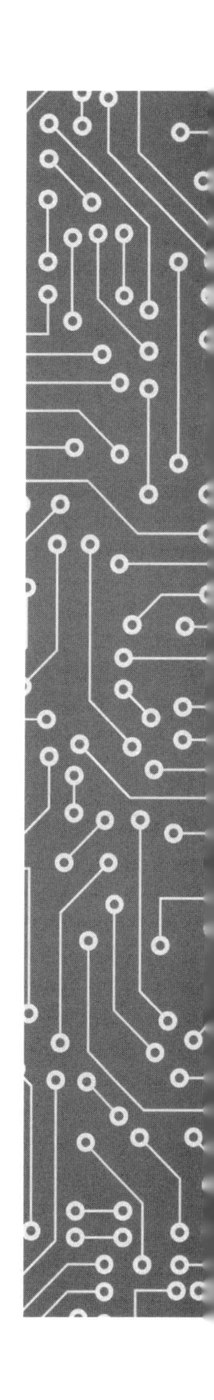

06

기업, 오픈소스에 사활을 걸다

1990년대에 있었던 브라우저 전쟁에서 MS의 자금력에 밀려 인터넷 익스플로러IE에 시장의 주도권을 뺏기자 넷스케이프는 전략적으로 넷스케이프 소스코드를 공개하고 모질라 재단을 설립했다. 이러한 넷스케이프 사례는 SW 관련 종사자들로부터 많은 관심을 받았고 그 결과 1998년 산호세에서 오픈소스라는 새로운 개념이 정립되었다. 오픈소스는 자유SW(LAMP 등: 리눅스, 아파치 서버, MySQL, PHP)와 달리 '대중성'과 '성공'을 위한 실용성을 중시했고 수정한 SW를 공개해야 하는 코드 공개 조항을 강제하지 않았다.

2020년부터 윈도우7 기술 지원이 종료되면서 정부, 공공기관에서도 오픈소스 도입이 탄력을 받는 분위기다. 정보통신산업진흥원NIPA에서 발간한 「2018년 공개SW 시장조사 보고서」에 따르면 향후 오픈소스 SW를 도입할 기술 분야로 빅데이터(44.3%), 클라우드(42.3%), IoT(33.0%), AI(26.5%) 순으로 나타났고, 도입 이유로는 '상용 라이선스 종속성 탈피', '비용 절감',

'신기술 분야 적용 가능' 등을 꼽았다(정보통신산업진흥원, 2018). 특히, 공공 클라우드 도입 움직임이 활발해지면서 한국정보화진흥원NIA에서는 차세대 전자정부 클라우드 플랫폼으로 '파스-타PaaS-TA'를 개발하여 오픈소스 도입 가능성과 효과, 안정성 등을 검토 중이다.

소프트웨어 기업들도 오픈소스에 사활을 걸기는 마찬가지다. 사회에 대한 순수한 기여 측면보다는 수익성 때문이다. 마이크로소프트MS가 오픈소스 공유 플랫폼인 '깃허브GitHub'를 8조 원을 들여 인수했고 IBM도 20조 원 규모로 '레드햇Red Hat'을 인수했다. 깃허브가 시장에서 높은 가치를 인정받은 배경에는 깃허브 활용 조직과 SW 개발자가 빠르게 증가했다는 이유가 있다. 2015년부터 2018년까지 깃허브 활용 개발자는 매년 85%씩 증가했고, 깃허브 활용 조직은 매년 약 82%씩 증가했다. 이러한 오픈소스의 활용 증가에는 오픈소스 개발 방식을 성공적으로 활용한 구글 같은 기업의 역할이 컸다. 구글은 안드로이드를 오픈소스로 개발하여 외연을 빠르게 확장했다. 스마트폰 제조사들이 비용 지불 없이 안드로이드를 사용함으로써 기기 제조사 및 사용자가 빠르게 증가했다. 증가한 안드로이드 사용자 수는 앱 개발자 확보에 기여함으로써 플랫폼의 경쟁력이 급성장하게 되었다. 결국, 모바일 플랫폼의 후발 주자였던 안드로이드 플랫폼은 2008년 최초 제품 출시 이후 5년 후인 2013년에 약 80%의 모바일 시장점유율을 확보하면서 모바일 생태계의 선두 주자로서 입지를 다지고 기업 가치를 크게 상승시켰다. 안드로이드의 성공 이유 중 하나는 오픈소스로 인해 생태계 참여자들의 자발적인 협력을 이끌어낼 수 있었다는 점이다. 안드로이드 플랫폼의 성장이 참여자들에게 유익했기 때문에 참여자들은 공동의 이익을 위해 자발적으로 기여할 수 있었다. 화웨이의 경우도 2000년대 초반까지 모든 네트워크 장비를 오픈소스를 활용해 제작했다. 기업들이 개발 효율화를 위해 오픈소스에 개발 소스를 공유하면서 품질이 좋아지는 선순환을 경험하고 있는 것이다. 이러한 오픈소스 협력 방식은 빅데이터(아파치 하둡 등), 클라우드(오픈스택, 클라우드파운드리 등), 사물인터넷(OpenAirInterface 등), 인공지능(텐서플로 외) 같은 복잡한 기술과 생태계를 가진 분야로 확산되고 있다.

오픈소스는 방대하고 다양하며, 빨리 변하고 다양한 형태로 존재한다. 세계 기업의 65% 이상이 오픈소스를 활용하고 있으며, ICT 산업에서 오픈소스의 비중은 갈수록 높아지는 추세다. 리눅스 재단의 설문 조사에 따르면 72%의 기업들이 내부적 및 비상용으로 오픈소스를 사용하고, 55%는 사용 제품에 오픈소스를 사용한다고 한다(김우진, 2019: 9).

오픈소스 기술 동향

깃허브는 오픈소스 개발이 가장 활발하게 이루어지는 오픈소스 생태계다. 2007년부터 기업과 개발자들에게 코드를 호스팅하고 검토하며 프로젝트를 관리하는 것은 물론 소프트웨어를 만들 수 있도록 해왔다. 개인 개발자부터 스타트업, 대기업, 백악관까지 코드를 올리고 관리한다. 사람들은 소프트웨어 개발자들 사이에서 널리 사용되는 이 회사의 오픈소스 접근 방식을 통해 다른 사람의 코드를 연구하고 배우고, 자신들의 목적을 위해 코드를 수정·변경 및 재배포까지 할 수 있다. 2015년 기준 전 세계 1200만 명 이상의 개발자들이 깃허브 오픈소스 플랫폼을 사용하고 있다. 여기에는 스포티파이, IBM, 구글, 페이스북, 월마트를 비롯한 많은 기업들이 포함되어 있다.

깃허브는 SNS와 유사하며 소셜 코딩 플랫폼으로서의 기능이 우수하고 개발자가 사용하기 편한 인터페이스를 제공한다.

- 코드 검색 및 리뷰 환경 우월, 일래스틱서치 기반으로 검색 결과 1초 이내 결과 출력
- 웹 기반으로 참여가 쉽고 무료 호스팅
- 개발자가 편리하게 사용할 수 있도록 인터페이스 제공

우리나라의 오픈소스 소프트웨어Open Source Software: OSS에 대한 개발자나 기업의 기여는 아직 미흡한 수준이지만, 세계 OSS 시장은 애플, 마이크로소프트와 같은 글로벌 SW기업과 다양한 중소 SW기업이 자사 SW를 공개하고 OSS 관련 커뮤니티를 지원하고 있는 상황이다. 특히, 미국을 중심으로 OSS 선순환 생태계가 구축되어 OSS 활동 참여가 SW 혁신의 동력으로 작용하고, 결과적으로 SW 산업 경쟁력 강화를 견인한다. 4차 산업혁명 구현을 위한 기술 인프라는 과거와는 완전히 새로운 인프라가 요구되어 대부분 기업이 오픈소스를 전략적으로 활용하고 있다. AI, 블록체인 등 핵심 기술들은 제품 개발 후 대부분 오픈소스로 공개·공유되며, 기타 시스템 구축에 필요한 대부분 SW도 오픈소스 활용이 가능하다.

① 스퀘어Square는 금융 서비스 기업으로 전용 리더기를 스마트폰에 연결하여 POS를 대체했으며, 이메일로 송금이 가능한 스퀘어 캐시Square Cash 서비스를 2013년부터 시작했다. Picasso, Otto, Crossfilter, Cube 등 다수의 내부 라이브러리, 특히 모바일 관련 소스를 오픈소스 커뮤니티에 적극적으로 기여하고 있다(https://dc-js.github.io/dc.js/).

② 차량 공유 플랫폼인 우버Uber는 빅데이터 스택과 데이터 가시화 영역의 오픈소스 프로젝트에 적극적으로 기여하고 있다. 우버의 시각화 팀은 deck.gl, kepler.gl, react-vis와 같은 프로젝트를 오픈소스로 운영 중이다.

③ 숙박 공유 기업인 에어비앤비Airbnb는 가격 추천에 사용하는 머신러닝 데이터 분석 도구 및 BI 도구 등(Airflow, Aerosolve, JavaScript Style Guide, Superset)을 오픈소스로 공개하고 있다.

④ 세계 최대 규모의 온라인 쇼핑몰 알리바바 그룹도 글로벌 인터넷기업과 비슷한 수준으로 분산 시스템(RocketMQ), 프런트 프레임워크(Egg.js), 사물인터넷(AliOS Things) 등에서 직접 사용하는 기술을 안정화 과정을 거쳐 오픈소스로 기여하고 있다.

⑤ 오픈소스 제품을 활용하여 수익을 창출하는 가장 대표적인 회사로 레드햇을 들 수 있다. 소프트웨어를 무료로 공급하고, 유료로 지원하는 비즈니스 모델을 기본으로 하고 있다. 구독(서브스크립션) 방식으로 리눅스 유지보수와 테스트를 지원하거나, 오픈소스 소프트웨어 솔루션에 대한 컨설팅과 맞춤화, 유지관리, 지원을 제공하는 비즈니스 모델을 가지고 있다. 최근에는 고도화된 소프트웨어를 유료로 판매하는 비즈니스도 시작했으며 기업용 배포판인 레드햇 엔터프라이즈 리눅스를 기반으로 하는 지원 및 교육 등에서 수익을 창출하고 있다. 2006년에는 미들웨어 오픈소스업체인 JBoss를 인수해 OS뿐 아니라 미들웨어까지 사업 영역을 확장했으며, 2018년에 SW 분야 사상 최대 규모인 39조 원에 IBM에 인수되었다.

⑥ 일래스틱Elastic은 검색엔진 분야의 오픈소스를 바탕으로 관련 사업을 확장하고 있다. 검색엔진의 사실상 표준으로 소프트웨어를 무료로 공

급하고, 부가 기능을 상용으로 판매하며 교육과 컨설팅을 유료로 지원하는 비즈니스 모델을 가지고 있다. ELKElasticsearch, Logstash, Kibana[1]로 불리는 세 가지 제품을 조합하여 데이터 수집부터 분석, 시각화를 통합적으로 제공한다.

쉬어가기 4차 산업혁명을 위한 오픈소스

연결과 센싱		데이터 (수집·저장·처리)	분석	분석·시각화
센싱(IoT)	블록체인			
Horizontal platform · Canopy · Chimera IoT · Device Hive · DSA · Pico Labs · M2MLabs · Nimbits · OSIOT · RabbitMQ · SiteWhere · webinos · Yaler **Middleware** · IoTSyS · OpenIoT · Open Remote · Kaa 등	· Bitcoin · Ethereum, EOS · Fabric(IBM) · Sawtooth(intel) · Iroha, Openchain · HydraChain · MultiChain · Loopchain · Elements · Stella, NEO, Lisk · R3 Corda · Wanchain · NXT, ARK · STRATIS · ICON, CARDANO · theloop, ripple · Credits	**수집** · 내부(Sqoop) · 외부(Crawling) · 로그(Flume) **분산 저장** · Hadoop, HDFS · Solr, Beam · Pulsa, CockrochDB · Neo4j, InfluxDB **클라우드** · Openstack · Eucalyptus · Cloud Stack -OpenNebula **처리** · Mapreduce · PIG(스크립트 언어) · HIVE(데이터 요약, 질의, 분석)	**SPARK** · Java 등 API · SQL · Streaming · MLLIB · Graph **딥러닝 플랫폼** · TensorFlow · Theano, Torch · Keras, CNTK · PyTorch · Apache MXNet · Apache SINGA · BigDL, Caffe · Chainer · Deep learing4j	· BIRT · Zeppelin · Knowage · MapD · Jaspersoft · Knime · Metabase · Matomo · Seal Report

자료: 이진휘(2019: 15).

1 일래스틱서치(Elasticsearch)는 루신(Lucene) 기반의 검색엔진, 로그스태시(Logstash)는 데이터 수집 및 로그 파싱 엔진, 키바나(Kibana)는 시각화 기술로 히스토그램, 막대그래프, 파이차트, 시계열분석 등을 지원하는 시각화 플랫폼이다.

오픈소스 소프트웨어 라이선스

오픈소스 활성화를 위해 설립된 오픈소스 이니셔티브Open Source Initiative는 GPL 라이선스를 포함한 80개 이상의 다양한 라이선스들을 오픈소스 라이선스로 승인하면서 오픈소스의 외연을 넓혔다. 승인된 라이선스 중에는 코드 공개 조항이 없는 MIT, 아파치Apache, BSD 라이선스 같은 퍼미시브Permissive 라이선스들이 많이 포함되었다. 최근 기업에서 주도하는 유명 오픈소스 프로젝트들(안드로이드, 텐서플로, MS의 VSCode 등)은 퍼미시브 라이선스들을 많이 활용하고 있다. 2010년과 2017년의 라이선스 활용 현황을 비교하면, 2010년에 가장 많이 활용되던 GPL v2 라이선스(46%→19%)의 활용은 크게 감소했고, MIT 라이선스(8%→29%)와 아파치 라이선스(5%→15%)의 활용이 크게 증가했다.

오픈소스 소프트웨어 라이선스는 개발자와 이용자 간 사용 방법 및 조건의 범위를 명시한 계약을 의미하는데 공통 준수사항과 특별 준수사항이 있다.

- 공통 준수사항: 저작권 관련 문구 유지, 제품명 중복 방지, 라이선스 충돌 제거
- 특별 준수사항: 사용 여부 명시(고지), 소스코드 공개, 특허권 실행 포기

오픈소스는 공짜 소프트웨어가 아니고 저작권이 있으므로 라이선스 의무조항을 준수해야 한다. 모든 오픈소스가 소스코드를 공개하는 것은 아니고 반환 의무가 엄격한 AGPL, GPL, LGPL은 사용에 유의해야 한다. 반환 의무가 발생하는 오픈소스는 외부 배포용 프로그램에 사용이 금지되며 GPL

그림 6-1 라이선스별 소스코드 공개(반환)

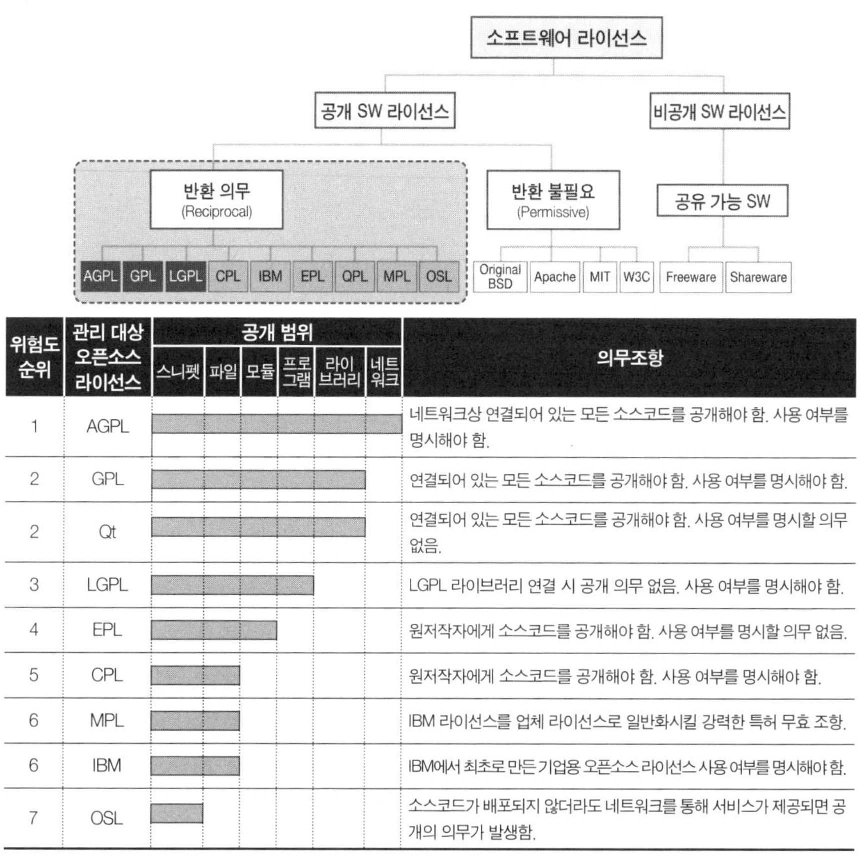

위험도 순위	관리 대상 오픈소스 라이선스	공개 범위: 스니펫	파일	모듈	프로그램	라이브러리	네트워크	의무조항
1	AGPL	■	■	■	■	■	■	네트워크상 연결되어 있는 모든 소스코드를 공개해야 함. 사용 여부를 명시해야 함.
2	GPL	■	■	■	■	■		연결되어 있는 모든 소스코드를 공개해야 함. 사용 여부를 명시해야 함.
2	Qt	■	■	■	■	■		연결되어 있는 모든 소스코드를 공개해야 함. 사용 여부를 명시할 의무 없음.
3	LGPL	■	■	■	■			LGPL 라이브러리 연결 시 공개 의무 없음. 사용 여부를 명시해야 함.
4	EPL	■	■	■				원저작자에게 소스코드를 공개해야 함. 사용 여부를 명시할 의무 없음.
5	CPL	■	■					원저작자에게 소스코드를 공개해야 함. 사용 여부를 명시해야 함.
6	MPL	■	■					IBM 라이선스를 업체 라이선스로 일반화시킬 강력한 특허 무효 조항.
6	IBM	■	■					IBM에서 최초로 만든 기업용 오픈소스 라이선스 사용 여부를 명시해야 함.
7	OSL	■						소스코드가 배포되지 않더라도 네트워크를 통해 서비스가 제공되면 공개의 의무가 발생함.

자료: 공개SW포털(2020).

계열(AGPL, LGPL 포함) 라이선스는 특히 주의해야 한다.

AGPL은 절대로 사용이 불가하며 네트워크로 연결되어도 소스코드를 공개해야 한다. GPL은 아키텍처를 분리하거나 소스코드를 공개한다면 사용이 가능하고 GPL 소프트웨어의 2차 저작물 작성 시 해당 저작물 전체가 GPL(GPL v2)로 적용된다. LGPL은 원본 오픈소스를 수정 없이 그대로 사용하길 권장하며 아파치는 적극적으로 사용해도 된다. 단, 동일 프로그램에서 GPL v2와 함께 사용하는 것은 불가하다. BSD, MIT는 제약이 거의 없이 적극적으로 사용할 수 있다. 오픈소스를 사용할 때는 Protex(Black Duck Software) 등을 활용하여 어떤 오픈소스를 사용했는지 파악하고 라이선스 충돌 여부를 항시 확인해야 한다.

오픈소스 하드웨어

오픈소스 하드웨어Open Source Hardware(이하 OSHW)는 각종 HW 제작에 필요한 회로도 및 관련 설명서, 인쇄회로 기판 도면 등을 공개함으로써 누구나 이와 동일하거나 혹은 이를 활용한 제품을 개발할 수 있도록 지원하는 HW를 의미한다. OSS가 소스코드를 무료로 제공하고 공개하는 것처럼, OSHW는 특정 HW의 디자인을 공개함으로써 누구든지 이를 바탕으로 HW 제작 방법을 익힐 수 있도록 하는 동시에 수정, 배포 혹은 제조할 수 있도록 허용한다. OSHW의 가장 큰 특징은 기술에 대한 특허 라이선스가 없고 제품 개발에 필요한 리소스가 공개되어 있다는 점이다. 부품을 직접 구매해 조립하기 때문에 완성형 또는 표준형 제품에 비해 가격도 저렴하며, 형태 변경을 통해 전혀 새로운 형태의 커넥티드 기기를 탄생시킬 수도 있다. 제어나 조작에 필요한 소프트웨어 역시 주로 오픈소스 형태로 공개되어 용도에 맞춰 직접 프로그래밍도 가능하다.

미국에서는 1970년대에 창설된 홈브루컴퓨터클럽Homebrew Computer Club을 OSHW의 시초로 보고 있다. 스티브 잡스도 회원으로 참여하는 등 훗날 개인용 컴퓨터의 개발뿐만 아니라 애플을 비롯한 다양한 컴퓨터 전문 기업

그림 6-2 OSS와 OSHW의 차이점과 공통점

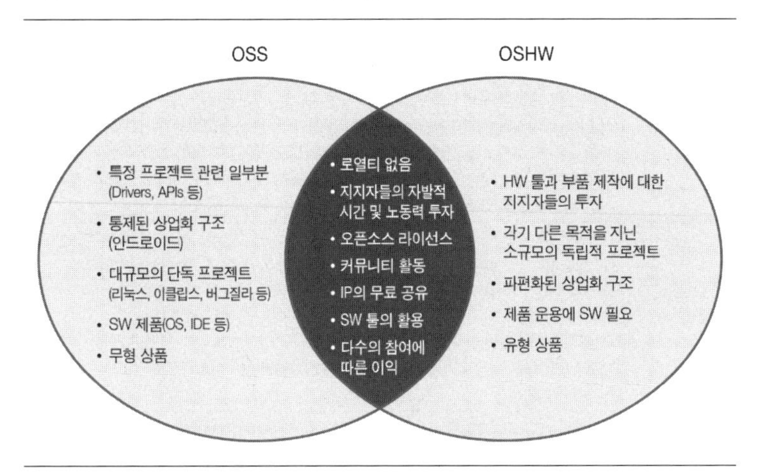

자료: 유재필(2013: 30)에서 재인용.

의 탄생에 지대한 영향을 미쳤다. 소프트웨어 분야에서 활발히 이루어진 오픈소스 운동이 하드웨어 부문으로까지 옮겨오면서 1990년대 중반부터 오픈소스 하드웨어의 개념이 SOC, FPGA, 임베디드 시스템, PC 디자인 등 다양한 부문에서 적용되기 시작했다. 오픈소스하드웨어협회OSHWA에서는 'OSHW 정의 1.0OSHW Definition 1.0' 버전을 공개하고, OSHW의 원칙과 정의 및 배포 조건을 명시하고 이를 준수할 것을 권장하고 있다.

OSS의 확산에 있어 소프트웨어 개발자들이 지대한 영향을 미쳤던 것과 마찬가지로 OSHW에서도 제품이나 기기를 제작하는 개발자, 즉 '메이커Maker'들의 활동이 시장 보급을 결정짓는 요인으로 지목되고 있다. 3D 로보틱스3D Robotics의 CEO이자 OSHW 관련 서적 『메이커스Makers』의 저자 크리스 앤더슨Chris Anderson에 따르면, '메이커'는 특정한 집단을 지칭하기보다는 어떤 제품이나 물건을 만드는 사람을 뜻하지만, OSHW 분야에서의 '메

표 6-1 OSHWA가 제시한 OSHW의 원칙과 정의 및 배포 조건

구분		내용
OSHW의 원칙		OSHW는 누구든지 특정 디자인이나 해당 디자인에 근거한 HW를 학습, 수정, 배포, 제조, 판매할 수 있도록 공개된 HW다. HW를 만들기 위한 디자인 소스는 수정하기에 적합한 형태로 제공되어야 한다. OSHW는 각 개인들이 HW를 만들고 그 사용을 극대화할 수 있도록 쉽게 구할 수 있는 부품과 재료, 표준 가공 방법, 개방된 시설, 제약 없는 콘텐츠, 오픈소스 디자인 툴 등을 사용하는 것이 이상적이다. OSHW는 디자인을 자유롭게 교환함으로써 지식을 공유하고 상용화를 장려함으로써 사람들로 하여금 자유롭게 기술을 제어할 수 있도록 한다.
OSHW의 정의		OSHW는 누구든지 제작, 수정, 배포하고 사용할 수 있도록 디자인이 공개되는 물리적 인공물(기계, 장비 및 기타 실체가 있는 물건)을 나타내는 용어다. 본 정의는 OSHW의 라이선스 개발 및 평가를 위한 지침을 제공하는 데 도움이 되는 것을 목적으로 하고 있다. 물리적 제품을 만들기 위해서는 물리적인 자원의 투입이 반드시 필요하다는 점에서 HW는 SW와 상이하다. 따라서 아이템(제품)을 생산하는 개인이나 회사는 OSHW 라이선스에 따라 생산한 제품이 본래의 디자이너에 의해서 제작, 판매, 보증 또는 승인되지 않았음을 명시하고, 본래 디자이너의 상표를 사용하지 말아야 할 의무가 있다.
OSHW 배포 조건	문서	OSHW는 디자인 파일을 포함한 문서와 함께 공개되어 있어야 하며, 해당 디자인 파일은 수정 및 배포 가능하다. 문서가 실제 제품에 포함되어 있지 않은 경우에는 인터넷 무료 다운로드와 같이 잘 알려진 방법을 통해 문서를 제공함으로써 재생산 비용이 합리적인 수준을 초과하지 않도록 한다. 문서는 CAD 프로그램의 원본 파일과 같이 수정에 적합한 형식의 디자인 파일을 포함해야 한다. CAD 프로그램에서 생성된 코퍼 그림(Copper artwork)의 인쇄 데이터와 같이 컴파일된 컴퓨터 프로그램과 유사한 중간 형태로는 대체할 수 없다. 라이선스는 디자인 파일이 완전히 문서화된 오픈 파일 형식을 요구할 수도 있다.
		OSHW의 문서는 그 전체가 공개되지 않는 것이라면 라이선스하에 공개된 것이 어느 부분인지를 정확하게 명시해야 한다.
	필요한 SW	라이선스 디자인이 제대로 작동되고 필수 기능을 충족시키기 위해 임베디드 또는 다른 형태의 소프트웨어를 필요로 하는 경우에는 라이선스는 다음의 조건 중 하나를 충족시킬 것을 요구할 수 있다. a) OSS를 쉽게 작성해 기기가 정상적으로 작동하고 필수 기능을 충족시킬 수 있도록 인터페이스에 대한 문서화가 충분해야 한다. 즉, 문서에서 자세한 신호의 타이밍 다이어그램 또는 작동 과정에서 인터페이스를 정확하게 설명하는 의사 코드(pseudocode)에 대한 사용법 등이 포함될 수 있다. b) 필요한 SW는 '오픈소스 이니셔티브(Open Source Initiative: OSI)'가 승인한 오픈소스 라이선스하에 배포된다.
	파생물	라이선스는 변경과 파생물을 허용하며 원본과 동일한 라이선스하에서 배포되는 것을 허용한다. 라이선스는 제조, 판매, 배포, 디자인 파일로부터 만들어진 제품의 활용, 디자인 파일 자체 및 그 파생 작업을 허용한다.
	자유로운 재배포	라이선스는 어떠한 단체에 대해서도 프로젝트 문서의 판매 및 배포를 제한해서는 안 된다. 라이선스는 이러한 판매에 대한 사용료 및 로열티를 요구해서는 안 되며, 파생물의 판매에 대해서도 사용료나 라이선스를 요구해서는 안 된다.
	귀속	라이선스는 디자인 파일, 생산된 제품, 파생물 자체를 유통할 때 라이선스 보유 주체에게 귀속 권한을 주기 위해 파생된 문서와 기기 관련 저작권 표시를 요구할 수 있다. 라이선스는 제품 또는 기기 소비자(end-user)가 이러한 정보에 접근할 수 있도록 하고 있으며, 정보의 표시 형식에 제한은 없다. 라이선스는 파생 제품에 대해서 본래의 디자인과는 다른 제품 번호나 제품명을 사용하도록 요구할 수 있다.

구분	내용
개인이나 단체의 차별 금지	라이선스는 어떠한 개인이나 단체에 대해서도 차별 없이 적용된다.
활동 분야에 대한 차별 금지	라이선스는 제작물의 특정 활동 분야에서의 이용을 제한해서는 안 된다. 예를 들어, OSHW가 일반 사업이나 핵 연구에 사용되는 것을 제한해서는 안 된다.
라이선스 배포	라이선스에 의해 승인된 권리는 추가적인 라이선스 집행 없이도 재배포된 모든 제작물에 적용된다.
라이선스의 특정 제품 국한 금지	라이선스에 의해 승인된 권한은 특정 제품의 일부에 포함된 라이선스 제작물에만 국한되지 않는다. 만일 제작물에서 일부분이 추출되어 해당 라이선스하에서 활용 또는 배포된 경우 그 제작물을 배포한 각 당사자는 원래 제작물에 주어진 것과 같은 권한을 갖는다.
타 HW 및 SW 제한 금지	라이선스는 라이선스된 제작물의 통합이나 파생에 제한을 두지 않는다. 예를 들어 라이선스는 라이선스된 제작물과 함께 판매되는 HW를 모두 오픈소스화해서 판매하거나 기기 내부에 OSS만 사용하도록 강제하지 않는다.
라이선스의 기술 중립성	라이선스는 그 어떤 항목도 개별 기술, 특정 부분·부품·재료·인터페이스 스타일·활용에 국한되거나 제한하지 않는다.

자료: 유재필(2013: 28~29)에서 재인용.

이커'란 디지털 도구를 활용해 특정 기기나 제품을 제작하는 사람을 의미한다.

현재 가장 유명하고 널리 활용되는 OSHW 플랫폼은 2015년 이탈리아에서 탄생한 아두이노Arduino와 영국에서 교육 목적으로 개발한 초소형 싱글 보드 컴퓨터인 라즈베리 파이Raspberry Pi이며, 이 외에도 바나나 파이, 화웨이 하이키 960, 오드로이드-XU4, 에이수스 팅커 보드, 오렌지 파이 등 다양하다. OSHW 관련 주요 행사 및 커뮤니티에는 메이커 페어Maker Faire, 오픈소스 하드웨어 서밋Open Source Hardware Summit, 해커스페이스Hackerspaces, 팹랩Fab Lab이 있다.

B2B의 엣지 컴퓨팅 영역에서도 OSHW 기반의 모듈 및 센서에 주목하고 있으며 또한 스마트홈Smart Home, 커넥티드 카Connected Car 등과 같이 B2C 서비스 제공 사업자들 사이에서도 OSHW를 서비스 개발에 접목하려는 움직임이 있다. 자동차 회사인 포드는 스마트폰에서 자동차 제어 앱을 구동

하는 것과 같은 환경을 OSHW 및 OSS를 통해 구현한 '오픈엑스시OpenXC' 버전을 공개했다. 오픈엑스시는 아두이노 OSHW와 안드로이드 OS를 결합한 차량용 인터페이스 플랫폼이다. 먼저 아두이노 기반 센서 모듈을 차량에 설치해 주행 속도, 가속, 브레이크, 베어링 등과 같은 기계 및 차량 상태와 주변의 움직임을 인식하도록 하며, 이를 무선 네트워크를 통해 스마트 단말 앱과 연동시킨다. 이처럼 OSHW 기반 센서로부터 획득한 데이터가 블루투스, 와이파이, 지그비 등 다양한 네트워크 모듈을 통해 웹으로 전송되면 사물인터넷의 실현 가능성을 앞당길 수 있을 것으로 기대된다.

각종 OSHW 단말을 인터넷으로 연동하고 이를 모니터링하기 위한 클라우드 플랫폼 '자이블리Xively'가 OSHW 기반의 사물인터넷을 구현한 상용화 사례다. 자이블리는 2011년 미국의 SaaS 기반 원격제어 솔루션 사업자에게 인수된 후 2018년 구글 클라우드와의 시너지를 위해 구글에 인수되었다. 자이블리가 제공하는 클라우드 플랫폼은 등록된 통신 단말이나 기기의 데이터를 통합적으로 관리할 수 있을 뿐만 아니라 반대로 해당 단말을 제어하는 등의 모니터링 및 상호작용 기능을 제공한다. 아울러 사용자와 단말의 상호작용에 그치는 것이 아니라, 표준 인터페이스를 통해 단말간 통신과 제어 기능도 지원함으로써 그야말로 모든 사물과 사람이 통신할 수 있는 사물인터넷 환경을 구현한다. OSHW의 활용 범위는 5G를 포함한 발전된 무선통신 기술을 비롯해 클라우드 및 빅데이터 기술 등의 결합을 통해 물리적인 HW 제품 개발을 넘어 사물인터넷, 엣지 컴퓨팅과 같은 차세대 서비스 분야로까지 확대될 것으로 기대된다.

07

오픈 API: 새로운 비즈니스 가치 창출 도구

API 유형

과거의 디지털 기술은 비즈니스를 효율적으로 개선하기 위한 도구에 머물렀으나, 최근에는 디지털 자체가 비즈니스에 내재화되면서 파괴적 혁신 Disruptive Innovation에 의한 비즈니스 경계를 넘어서는 근본적인 변화를 만들어내고 있다.

국내외 인터넷 기업들은 각자 앱을 개발하거나 다른 기업의 앱이 자사의 DB에 접근할 수 있도록 다양한 API를 오픈 API 형태로 제공하고 있다. 오픈 API를 이용해서 얻는 데이터에 자사 고유의 비즈니스 모델을 엮는 매시업Mashup 형태의 앱이 개발·사용되는 경우가 늘면서 오픈 API는 더욱 각광을 받고 있다. 구글의 광고를 위한 AdSense API와 지도 서비스를 위한 Maps API, 다음이나 네이버의 검색 API, UCC API, 인증 API 등이 대표적인 오픈 API다.

그림 7-1 기업 통합 환경의 변화

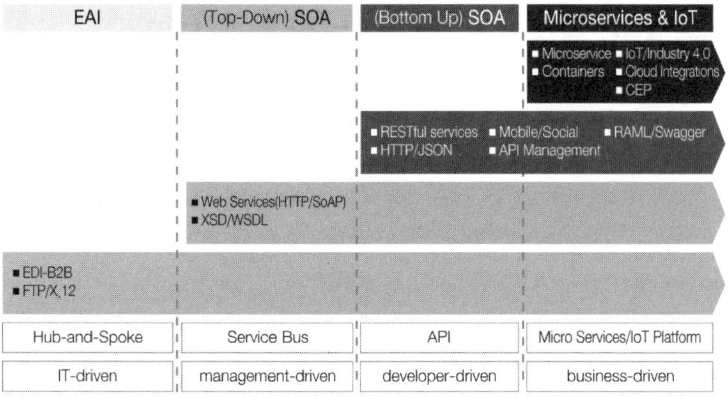

자료: Software AG(2019).

기업에서도 오픈 API를 통해 제공되는 지도 정보를 이용해 공장 내부 및 아웃바운드 물류 차량의 이동 정보나 여러 곳에 산재되어 있는 자재 창고의 재고 현황 등 다양한 매시업 형태의 정보를 사용자에게 전달하고 있다.

불특정 다수에게 제공되는 오픈 API 외에도 기업에서는 Closed API가

그림 7-2 개방성 정도에 따른 API 유형

← Closed API → ← 오픈 API →

Private	Partner	Member	Acquaintance	Public
오직 관련자만 액세스할 수 있는 폐쇄형 API	비즈니스 파트너가 액세스할 수 있는 공개 API	커뮤니티에 속한 회원이 액세스할 수 있는 공개 API	계약 등의 사전에 정의된 요구사항을 준수하는 모든 사용자가 액세스할 수 있는 개방형 API	기본적인 등록만 하면 누구나 액세스할 수 있는 개방형 API

자료: 서정호(2018: 4).

활발히 사용 중이다. 특히, 미션 크리티컬한 시스템의 경우 데이터베이스를 직접 오픈하지 않고 내부 데이터의 접근 채널을 프라이빗 APIPrivate API로 정의하고 이를 사용하도록 하고 있다. 또한 사설 클라우드나 마이크로서비스 기반 애플리케이션 및 모바일 애플리케이션에서 사용하도록 보안을 적용한 API를 제공한다.

API 전문 웹사이트 프로그래머블웹(www.programmableweb.com)에는 2020년 기준 2만 4000여 개의 API가 등록되어 있고, 비공개 비율을 감안하면 총 10만~20만 개의 오픈 API가 존재하리라 추정된다. 국내의 공공데이터포털(www.data.go.kr)에도 2021년 2월 기준 6665개의 오픈 API가 등록되어 있다.

쉬어가기 공공데이터 오픈 API 활용 신청 톱 10(2011~2020년)

구분	기관명	오픈 API 명	서비스 유형
1	한국환경공단	대기오염정보조회 서비스	REST
2	기상청	(신)동네예보정보조회 서비스	REST
3	한국관광공사	국문 관광정보 서비스	REST
4	서울특별시	노선정보조회 서비스	REST
5	서울특별시	버스위치정보조회 서비스	REST
6	과학기술정보통신부 우정사업본부	(구)도로명주소조회 서비스	REST
7	한국천문연구원	특일 정보제공 서비스	REST
8	과학기술정보통신부 우정사업본부	도로명주소 우편번호 조회 서비스	REST
9	국토교통부	아파트매매 실거래자료	REST
10	국토교통부	버스위치정보조회 서비스	REST

자료: 공공데이터포털(2020).

개발 시 고려사항: 웹서비스 방식, 데이터 형식, 인증

오픈 API는 RESTful 및 JSON 등 인터넷 표준을 기반으로 만들어져 개발자들이 쉽게 사용할 수 있다.

오픈 API 개발 시에는 웹서비스 방식과 데이터 형식 각각의 특징을 고려해 API를 설계해야 하며, 다양한 API 사용자를 위한 인증까지도 고려해야 한다. 오픈 API는 일반적으로 웹 서버 하나만 있으면 서비스가 가능한 웹서비스 형태로 배포된다. 다른 연동 프로토콜은 대부분 방화벽 문제를 야기하며 복잡한 환경 구성이 필요하다. 대표적인 오픈 API 웹서비스 방식으로 RESTful, SoAP, XML, JSON, BPEL 등이 있다. SoAP는 HTTP, HTTPS, SMTP를 이용해 XML 기반의 메시지를 교환하는 프로토콜로서 방화벽의 우회가 가능하고, 프로그래밍언어 및 디바이스 운영 플랫폼에 독립적이다. 웹서비스 제공자는 UDDI 레지스트리에 웹서비스를 WSDL 형태로 등록한다. 이후 웹서비스 소비자는 UDDI 레지스터에서 사용하고자 하는 WSDL 형태의 웹서비스를 검색하고 웹서비스 제공자에 서비스를 요청하고, 요청에 대한 응답을 수신한다. 웹서비스 제공자와 웹서비스 소비자의 요청 및 응답 절차에 SoAP를 이용한다(〈그림 7-3〉).

이에 반해 RESTful은 웹의 장점을 활용하기 위한 네트워크 기반의 아키텍처로 웹서비스 제공자나 소비자에게 매우 간편한 방법으로 데이터를 제공한다. HTTP를 통해 JSON이나 XML 같은 데이터의 전송을 수행하기 때문에 SoAP와 마찬가지로 방화벽의 우회나 프로그래밍언어 및 디바이스 운영 플랫폼에 독립적이다. 웹서비스 소비자는 배포된 URI를 이용해 직접 웹서비스 제공자에 서비스 요청 및 응답을 수행한다.

SoAP와 RESTful의 대표적인 차이점은 표준의 유무와 동작의 간결성이

그림 7-3 SoAP 개념도

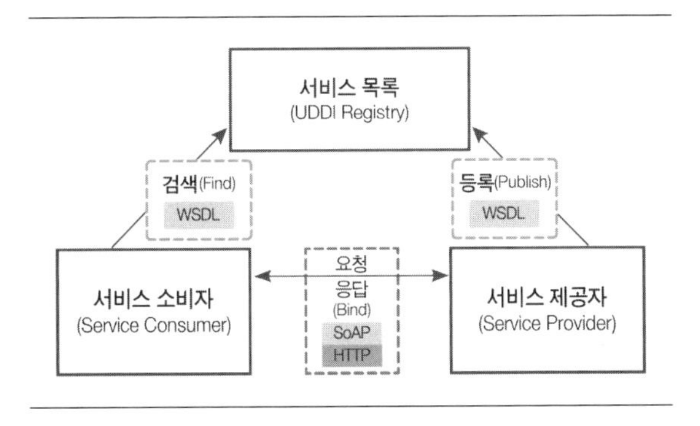

그림 7-4 RESTful 개념도

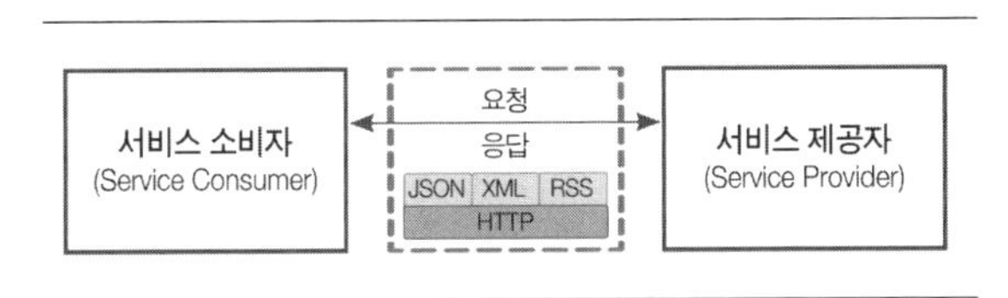

다. SoAP는 잘 완성된 표준에 따라 오픈 API 설계와 보안, 에러 처리 등 다양한 기능을 제공한다. 하지만 복잡한 표준에 따라 오픈 API를 개발해야 하기 때문에 RESTful에 비해 구현 어려움이 있으며, 동작에 많은 오버헤드를 지닌다는 단점이 있다. RESTful은 표준의 부재로 오픈 API 설계에 많은 어려움이 따르지만, 구현의 용이성과 빠른 동작이라는 장점이 있다.

오픈 API 개발 시 목적과 용도에 따른 데이터 형식으로는 XML, JSON, RSS HTML, RDF, YAML 등이 있으며 XML과 JSON이 가장 많이 사용되고 있다.

XML은 태그 구조를 사용하기 때문에 작성하기 간편하며 태그 정보로 인해 사람이 이해하기가 편리하고, DTDDocument Type Declaration를 정의하여

그림 7-5 JSON, XML 파일 구조의 예

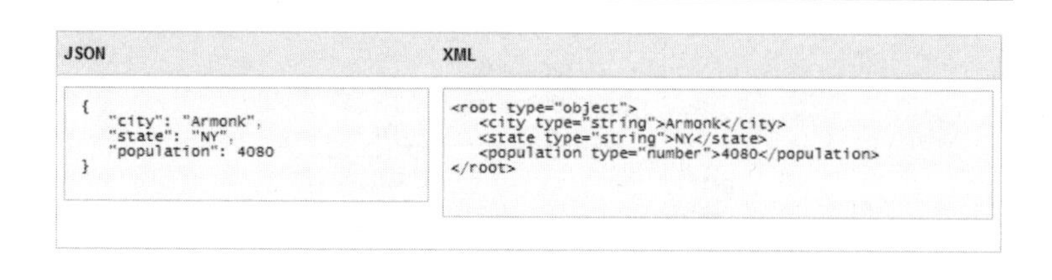

다양한 방식으로 확장이 가능하다. 하지만 태그 구조로 인해 반복 데이터 삽입 시 불필요한 데이터가 계속 나타나며, 이로 인해 데이터의 파싱 시간이 길어지는 단점이 있다. JSON은 경량의 데이터 형식으로 값에 대한 표현을 키와 값 쌍으로 하여 데이터 내용을 함축적으로 저장한다. JSON에서 채택한 데이터 구조는 C, C++, C#, Java, Perl, Python 등 다양한 프로그래밍 언어에서도 지원하고 있으며, 효율적인 데이터 구성이 가능하고, 데이터의 함축성으로 인해 컴퓨터가 이해하기 쉽고 데이터 추출 시간이 빠르다는 장점이 있다. 그러나 데이터가 적을 경우 성능이 빠르지만 데이터가 많아질 경우 전송 데이터 패킷이 줄어드는 장점은 있으나 파싱 속도는 XML보다 더 느려진다.

OAuth는 기존 구글의 AuthSub, 야후의 BBAuth 등과 같은 다양한 인증 방식을 통합하여 표준화한 인증 방식으로, 현재 오픈 API 인증에는 대부분 OAuth가 사용된다. OAuth는 보안상 취약한 아이디와 패스워드 기반의 인증 체계를 개선한 방법으로, 아이디와 패스워드 없이 인증을 수행한다. OAuth는 인증과 권한의 역할 또한 수행하는데 OAuth 인증에는 Request_Token이 사용되며, 권한에는 Access_Token이 사용된다.

오픈 API 개발 도구

오픈 API의 중요성이 증가하고 오픈 API의 개발이 정부, 기업, 개인으로 점차 늘어감에 따라 개발에서 배포까지 지원하는 도구들이 출현했다. API 배포자 측면에서 요구되는 기능은 다음과 같다.

① API 포털을 통해 정확한 API 사용법(개발법)을 내·외부 개발자에게 공개해야 한다.
② 키Key와 같은 인증 도구를 이용해 인가받은 오픈 API 개발자만이 자사 DB에 접근하도록 통제해야 한다.
③ 다양한 인터넷 프로토콜 및 변환 기능을 사용해 내·외부 개발자가 자기가 사용하는 개발 언어나 프로토콜을 통해 오픈 API에 접근하도록 해야 한다.

이 밖에도 사용량 측정을 통한 과금, 개발자별 등급 관리 등 여러 가지 API 관리 요구사항이 있을 수 있다.

API 사용자 측면에서는 다음과 같은 기능이 요구된다.

① 다양한 오픈 API 기업 내 매시업 앱에 대한 개발 표준을 제공한다.
② 오픈 API 프로토콜, 데이터 변환 작업을 소스코드가 아닌 API 관리 시스템이 제공하는 구성 설정을 통해 지원함으로써 개발 및 유지보수비용을 줄여준다.
③ 기업 내 시스템과 오픈·파트너 API를 이용한 외부 시스템과의 연동을 인증을 통해 진행함으로써 보안성을 높여준다.

표 7-1 오픈 API 개발 툴 비교

구분	CA API Management	Mulesoft Anypoint API Manager	Apigee Edge
기능	· 오픈 API 설계 · SoAP API 생성 · RESTful API 생성 · Web API 생성 · SLA(Sevice Level Agreement) · 오픈 API 포털 사용자 관리 · 오픈 API Key 관리 · 오픈 API 인증 · 메시지 변환 · 오픈 API 포털 지원 · 사용자별 이용 로그 수집 · 사용자별 통계 지원 · LDAP Provider 생성 · WSDL 생성 · 인증서 관리 · 오픈 API 사용자 관리	· 오픈 API 설계 · SoAP API 생성 · RESTful API 생성 · 사용자별 통계 지원 · 오픈 API 포털 지원 · 오픈 API 인증 · 클라우드 기반으로 동작	· 오픈 API 설계 · RESTful API 생성 · SLA(Service Level Agreement) · LDAP Provider 생성 · 사용자별 통계 지원 · 오픈 API 포털 지원 · 오픈 API 인증 · 메시지 변환 · 클라우드 기반으로 동작
장점	· 오픈 API 개발 외에 다양한 기능을 수행 · 프로젝트 수행 시 수행 목적에 따라 상세 설정이 가능함	· 설치 없이 사용 가능 · 빠른 API 포털 구축 가능 · 무료	· 설치 없이 사용 가능 · 빠른 API 포털 구축 가능
단점	· CA의 오픈 API 관리 관련 도구 모음의 설치 필요 · 내부 네트워크에 설치함으로써 추가적인 보안 관리 필요 · 유료	· 프로젝트 수행 시 수행 목적에 따라 상세 설정이 어려움 · CA Technology 제품에 비해 기능이 제한적임	· 프로젝트 수행 시 수행 목적에 따라 상세 설정이 어려움 · CA Technology 제품에 비해 기능이 제한적임 · 유료

자료: 김태영 외(2015).

④ 엔터프라이즈 API에 대한 포털 기능을 제공해 기업 내 IT 개발 표준 향상 및 능률을 올려준다.

오픈 API 개발 도구들은 △ 스웨거 허브SwaggerHub, △ IBM API 커넥트IBM API Connect, △ 마이크로소프트 애저 API 매니지먼트Azure API Management 등이 있고, 그 외에도 〈표 7-1〉과 같은 다양한 툴들이 있다.

웹서비스 주요 업체들이 오픈 API를 지원하는 이유는 스스로 할 때보다 공유로 인한 가치 창출이 더 크기 때문이다. 네이버를 예로 들면 API를 공개함으로써 이를 활용한 개발업체들이 파워 셀러를 위한 개별 쇼핑몰이나 상품 등록기를 만들어줄 수도 있고, 네이버에서 제공하는 마케팅 자료를 비즈니스 솔루션에 결합하는 프로그램을 개발할 수도 있다. 최근 네이버는 지도 API 무상 제공을 통해 모빌리티, 위치 기반 서비스 생태계에서 영향력을 확대하고 있다. 이베이는 3만 명이 넘는 개발자가 있으며, 매월 30억 건의 API 접속 요청이 들어오고, 50% 이상의 상품이 오픈 API(서드파티 벤더)를 통해 올려진다. 카카오는 일 30만 건 이상 API 호출(웹·모바일 각각)을 무료로 제공하며, 구글은 2018년 하반기부터 지도 API를 유료로 전환하여 모바일은 무제한 무료 이용이 가능하지만 길찾기나 이동경로 서비스는 월 4만 건을 넘으면 1000건당 5달러 내지 10달러를 부과하는 것으로 알려져 있다.

08

SW 프레임워크(feat. 전자정부)

소프트웨어 패러다임은 변화하는 시대적 요구에 맞추어 빠르게 발전해 왔다. 소스 재사용, 매소드 재사용, 객체 재사용, 디자인 패턴으로 발전하여 궁극적으로 프레임워크, 플랫폼이 등장했는데 그 변화의 방향은 재사용성, 생산성, 확장성, 성능, 효과적인 유지보수에 있다. 프레임워크란 디자인 패턴과 같은 부분적인 해결책을 전체적인 관점에서 통합하여 애플리케이션의 설계 및 구현 틀을 제공하는 것이다. 건설/건축 분야에서 핵심 자재를 모듈화하여 비용 및 공사 기간을 단축하는 것처럼, 프레임워크를 활용하면 애플리케이션을 개발할 때 시스템의 재사용이 높아지고 나아가 개발 기간과 리소스를 절감할 수 있다. 다음은 SW 프레임워크에 대한 여러 가지 정의다.

- 일련의 문제 해결을 위한 추상화된 디자인을 구현한 클래스의 집합 (클래스보다는 큰 규모의 재사용을 지원함)
- 구체적이며 확장 가능한 기반 코드, 설계자가 의도하는 아키텍처와

디자인 패턴의 집합

• 실전에서 얻은 최적화 개발 경험을 반영한 재사용 가능한 API 집합
• 반제품 성격의 소프트웨어
• 라이브러리와 달리 애플리케이션의 틀과 구조를 결정, 그 위에 개발된 개발자의 코드를 제어

SW 프레임워크를 활용하면 개발 및 운영에 대한 용이성 제공, 시스템 복잡도 감소, 재사용성 확대 등의 다양한 장점이 있다. 프레임워크 기반 템플릿 프로그램을 통해 개발자는 오직 비즈니스 로직에만 전념하여 개발 생산성이 향상되고, 템플릿 기반의 개발 표준화를 통한 품질 보장 및 위험 요소 최소화가 가능해진다.

• 디자인 패턴과 소스코드를 재사용하여 개발 생산성을 20~30% 향상할 수 있다.
• 시스템 개발 프로세스를 단순화하고 표준화하여 전체 시스템 개발 시간과 비용을 절감한다.
• 검증받은 프레임워크를 사용하여 오류 발생 가능성을 줄이고, 프로세스 표준화로 운영관리의 효율성을 높인다.
• 일을 하며 생길 수 있는 운영인력 교체 등 불가피한 변화에 대해 안정적으로 시스템을 운영해 나갈 수 있다.
• 개발자 개인의 역량 차이가 나더라도 이 프로세스를 적용하면 안정적인 SW 품질 보장이 가능하다.

한국의 전자정부 표준프레임워크는 공공사업에 적용되는 개발 프레임

그림 8-1 SW 프레임워크의 적용 효과

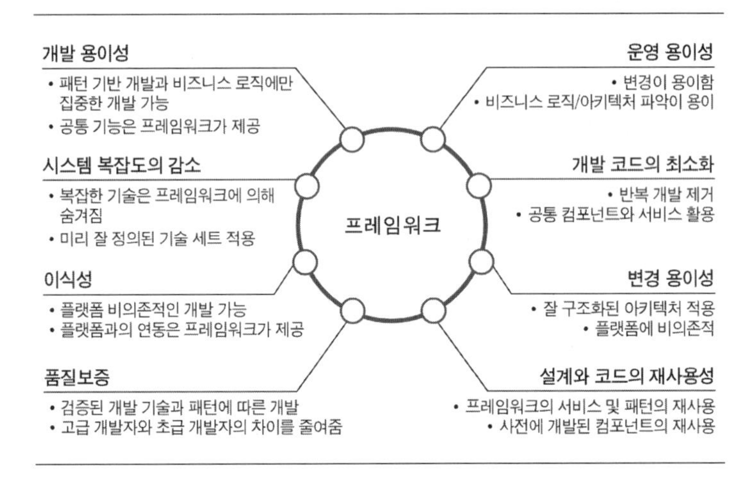

워크의 표준 정립으로 응용 SW 표준화, 품질 및 재사용성 향상을 목표로 하고 있다. 이를 통해 전자정부 서비스의 품질 향상 및 투자 효율성을 향상시키고, 동일한 개발 기반 위에서 대·중소 기업이 공정 경쟁을 할 수 있도록 하고 있다. 표준프레임워크는 기존 다양한 플랫폼(.NET, php 등) 환경을 대체하기 위한 표준은 아니며, java 기반의 정보 시스템 구축에 활용할 수 있는 개발·운영 표준 환경을 제공하기 위한 것이다. 전자정부 표준프레임워크는 2020년 현재 v3.9까지 업그레이드되었으며, Apache v2.0, MIT 라이선스 배포로 자유로운 사용과 기업의 상용적 활용이 가능하다.

프레임워크 구성요소

전자정부 표준프레임워크는 개발, 실행, 관리, 운영 등 4개 환경과 모바

그림 8-2 전자정부 표준프레임워크 구성

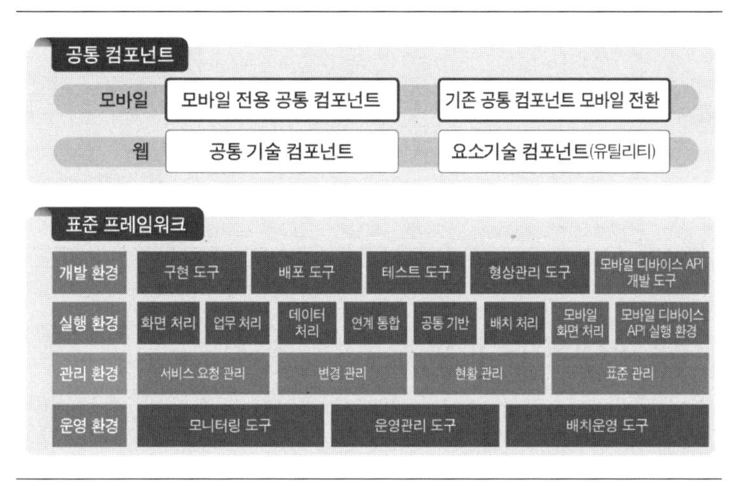

자료: 표준프레임워크 포털(2020).

일 표준프레임워크 및 공통 컴포넌트로 구성된다. 참조 프레임워크로 대표적인 오픈소스 프레임워크인 스프링 프레임워크를 채택했으며, 이 외에도 다양한 OSS를 활용했다. 프레임워크는 전자정부 표준프레임워크 포털(https://www.egovframe.go.kr/)에서 다운받아 활용 가능하다.

표준프레임워크 개발 환경

구현 도구, 테스트 도구, 배포 도구, 형상관리 도구 등 쉽고 편리한 개발 환경 구현

구현 기능		구현 내용
구현 도구	UML Editor/ERD Editor	UML, ERD Notation을 작성할 수 있는 도구
	통합 플러그인	실행 환경 기반 개발을 위해 필요한 각 도구를 직관적으로 사용할 수 있는 화면
	DBIO Editor	SQL을 작성하고 수정할 수 있으며 테스트 수행을 통해 SQL에 대한 결과 값을 확인하는 도구

테스트 도구	Test Case	실행 가능한 테스트 코드를 작성할 수 있는 도구
	Test Coverage	테스트 수행 커버리지를 분석하고 리포팅하는 도구
	Test Reporting	테스트 결과를 다양한 포맷으로 리포팅하는 도구
배포 도구	개발자 빌드 도구	라이브러리 종속성 관리 및 개발자 PC에서 빌드할 수 있는 도구
	배포 관리	이관 대상 및 주기를 설정할 수 있는 도구
형상관리 도구	Configuration Management	형상 요소의 식별 및 등록, 히스토리를 지원하는 형상관리 도구
	Change Management	이슈를 관리할 수 있는 이슈 트래킹 시스템

표준프레임워크 실행 환경

화면 처리, 업무 처리, 데이터 처리, 연계 처리, 공통 기반, 배치 처리 등 6개 계층으로 실행 환경 구현

구현 기능		구현 내용
화면 처리	Ajax Support 등	UI 컴포넌트에 대한 I/F 및 화면 구현에 필요한 아키텍처 제공(UI Adaptor 제공 등)
업무 처리	Spring 등	비즈니스 로직을 서비스로 구성하여 처리하는 기능을 제공(MVC 패턴 제공 등)
데이터 처리	MyBatis 등	DB와 관련된 각종 접속 및 SQL 처리 기능을 제공(DB 연결, SQL 처리 등)
연계/통합	CXF 등	웹서비스, 연계 메타정보 등의 기능을 제공(웹서비스 제공 등)
공통 기반	Log4j 등	서버 기능의 다양한 재사용 컴포넌트 및 개발에 필요한 유틸리티 제공(Bean 관리, 공통 활용 기능 제공 등)
배치 처리	Batch Core 등	대용량 일괄처리를 위한 설정 및 실행 기능을 제공

표준프레임워크 관리 환경

관리 환경은 표준프레임워크에 대한 다양한 문의 및 서비스 요청에 대한 접수 및 내부 프로세스 처리

기능	내용
SR 관리 (Service Request Management)	기술 지원, 활용 및 적용 시 문의사항 등 각종 요청에 대한 접수 및 처리 관리

변경 관리 (Change Management)	관련 문서, 소스코드의 기능 개선, 오류 수정 등에 대한 변경 및 형상관리
현황 관리 (Status Management)	적용 프로젝트 및 관련 업무 현황(SR, 변경 등)의 각종 지표 및 통계 관리
표준 관리 (Standard Management)	관련 표준(버전업, 기능 추가 등)에 대한 과제 수행 및 표준 변경 결과 적합성 심의

표준프레임워크 운영 환경

표준프레임워크 기반 위에 실행되는 애플리케이션에서 발생하는 동작 정보와 수행 로그를 에이전트를 활용하여 수집하고 이를 기반으로 운영자는 시스템 상태를 모니터링

기능	내용	
모니터링 도구	에이전트 관리	에이전트는 스케줄, 로깅 등의 설정을 기반으로 모니터링 대상 시스템에서 실행(스케줄, 로깅, 임계치, 모니터링 정책, 서버 정보, 상태 정보 등)
	모니터링 정보 수집	에이전트가 실행되면서 시스템 정보 및 프로그램 로그 수집 기록(서비스 수행 시간, 자원 현황, WAS 상태, 에이전트 상태 등)
	운영자 GUI	운영자에게 수집된 정보를 그래프, 차트를 활용하여 다양한 형태로 표현(대시보드, Admin)

모바일 표준프레임워크

모바일 표준프레임워크는 표준프레임워크를 기반으로 모바일 서비스 제공을 위한 사용자 경험 지원 기능, 모바일 공통 컴포넌트 등을 추가로 구현한 모바일 웹 프레임워크

기능	내용
모바일 디바이스 API 가이드 프로그램	모바일 하이브리드 앱에서 모바일 디바이스 자원에 대한 직접적인 접근과 활용이 가능한 다양한 API 제공과 가이드 앱을 통한 디바이스 API 활용 예제
모바일 디바이스 API 실행 환경	디바이스 앱이 웹 리소스 기반으로 구현 및 실행될 수 있도록 지원하는 응용프로그램 환경 디바이스 API, 자바스크립트 프레임워크, 하이브리드 프레임워크 등
모바일 디바이스 API 개발 환경	앱 개발을 위한 Eclipse(안드로이드 환경)와 Xcode(iOS 환경) 프레임워크 프로젝트로 구성되어 있음

공통 컴포넌트

공통 컴포넌트는 표준프레임워크 기반의 표준 준수 및 유연성을 확보하여 재사용성을 극대화하고, 또한 기존 웹뿐만 아니라 모바일 공통 컴포넌트를 추가하여 모바일 웹 구현 시 활용 가능

구분	상세 기능	
공통기술 서비스 (129종)	보안	실명 확인, 권한 관리, 암호화/복호화 등 8종
	사용자 디렉토리/통합 인증	일반 로그인, 인증서 로그인, 로그인 정책 관리 등 3종
	사용자 지원	사용자 관리, 상담 관리, 설문 관리, FAQ, Q&A 등 56종
	협업	게시판, 동호회 관리, 커뮤니티 관리, 주소록 관리 등 28종
	시스템 관리	공통 코드, 메뉴 관리, 로그 관리, 기관 코드 수신 등 25종
	시스템/서비스 연계	연계 현황 관리, 연계 기관 관리 등 4종
	통계/리포팅	게시물 통계, 접속 통계, 보고서 통계 등 5종
요소기술 서비스(유틸리티 91종)		달력, 포맷/계산/변환, 번호 유효성/포맷 유효성 체크 등 91종
모바일 웹 공통 컴포넌트(40종)		게시판, 주소록 등 기존 공통 컴포넌트 전환 30종 위치 정보 연계, 실시간 공지 등 신규 10종

쉬어가기 모바일 앱 유형

종류	내용	사례
모바일 웹	모바일 브라우저에 최적화된 형태로 웹 화면을 구성(Responsive) 장점: 모든 디바이스에서 사용 가능. 설치/업데이트 필요 없음. 단점: 일부 네이티브 기능만 사용 가능(HTML5). 느린 속도, 네트워크 필수.	m.naver.com m.daum.net
네이티브 앱	안드로이드, iOS 등 각 모바일 OS가 제공하는 언어/도구를 활용하여 개발 장점: 빠른 속도(60 FPS). OS가 제공하는 모든 네이티브 기능 활용. 단점: 각 OS별로 앱 반복 개발. 웹에 비해 상대적으로 적은 모바일 개발자(iOS).	카카오 페이스북
하이브리드 앱	웹 방식으로 개발하여(Single Page Application: SPA) 웹 뷰를 통해 앱처럼 보이도록 패키징 장점: 멀티 플랫폼(안드로이드/iOS, 윈도우, Tizen …). 풍부한 웹 기반 리소스/개발자 활용. 단점: 네이티브에 비해 느린 속도. 플러그인을 통한 네이티브 기능 사용.	인스타그램 우버

프레임워크에서 플랫폼으로

전자정부 표준프레임워크는 2009년 개발된 이후 3367개 공공 부문에 표준 기반으로 적용되었지만(2019.10 기준), 10년 이상 사용한 지금 신기술 적용 등에서 한계를 맞고 있다. 정부통합전산센터에서 'G클라우드'를 운영하지만 하드웨어를 지원하는 수준이며 주요 부처만 사용 중이고 지방자치단체나 공공은 클라우드를 도입하지 않았다. 이에 정부에서는 2021년까지 클라우드 기반 차세대 전자정부 플랫폼을 구축한다고 밝혔다. IaaS, PaaS, SaaS 등 클라우드 기술 전반을 제공하며 지방자치단체나 공공기관이 전자정부 서비스를 쉽고 빠르게 개발하기 위한 PaaS 표준 모델을 제공할 계획이다. 이를 위해 파스-타PaaS-TA를 도입하기로 결정했는데, 파스-타는 2014년

그림 8-3 차세대 전자정부 플랫폼

전자정부 플랫폼

포털
서비스 검색
서비스 요청 관리
기술 지원 요청
활용 가이드
Q&A 등

클라우드 어시스트
공통 기능
공통 데이터
공통 SW
AI
빅데이터
IoT

클라우드 엔진
클라우드 서비스 카탈로그
클라우드 서비스 관리제어
프레임워크
개발 언어
개발 환경
실행 환경
운영 환경
모니터링
권한 관리
보안

클라우드 인프라
컴퓨팅
네트워크
스토리지
데이터베이스

연계 채널
오픈 API
IoT
빅데이터
공공서비스
공공 데이터
카카오
네이버
페이스북
트위터

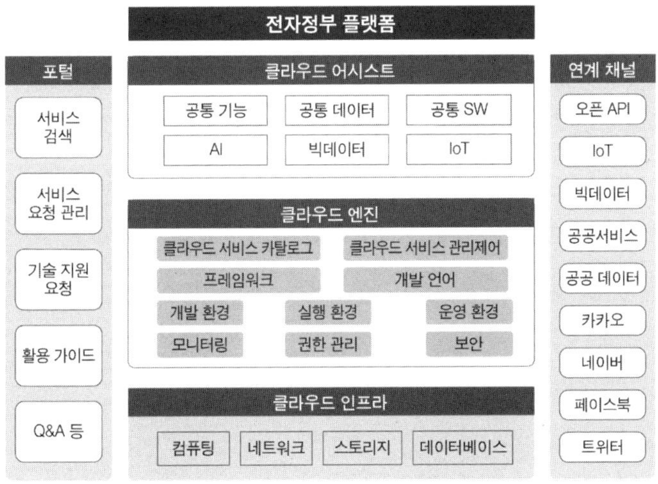

자료: 행정안전부(2020).

과기부, 한국정보화진흥원NIA 등 정부가 3년 동안 약 100억 원을 투입해 오픈소스형 PaaS 소프트웨어인 클라우드파운드리CF 기반으로 만든 전자정부용 클라우드 플랫폼PaaS이다.

이를 통해 차세대 전자정부 플랫폼은 △ 클라우드 기반의 플랫폼 통합 관리 환경 구축, △ 다양한 오픈소스 기반의 PaaS 플랫폼을 지원하는 클라우드 엔진 구성, △ AI/빅데이터 등 지능형 기술 서비스 및 다양한 오픈소스 및 상용 SW를 서비스 카탈로그를 통해 제공할 수 있는 클라우드 어시스트 구성, △ 사용자·관리자 대상 관문 포털 기능 구축 및 표준 API 기반 연계 기능 구성 등을 지원할 계획이다.

09

디지털 전환의 핵심, 플랫폼

빅데이터, 인공지능, 클라우드, AR/VR, IoT 등 IT와 DT는 어떤 형태로든 기업 경영 환경을 급속도로 바꾸고 있으며, 거스를 수 없는 대세가 되었다. 지난 10여 년간 글로벌 시가 총액 톱 5 기업의 면면만 살펴봐도 그 영향력을 알 수 있다. 2009년은 대부분 자국 내에서 영향력을 행사하는 전통적인 사업자인 반면, 2019년 톱 5는 모두 IT와 DT로 무장한 국경 없는 글로벌 플랫폼 사업자임을 알 수 있다.

IBM, GE 등 글로벌 기업들은 데이터 활용 체계를 강화하고 신사업 대응을 위해 플랫폼 기반 IT 혁신을 추진하고 있다. 순수하게 파이프라인 형태를 고수해 온 전통 기업들의 시장에 플랫폼 기업이 진입하면 플랫폼이 승리할 가능성이 높다. 플랫폼 비즈니스를 하고 있는 다른 유니콘 기업들도 기업 가치를 높게 평가받고 있다. 에어비앤비의 시장가치는 메리어트 호텔을 넘어섰고, 차량 공유 업체 우버Uber는 BMW 직원 수의 10분의 1 수준으로 BMW의 가치를 추월했다. 매출과 시가총액은 보통 비슷하게 가는 경우가 많은데 우버의 경우 시가총액이 매출의 약 50배에 이른다(매출 약 1.5조 원, 시가총액 약 73조 원. 2018년 기준).

플랫폼 형태: IT 플랫폼, 전사 비즈니스 플랫폼, 고객 서비스 플랫폼

플랫폼이란 해당 분야의 생태계를 형성하고 참여자를 확대시키기 위하여 누구에게나 오픈되어 있는 확장 가능한 표준 시스템이라고 할 수 있다. 휴대폰 운영체제인 안드로이드를 예로 들 수 있는데 표준화된 공통 요소(보안, 클라우드 인프라, 개발 환경, 표준 시스템 기능, 분석 기능 등)들이 준비되어 있어 핵심 기능 개발에만 집중할 수 있는 구조로 되어 있다. 플랫폼은 급속한 환경 변화 속에서 고정자산과 비용을 절감하며 위험관리가 가능하고 사용자와 공급자가 서로 원하는 경우의 수를 찾아갈 수 있는 대안으로 평가받고 있다.

머지않은 미래에 대부분의 기업은 자사의 플랫폼을 운영할 것인지, 아니면 누군가의 플랫폼에 올려 생존할 것인지를 선택해야 할 것이다. 그러나 플랫폼 비즈니스에 대한 관심이 높아졌음에도 불구하고 아직도 명확히 한 가지로 정립된 개념은 없다. 일반적인 플랫폼 비즈니스의 개념이나 작동 원리에 대해서는 설명이 가능하나, 구체적 산업이나 기업으로 들어가면 플랫폼 작동 방식이나 참여자 역할이 상당히 다르기 때문이다. 기업에서 적용되는 형태에 따라 IT 플랫폼, 전사 비즈니스 플랫폼, 고객 서비스 플랫폼 등 다양한 유형으로 분류가 가능하다. 시스템을 많이 활용하는 기업은 IT 플랫폼을 구축하여 개발 시에 재사용 가능한 공통 기능과 표준 개발 환경을 활용한다. SAP의 ERP 같은 전사 비즈니스 플랫폼은 구매, 제조,

물류, 판매 등 각 사업부가 공유하고 활용 가능한 플랫폼이다. 오라클은 Cloud@Customer 같은 고객 서비스 플랫폼을 이용하여 고객과 파트너를 연계하고 가치를 창출하려는 노력을 하고 있다.

쉬어가기 삼성SDS 디지털 전환 프레임워크

삼성SDS는 디지털 전환의 비전과 목표를 디지털 기술을 기반으로 기업 경영 전반을 인텔리전트화한 디지털 엔터프라이즈에 두고 있다.

디지털 전환의 방향과 필요 역량

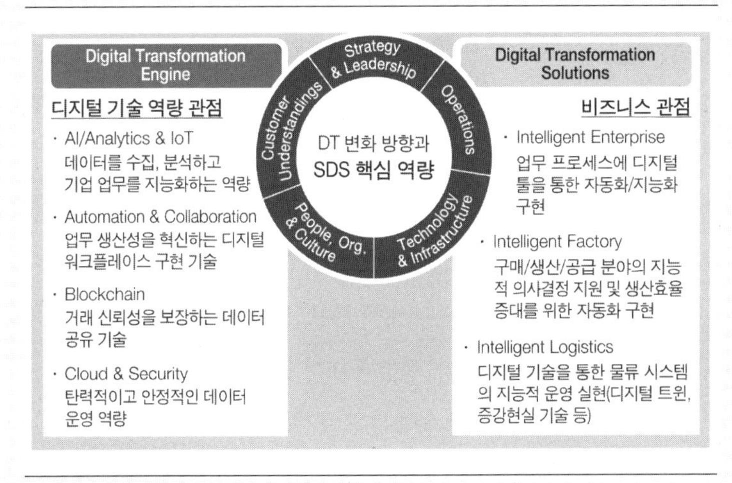

자료: 삼성SDS(2020).

IT 플랫폼(feat. 한국전력 허브팝)

디지털로의 변환, 디지털 기술을 사용하는 방식이나 내용을 의미하는 디지털 전환DX은 우리가 가진 디지털 기술을 총동원해서 새로운 운영 방식, 새로운 비즈니스 모델, 새로운 제품/서비스를 위해 전사적인 혁신 활동을 하는 것을 의미한다.

특히, ICT 산업에서 기업의 디지털 전환을 신속하고 유연하게 지원하려면 플랫폼이 내부 서비스 통합과 AI, Analytics, IIOT, 블록체인 등 핵심 신기술의 빠른 수용을 위해 유연하고 확장 가능한 구조를 제공해야 한다. 또한 중복 투자를 방지하고 비용과 시간을 절감하기 위한 자산 재이용 체계, 요구사항에 신속하고 빠르게 대응하기 위한 DevOps 등 표준화되고 자동화된 개발 및 운영 프로세스를 함께 제공하여 시장의 변화에 빠르게 대응하고 변화할 수 있도록 해야 한다. 글로벌 기업들은 하루가 다르게 변화하고 있는 기술 전쟁의 시대에서 디지털 혁신을 빠르고 효율적으로 추진할 수 있는 플랫폼 전략을 끊임없이 고민하고 있다. 수백, 수천 개의 소규모 과제, 프로젝트 등의 IT 개발로 인해 넘쳐나는 시스템들에 대한 운영, 유지보수에 대한 부담, 계속해서 양산되고 있는 수많은 아키텍처와 표준 아닌 표준들, 신기술 등 다양한 기술에 대해 분산되는 역량, 여기서 발생하는 중복 투자, 중복 개발 등 당면한 문제들에 대한 근본적인 해결책을 찾으려 하고 있다. 디지털 전환 추진을 위해서 프로세스 중심에서 데이터 중심Data Driven, 워터폴 개발에서 DevOps 기반 애자일 개발, 사일로 형태의 애플리케이션에서 플랫폼 기반 에코 시스템, 온프레미스 데이터센터에서 클라우드 플랫폼으로 IT 혁신 방향을 잡고 있다.

IT 플랫폼은 좁은 의미로는 애플리케이션을 구동해 주는 하드웨어, 소프트웨어의 결합을 의미하고, 넓은 의미로는 IT 서비스의 핵심 기반 환경으로 정의된다. 현재의 IT 플랫폼은 디지털 플랫폼으로 의미가 진화되어 기업의 디지털 전환을 지원하고 있다.

그림 9-1 한국전력 허브팝 플랫폼

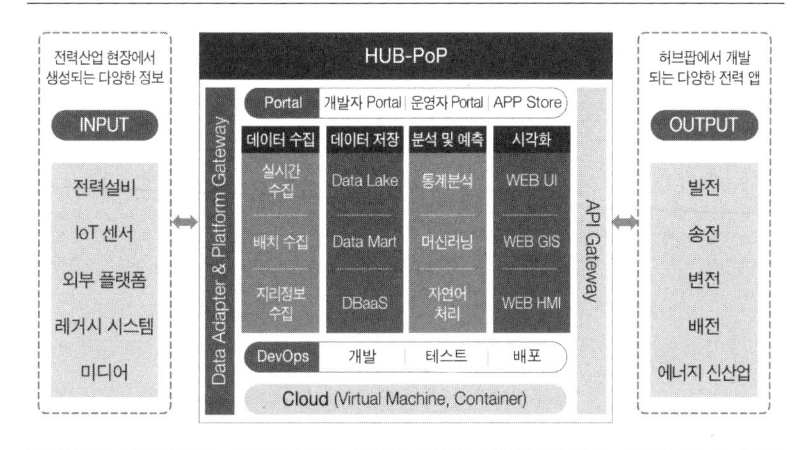

자료: 신지강(2019).

한국전력은 자사의 사설 클라우드 서비스인 허브팝HUB-PoP을 통해 디지털 전환에 필요한 모든 기능을 구축하는 것을 목표로 하고 있다. 허브팝 플랫폼은 전력 애플리케이션의 개발 및 운영, 데이터 분석에 활용하기 위해 한전이 구축 중인 클라우드 기반의 디지털 플랫폼으로, 2017년 개발에 착수하여 2020년 말에 완료한 전력 소프트웨어 공용 플랫폼이다. 전력 애플리케이션의 개발 및 데이터 분석에 공통으로 활용할 수 있는 클라우드 자원, SW 개발 환경, 데이터 수집/저장/분석/시각화 등 기능을 통합 플랫폼 기반으로 제공하고 있다.

데이터 수집

- 플랫폼 어댑터: OPC-UA, IEC 61850 등 전력설비 프로토콜 호환
- 플랫폼 게이트웨이: 전력설비의 데이터를 클라우드 서버로 전달

- 데이터 브로커: 데이터 발행 및 구독 중개 서비스 제공

데이터 저장

- 데이터 레이크: 전력 데이터 통합 저장소 및 데이터 제공
- 데이터 마트: 특정 도메인 분야의 분석을 위한 재구조화된 데이터 집합
- DBaaS: 테넌트Tenant별 격리된 DB 제공(RDB, Timeseries, Hadoop 등)

데이터 분석

- 데이터 분석 통합 환경: 데이터 선택, 모델 설계, 학습 및 추론 환경 제공
- 분석 실행 프레임워크: 개발된 분석 모델을 API로 연동할 수 있는 실행 환경 제공
- 분석 모델 형상관리: 분석 모델 및 활용 데이터의 형상관리 및 공유 환경 제공

시각화

- 웹 UI 템플릿: 표준 웹 UI 및 인포그래픽스 템플릿 제공
- GIS 플랫폼 서비스: 전력 분야 지리정보 통합 DB, 공통 활용 콘텐츠 및 서비스 활용 가능
- 웹 HMI 서비스: 전력설비 및 IoT 수집 데이터를 코딩 없이 빠르게 시각화 표현

SW 개발 환경

- SW 개발 프레임워크: 개발에 즉시 사용 가능한 Best Practice를 집약한 아키텍처 제공

• SW 개발 파이프라인: 소스코드 저장소, 빌드 및 배포 자동화 환경 제공
• API 게이트웨이: 전력 분야 API 서비스 공유 및 개발자 협업 지원

클라우드

• IaaS : 서버, 네트워크 및 스토리지 자원 가상화 제공 서비스
• PaaS : WEB, WAS, DB 등 개발 환경 가상화 제공 서비스
• SaaS : 애플리케이션 SW 가상화 운영 서비스

한전은 허브팝 플랫폼을 기반으로 지능형 디지털 발전소IDPP 기술을 전력 그룹사와 협력하여 개발하고 있으며, 향후 허브팝 플랫폼을 중심으로 전력 빅데이터를 구축하고 인공지능 기술을 전력 산업 전반에 확산할 계획이다.

소프트웨어 AGSoftware AG, SAP 등 선진 IT기업들도 자사가 이미 확보하고 있는 고유의 강점을 기반으로 특화된 디지털 플랫폼 기반 혁신을 선도하면서 발 빠르게 시장의 변화에 대비하고 이미 앞을 향해 나아가고 있다. 소프트웨어 AG의 디지털 비즈니스 플랫폼 DBPDigital Biz. Platform, 그리고 사물인터넷, 머신러닝, 블록체인 및 고급 분석까지 다양한 최신 기술을 제공하는 디지털 혁신 시스템인 SAP 레오나르도Leonardo 등, 선진사들은 기존 내부 프로세스 및 리소스의 통합과 외부 서비스의 수용을 위해 API 기반 유연한 아키텍처를 적용하고 있으며, 시장의 요구에 빠르게 대응할 수 있도록 표준화되고 자동화된 개발 및 운영체계를 제공하고 있다. 또한 제조, 금융 등에서는 수십 년간 축적한 업종 노하우를 바탕으로 특화된 플랫폼을 구축하여, 기존 설치, 구축형 SI 시장에서 서비스형 전략으로 대응하고 있다. 예를 들어 삼성SDS는 구매 확률 예측 서비스, 거래선 재무 건전성 예측

서비스 등 AI의 BP 사례로 검증된 분석 결과를 구독형으로 제공하는 서비스를 하고 있다(브라이틱스 AI 서비스). 이를 통해 고객은 분석에 필요한 인프라, 플랫폼 라이선스, 구축인력 등 비용에 대한 선투자 없이 고도화된 분석 결과물을 즉시 활용할 수 있다.

제조업 플랫폼 사례

제조업이 플랫폼 비즈니스를 고민해야 하는 이유는, 첫 번째 제조업이 겪고 있는 위기 때문이다. 제조와 판매만으로 더 이상 가치 창출이 어렵기 때문에 디지털 기술이 제품의 핵심적인 부분으로 자리매김함으로써 제품의 확장된 기능과 제품에서 생성되는 정보가 새로운 경쟁의 시대를 이끄는 원동력이 되고 있다. 두 번째 이유는 더 나은 고객 가치를 제공할 수 있는 비즈니스 모델이기 때문이다. 데이터가 비즈니스 모델 혁신에 큰 영향을 미칠 가까운 미래에는 혁신적 플랫폼과 데이터 분석 능력을 가지고 등장하는 새로운 플레이어들에게 전통 제조업체들이 대체될 가능성이 높다. 단일 기업이 만들어내는 제품만으로는 앞으로 고객이 원하는 새로운 가치를 제공하는 데 한계가 있다. 플랫폼은 외부의 힘을 활용하여 복합적 가치를 제공할 수 있다.

선도 제조기업은 플랫폼을 자사 비즈니스에 접목시키는 다양한 시도를 하고 있다. 플랫폼 비즈니스에 대한 관심은 높아졌으나 이를 어떻게 제조업에 적용할지에 대한 가이드는 많이 부족한 것이 사실이다. 플랫폼 비즈니스를 고려하고 있는 제조기업은 우선 자사가 플랫폼을 도입했을 때 네트워크 효과가 존재하는지를 살펴보아야 한다. 기획, 개발, 생산, 유통 등 가치사슬의 어느 단계에서 활용하면 네트워크 효과가 발생해 가치를 창출할 수 있는지를 찾아보는 것이 가장 먼저 할 일이다. 이는 플랫폼 참여자 수가 많을수록 더 많은 상호작용이 일어나고 더 많은 가치를 창출하면서 참여자 수가 늘어나는 선순환 고리를 갖고 있기 때문이다.

플랫폼 비즈니스는 처음부터 플랫폼을 만들면서 시작되는 경우도 있지만, 기존 제품에서 자연스럽게 플랫폼이 파생되면서 기존 제품과 결합하는 형태로 제공되는 경우도 많다. 블록 장난감의 대명사 레고는 1998년 조립용 로봇 '마인드스톰Mindstorms NXT'를 출시해 큰 성공을 거두었다. 레고 블록, 센서, 모터 등을 조합해 만든 로봇을 PC와 연결해 프로그래밍할 수 있는 제품으로 소수의 마니아에게 어필하는 제품이었다. 하지만 본격적인 성공은 조금 늦게 시작되었다. 한 사용자가 레고 사이트를 해킹해 마인드스톰의 전자 제어 알고리즘을 공개했고 수많은 응용 애플리케이션 개발이 이어졌다. 이에 레고는 해킹에 대한 법적 조치를 취하는 대신, 마인드스톰 소프트웨어 라이선스에 '해킹의 권리Right to Hack'를 명기했다. 이러한 소프트웨어의 '오픈소스화'는 마인드스톰 마니아들 사이에 엄청난 반향을 일으켰다. 이후 마인드스톰은 사용자가 기획, 제안하고 레고가 생산만 담당하는 새로운 플랫폼으로 성장했다. 레고는 자사의 가치사슬 중 어느 영역에서 네트워크 효과가 발생할 수 있는지를 잘 파악했고 이를 플랫폼화하여 새로운 가치를 창출하고 있다.

세계 1위의 농업 관련 중장비 제조업체인 미국의 존디어John Deere는 단순히 제품 판매에 그치지 않고 플랫폼을 활용하여 시장 지위를 유지하고 있다. 농기계에 부착된 센서를 통해 농장에서 작업할 때 수집된 데이터와 기후나 토양의 질 등 외부 데이터를 같이 분석해 정보를 제공하며 새로운 가치를 만들어내고 있다. 존디어가 제공하는 팜사이트Farmsight 서비스는 농장에서 수집된 데이터를 분석하여 어떤 작물을 언제 어디에 심는 것이 좋을지 농부가 주도적으로 결정할 수 있도록 지원한다. 이처럼 효과적으로 작물을 재배하는 데 필요한 정보를 농부에게 제공하고 농장 관리에 관한 노하우를 축적하고 전달하는 것을 주된 비즈니스 역량으로 쌓아나갔다. 존디어는 마이 존디어 플랫폼을 활성화하기 위해 소프트웨어와 애플리케이션을 개발자와 기업에 오픈하여 협력할 수 있는 장을 만들었다.

반면에, 미국의 대표 제조업체 GE는 산업 인터넷 운영 플랫폼인 프레딕스를 통해 세상의 많은 주목을 받았으나 2019년 디지털사업부를 매각하면서 GE의 변신은 실패 상태로 보인다. 비즈니스 모델 전환보다는 기존 모델에 단지 기술을 더한 실행에 가까웠다는 평가와, 장기적인 전략 목표보다 단기 매출 성장에 초점을 맞추었다는 점 등이 실패 요인으로 분석된다. 플랫폼 비즈니스는 양면 시장[1]이 형성되는 데 오랜 시간이 걸리고, 시장이 형성되더라도 네트워크 효과가 발생하기까지 기나긴 기다림이 필요하다. GE는 플랫폼 비즈니스의 원리를 간과하고 출시한 지 3년 만에 매출을 따진 기존 관행으로 플랫폼 비즈니스 전환 이니셔티브가 제대로 이행되지 않은 것이다. 거대 제조기업의 플랫폼 시도 실패에서 얻을 수 있는 교훈이다.

1 생산자와 소비자, 판매자와 구매자 등 기존의 시장을 구성했던 양면을 의미한다. 그리고 플랫폼 비즈니스는 그 양면 시장을 대상으로 새로운 구조를 만들어낸 새로운 사업 형태다.

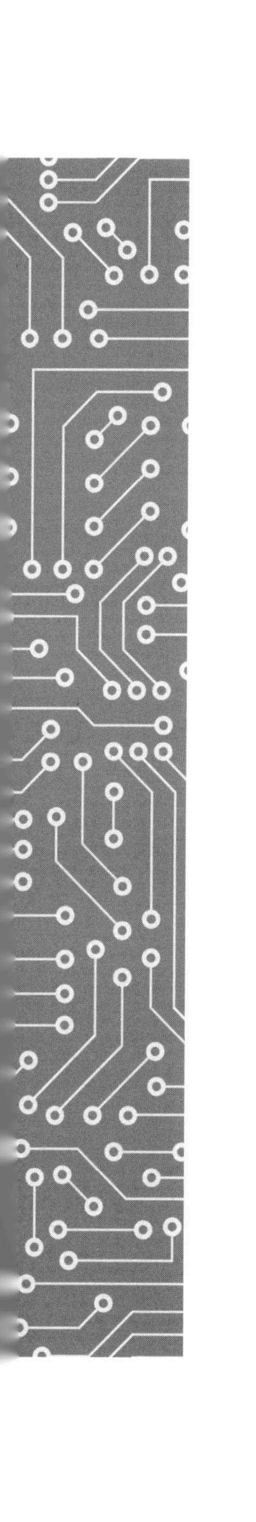

제3부

AI,
과대광고(Hype)를 넘어 현실로

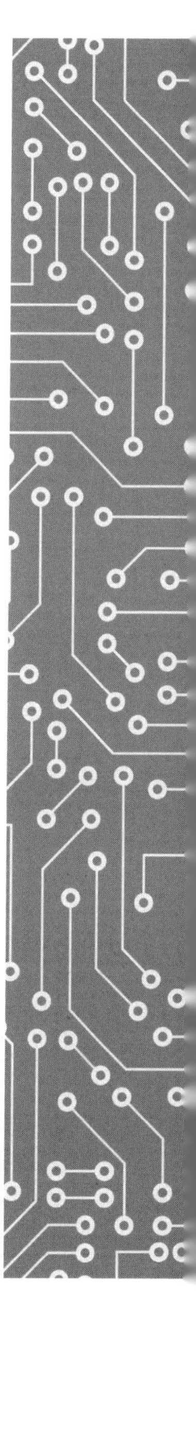

10

산업용 AI

인공지능AI은 시스템이 어떤 형태의 인간 지능을 가지게 되는 것을 의미하며, 1950년 영국의 수학자 앨런 튜링Alan Turing이 발표한 논문("Computing Machinery and Intelligence")에서 처음으로 논의가 시작되었다. 수학 이론을 기반으로 활발한 연구가 이루어졌고, 컴퓨팅 기술 발전으로 다양한 응용 분야의 연구가 활발히 진행되고 있다. 크게 이론 분야(Cognitive Science, Knowledge Representation 등), 알고리즘 분야(Neural Networks, Fuzzy Logic 등), 응용 분야(Robotics, Clinical Medical Application, AI Manufacturing 등) 등이 연구되고 있다.

AI는 기술의 한계와 연구 성과의 부진 및 비효율성과 높은 유지보수비용 문제로 좌절을 겪었음에도 불구하고, 새로운 접근법의 등장과 기술 환경이 성숙하면서 진일보하고 있다. 초기의 퍼셉트론Perceptron[1], 전문가 시

1 두뇌의 인지능력을 모방하도록 만든 인공 신경 뉴런.

그림 10-1 AI 발전을 이끈 기술의 등장

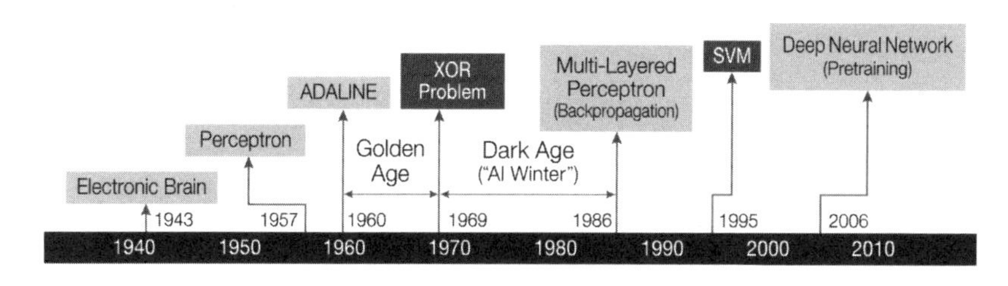

자료: Beam(2017).

스템부터 최근 딥러닝까지 AI를 진화시키는 기술이 지속적으로 발전하고 있다. 특히 2000년대에 등장한 딥러닝 기술[2]은 2016년 '알파고 대 이세돌' 이벤트로 가능성을 보여주며 인공지능의 급속한 성장을 견인하고 있다. 현재는 인공지능의 핵심 요인[3]이 충족되면서 AI의 상업적 활용과 현실에서의 적용이 용이해지며 'AI 혁명'이 시작되고 있다.

인공지능은 '모든 것이 연결되는, 보다 지능적인 사회로의 진화'를 목표로 하는 4차 산업혁명의 주역으로, 데이터와 지식이 핵심 경쟁 원천이다. 인공지능은 인간의 인지능력, 학습능력, 추론능력, 이해능력 등과 같이 인간의 고차원적인 정보처리 능력을 구현하기 위한 ICT 기술이며, 빅데이터는 기존 데이터베이스로 처리할 수 있는 역량을 넘어서는 초대용량의 정형·비정형 데이터를 생성, 수집, 저장, 관리 및 분석하여 가치를 추출하고

2 제프리 힌턴(Geoffrey E. Hinton)의 심층신경망 개발(2006년), 구글 브레인의 고양이 이미지 식별(2012년), 페이스북의 '딥페이스' 등장(2014년), 알파고 대 이세돌의 이벤트(2016년).

3 AI의 여섯 가지 핵심 요인: 빅데이터, 프로세싱 파워, 연결된 세계, 오픈소스와 데이터, 향상된 알고리즘, 수익 창출 가속화(정지선, 2019에서 재인용).

그림 10-2 인공지능의 분류

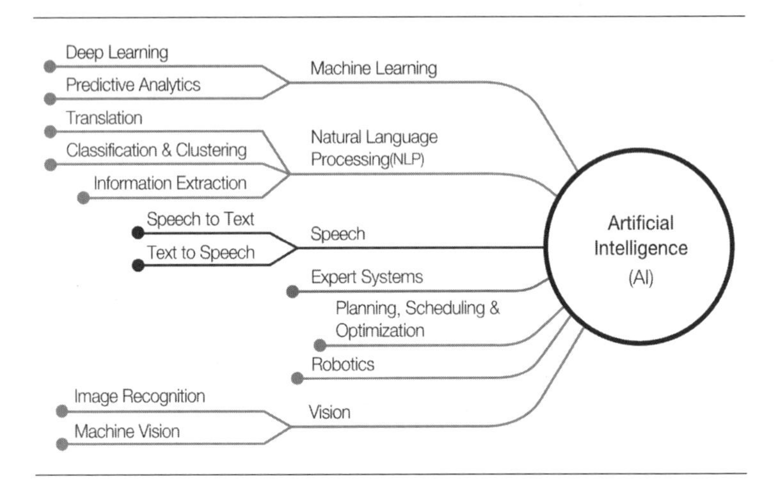

지능화 서비스의 기반을 지원하는 기술이다.

AI 기술 스택과 알고리즘 트렌드

AI 서비스 개발을 위해 필요한 요소기술 계층의 집합을 AI 기술 스택Stack이라 하는데, 기술 개발 분야 등 정보 제공을 위해 CMU AI 스택, 맥킨지 AI 스택, AI Knowledge Map, 모던 AI 스택 등 다양한 기술 스택들이 제시되고 있다. 그러나 현재까지 AI 기술 계층에 대한 표준적인 정의가 없어서 기업이 어떤 기술로 어떤 서비스를 제공하는지, 어떤 기술을 개발해야 하는지 등 이해가 어려운 상황이다. 2017년 발표된 맥킨지 AI 기술 스택은 서비스, 학습과 플랫폼, 인터페이스 및 HW 등 아홉 계층으로 세분화되어 있다.

표 10-1 맥킨지 AI 기술 스택

기술 계층		정의	사례
서비스	⑨ 솔루션 및 활용 사례	· 딥러닝 모델*을 사용한 문제 해결	자율차량(시각적 인식)
학습	⑧ 데이터 유형	· 특정 애플리케이션을 기반으로 AI에 제공되는 데이터	라벨이 있는/없는 데이터
	⑦ 방법	· 주어진 데이터를 활용하여 특정 분야에 적용하기 위한 모델 최적화 기법	지도, 비지도, 강화학습
플랫폼	⑥ 아키텍처	· 주어진 문제의 데이터에서 특징을 추출하는 구조화된 접근법	CNN, RNN …
	⑤ 알고리즘	· 최적의 추론을 위해 신경망의 가중치를 점진적으로 수정하는 일련의 규칙	Back Propagation Evolutionary, Contrasted Divergence
	④ 프레임워크	· 아키텍처를 정의하고 인터페이스를 통해 HW에서 알고리즘을 호출하는 SW 패키지	Caffe, Torch, Theano, TensorFlow …
③ 인터페이스		· SW와 기본 HW 간의 통신을 결정하고 촉진하는 프레임워크 내의 계층	개방형 컴퓨팅 언어
HW	② 헤드 노드	· 가속기 간의 연산을 관리하고 조율하는 HW 장치	CPU
	① 액셀러레이터	· AI에 필요한 고도의 병렬 작업 수행 실리콘 칩	학습 및 추론 지원 CPUs, GPUs, ASICS, FPGAs

* 컴퓨터 비전(ResNet), 자연어 처리(Seq2Seq), 게임(DQN) 등 다양한 분야에서 사람 수준의 딥러닝 모델이 등장하고 있다.

자료: 이진휘(2020).

AI 알고리즘은 지난 60여 년 동안 두 번의 침체기를 겪었고 현재 인공지능은 세 번째 전성기를 맞고 있다. 1차 전성기(1950년대 후반~1960년대 초)는 추론과 탐색 기법 중심이었으나 간단한 문제를 푸는 것 외에 뚜렷한 가능성을 제시하지 못하고 곧바로 1차 침체기를 경험했다. 2차 전성기(1980년대 후반~1990년대 초)는 특정 분야에서 정해진 규칙에 따라 전문가 시스템을 구축하는 방식이었으나 확장성 측면에서 한계를 보이며 2차 침체기를 맞이했다. 3차 전성기를 주도한 딥러닝은 인공지능 역사에서 가장 혁신적 기술로 평가받으며 영상 데이터를 시작으로 음성과 행동 데이터로 적용 범위를 넓혀가고 있다. 딥러닝은 AI 문제를 해결하기 위한 핵심 방법론인데 학습을 수행하는 모델의 기본 구조로 '신경망'을 활용하는 머신러닝 방법론의 일종이다. 1940년대에 개발된 인공 신경망을 기반으로 하고 있으며, 1980년대에 '역방향으로 에러를 전파Backward Propagation of Error'시키면서 최적의 학습 결과를 찾아가는 방법이 소개되어 많은 발전을 이루었다. 현재까지 딥러닝 기술은 사람과 같은 사고를 하기보다는 주어진 데이터베이스에 기반해서 입력된 데이터에 가장 비슷한 출력을 주는 형태의 학습을 수행한다.

2012년 이미지넷 챌린지ImageNet Challenge 대회에서 딥러닝이 압도적 성능으로 우승한 이후 CNN/RNN/DNN 등 알고리즘이 비약적으로 발전하며 산업에 본격 활용되고 있다.

이미지 인식, 음성 인식 등에 적용된 합성곱신경망Convolutional Neural Network: CNN이나 순환신경망Recurrent Neural Network: RNN은 대표적인 지도 학습 기술이다. 그러나 이러한 CNN, RNN 등의 지도 학습 알고리즘은 기업 활용을 어렵게 만드는 한계점이 존재한다. 첫째, 정답이 있는 대량의 학습 데이터가 필요하다는 것이다. 이를 해결하기 위해서 데이터 없이도 반복적인 경험을 통해 정량화된 보상을 극대화하는 방법을 스스로 터득하는 '강화학습' 및 실제와 매우 유사한 데이터를 직접 생성하는 'GANGenerative Adversarial Networks(적대적 신경망)' 등이 제시되고 있다. 둘째, 도출된 결과의 근거나 영향 변수 등을 확인하기 어려운 '블랙박스Black Box'의 속성을 가진다는 것이다. 특히, 의료·금융 산업 등 서비스의 공정성 및 신뢰성이 매우 중요한 산업의 경우에는 알고리즘의 사용 변수, 결과의 도출 근거 등에 대한 설명을 제공할 책임을 요구받고 있다. 딥러닝을 통해 도출된 결과 값을 설명력 높은 모델(회귀분석 등)과 결합하는 방식Surrogate Models과 변수 간 상호작용을 제한하는 방식GAM 및 변수를 조정해 결과 값의 변화를 파악하는 민감도 분석 방식LIME 등 다양한 알고리즘이 연구되고 있다. 셋째, 특정 영역의 데

표 10-2 AI 알고리즘 트렌드

AI 알고리즘 종류	특징과 의미
적대적 신경망 (Generative Adversarial Networks)	· 적대적으로 경쟁하는 생성기와 판별기를 통해 진본 데이터와 매우 유사한 위조 데이터를 생성 · 현실에 없는 새로운 데이터 생성, 새로운 형태로 데이터 변환, 데이터 품질 향상 등 새로운 기회 가능성을 제시
심층강화학습 (Deep Reinforcement Learning)	· 복잡한 실제 환경에서 반복적인 경험(데이터)의 시행착오를 통해 최적의 학습 모델을 스스로 발전시킴 · 지금까지 PC 안에서 이루어지던 인공지능을 현실 세계의 다양한 객체에 적용하기 시작한 계기이며 감각기관의 확장을 가져옴
전이 학습 (Transfer Learning)	· 학습 데이터 확보가 현실적으로 어려운 분야에서 기존에 학습이 완료된 모델의 일부를 재사용하여 학습 시간을 단축하고 성능을 보장 · AI 알고리즘이 인간과 같이 학습 효과를 가지고 발전할 가능성 제시
설명 가능 인공지능 (Explainable AI)	· 기존 설명력이 높은 알고리즘의 일부를 활용하거나 개선하여 학습 모델이 도출한 결과의 근거를 제공 · AI 알고리즘 사용 시 법과 제도적 문제로 인한 비즈니스 활용 범위의 한계를 극복할 수 있는 가능성 제시
캡슐망 (Capsule Networks)	· 외부 세계를 인식하는 과정이 3차원적 벡터 방식의 인간의 뇌 인식 과정과 유사하게 알고리즘 구조를 설계 · 현재 연구 초기 단계이나 보다 범용적인 알고리즘 혁신을 이끌 차세대 AI 알고리즘으로 주목

자료: ETRI(2018).

이터에 최적화되도록 학습한 인공지능 모형은 속성이 유사한 다른 영역에 적용하기 어렵기 때문에, 항상 새로운 모형을 개발해야 하는 비효율성이 발생한다. 인간은 특정 분야에서 습득한 지식을 다양한 영역에서 쉽게 활용할 수 있는 반면, 딥러닝 등 인공지능 알고리즘은 주어진 데이터에 자주 과적합Overfitting되기 때문에 다른 영역에서의 재사용이 제한적이다.

딥러닝 알고리즘이 본격적으로 관심을 받기 시작한 이후 이를 활용하는 과정에서 드러난 한계점을 극복하기 위한 다양한 알고리즘이 연구되고 있다. 이와 관련하여 가장 활발히 연구되고 있는 다섯 종류의 AI 알고리즘의 주요 특징을 요약하면 〈표 10-2〉와 같다.

이러한 AI 알고리즘의 트렌드는 모방을 통한 데이터 활용 극대화, 인간의 개입 최소화, 통합화, 범용화 등으로 요약할 수 있다. CNN, RNN 등 딥러닝 등장 이후 최근에 가장 주목받고 있는 GAN이 모방을 통한 데이터 활용 극대화의 대표적 사례로, 기존에 존재하는 데이터를 모방하여 새로운 결과물을 창조한다. 지금까지 200여 개 GAN의 변형 알고리즘은 비즈니스와 예술 등 창작 활동에 활용됨으로써 단순한 응용을 넘어 인간의 상상력 그 이상을 보여줄 수 있는 가능성을 제시한다. 결과적으로 모방한 데이터 자체가 진짜가 되는 최종 결과물로서 활용될 수 있고 새로운 모델을 생산하기 위한 입력 데이터로 사용될 수도 있다. 그러나 진본과 유사한 결과물을 쉽고 풍부하게 만들 수 있다는 점을 악용해 가짜 콘텐츠를 생산하여 새로운 사회문제를 유발할 가능성도 있다.

데이터 수집에서 학습 모델 구성에 이르는 일련의 과정에서 인간의 개입을 최소화하여 엔드투엔드End-to-End 자동화하려는 트렌드도 있다. 또한 데이터 수집 후에 특징 추출을 위한 전처리 과정에서부터 학습 모델을 생성하는 각각의 단계를 딥러닝 알고리즘으로 일원화하려는 시도도 있다. 심층강화학습은 정답이 없는 현실 데이터를 사용하여 엔드투엔드 학습 과정에서 무한 시행착오를 반복하며 최적 방안을 도출한다. 심층강화학습은 게임 등 가상 환경을 넘어 현실 세계에서 적용 분야를 확대 중이다. AutoML[4]과 같이 학습이 완료된 인공지능이 인간의 개입 없이 새로운 형태의 학습 모델을 자동 생성하는 연구 또한 주목할 필요가 있다. 인공지능 서비스는 채팅, 비전 인식, 자연어 처리, 미래 예측과 같은 단편적인 서비스 제공에서

4 수많은 기계학습 알고리즘 중 딥러닝 모델링의 자동화에 치중하여 알고리즘의 선택 폭이 좁다. 래피드마이너(Rapidminer), KNIME, 구글 AutoML, 브라이티스 AutoML 등이 있다. 최근 구글에서 유전 알고리즘을 채택한 AutoML-Zero를 공개하며 고급 인력의 경험과 직관을 학습·자동화해 기계학습 모델링의 진입 장벽을 낮출 것으로 기대된다.

벗어나 보다 복잡하고 포괄적인 형태의 서비스 기능을 제공할 것으로 전망되고 있다. 가트너는 이를 커넥티드 인텔리전스Connected Intelligence라고 부르며, 이는 복수의 인공지능 서비스 혹은 서버들이 복잡한 문제를 처리하기 위해서 포트폴리오를 구성하여 복합적으로 서로 연결되어 활용되는 것을 일컫는다. 기술을 인식하지 않고도 필요한 지능 서비스를 사용자가 제공받을 수 있도록 서비스 플랫폼 기술이 진화하고 있다.

AI 플랫폼(feat. 브라이틱스 스튜디오)

AI 플랫폼은 다양한 영역의 문제를 해결하기 위한 도구이며, 실제 구현을 위해선 도메인Domain 지식과 운영 시스템으로부터 확보되는 데이터와 결합이 필요하다. 제조, 금융, 의료, 교통 등 AI가 적용되는 해당 영역에 대한 지식Domain Knowledge이 선행되지 않으면 실제로 AI 기술을 구현하는 것은 매우 어렵다. AI는 알고리즘만으로는 작동하지 않으며, 대량의 데이터를 통한 학습 및 테스트를 거쳐야 상용화가 가능하다. 최근에는 이미지(시각), 언어 등으로 입력(센싱)되는 데이터를 저장·가공하여 학습(지도, 비지도, 강화)시켜 새로운 알고리즘이 개발되며 발전하고 있다.

삼성SDS의 브라이틱스 AIBrightics™ AI는 다양한 데이터를 AI 알고리즘 기반 분석함수와 모델을 적용하여 빠르고 쉽게 분석하는 통합 플랫폼이다. 고성능 기계학습 알고리즘을 제공하여 데이터의 병합, 예측 및 진단을 포함한 빅데이터 분석 기능(머신러닝, 딥러닝, 강화학습)과 데이터 특성에 따른 최적 알고리즘을 자동으로 추천해 주어 분석 모델 개발 시간을 줄여준다. 또한 튜토리얼 혹은 100여 개 이상의 미리 만들어진 분석 모델이 알고

그림 10-3 오픈소스 AI 플랫폼

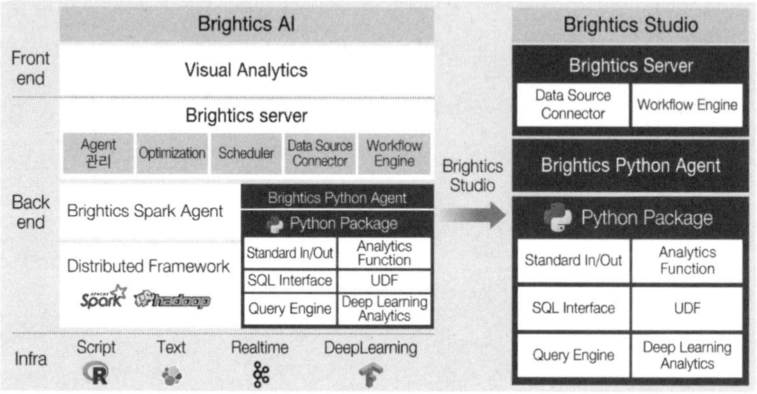

자료: 삼성SDS(2020).

리즘 및 산업군별로 구분되어 제공된다. 이렇게 분석함수를 통해 빅데이터 처리가 가능하며 각 분야에 따라 활용 가능한 산업군별 모범 사례 분석 모델을 선택적으로 탑재할 수 있다. 또한 분석 모델 개발을 효과적으로 할 수 있도록 GUI 기반 모델링 기능이 제공되며, 개발된 데이터 플로는 각 펑션Function의 선후 데이터를 표현함으로써 보다 쉽고 빠르게 분석 진행이 가능하다. 브라이틱스 AI는 하둡 분석 엔진Hadoop Analytics Engine, 데이터 플로 모델링, 스크립트 모델링, 딥러닝 모델링, 리포트 같은 기능을 가지고 있다. 하둡 분석 엔진은 하둡 시스템에서 기본 통계함수 및 데이터 처리 기능을 제공하고, 데이터 플로 모델링은 각 펑션의 선후 데이터를 직접 확인하면서 모델링할 수 있는 기능을 제공한다. 스크립트 모델링은 고급 사용자를 위한 스칼라Scala 스크립트 작성 및 테스트, 사용자 정의 함수 생성, SQL 스크립트 작성 및 테스트 기능을 제공한다. 또한 딥러닝 모델링은 정제된 입력 데이터를 학습하여 모델을 만들고 학습된 모델에 데이터를 입력할 수 있는 기능을 제공한다. 리포트에서는 분석을 통해 생성된 데이터를 이용하여 보다 쉽게 리포트를 작성할 수 있도록 모델링 기능을 제공한다. 브라이틱스 AI는 세 가지 버전으로 제공되고 있다.

① 브라이틱스 AI 엔터프라이즈: 대용량 데이터 분산 분석(여러 대 서버 설치, 상용 제품)
② 브라이틱스 AI 스탠더드: 중소형 데이터 분석(1대 서버 설치, 상용 제품)
③ 브라이틱스 스튜디오: 소형 데이터 분석(개인 PC 설치, 오픈소스 버전)

오픈소스 버전인 브라이틱스 스튜디오Brightics Studio를 이용하면 딥러닝을 포함한 데이터 분석에 필요한 모든 기능을 비전문가도 쉽게 사용해 볼 수 있다. 브라이틱스 스튜디오는 브라이틱스 AI 홈페이지(www.brightics.ai)나 소스코드 웹호스팅 서비스인 깃허브(github.com/brightics/studio)에서 무료로 다운로드받아 사용해 볼 수 있다. 브라이틱스 AI 활용은 기업 관점에서 다양한 유즈케이스를 만들어낼 수 있다. AI에 기반을 둔 분석 플랫폼은 정보에 입각한 의사결정, 판매 및 미래 수요 예측, 실시간 위험 평가, 장비 고장 예측 등의 기능을 제공한다.

쉬어가기 KAMP(Korea AI Manufacturing Platform)

2020년 중소벤처기업부는 인공지능 제조 플랫폼(KAMP) 구축에 착수했다. KAMP는 중소 제조기업이 갖추기 어려운 데이터 저장 및 분석 인프라, 인공지능 전문가, 실증 서비스 등을 한곳에 모아 인공지능을 효율적으로 활용할 수 있는 토대를 마련하기 위한 플랫폼이다. 브라이틱스 AI, 아이센트로(AICentro), 티쓰리큐 AI(T3Q.ai), 아이브랩(AIBLab) 등 다양한 AI 플랫폼 서비스를 선택할 수 있도록 할 예정이다.

인공지능 제조 플랫폼

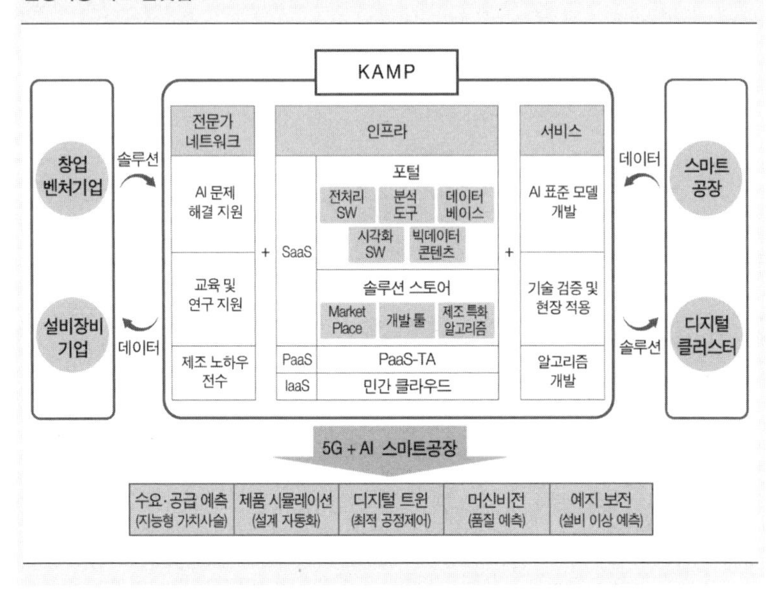

딥러닝 프레임워크 동향(텐서플로 등)

딥러닝이란 여러 층을 가진 인공 신경망을 사용하여 머신러닝 학습을 수행하는 것으로, 심층학습이라고도 부른다. 따라서 딥러닝은 머신러닝과 전혀 다른 개념이 아니라 머신러닝의 한 종류라고 할 수 있다. 기존의 머신러닝에서는 학습하려는 데이터의 여러 특징 중에서 어떤 특징을 추출할지를 사람이 직접 분석하고 판단해야만 했지만 딥러닝에서는 기계가 자동으로 학습하려는 데이터에서 특징을 추출하여 학습한다. 이처럼 딥러닝과 머신러닝의 가장 큰 차이점은 바로 기계의 자가 학습 여부로 볼 수 있다. 따라서 딥러닝이란 기계가 자동으로 대규모 데이터에서 중요한 패턴 및 규

그림 10-4 딥러닝 프레임워크 평가

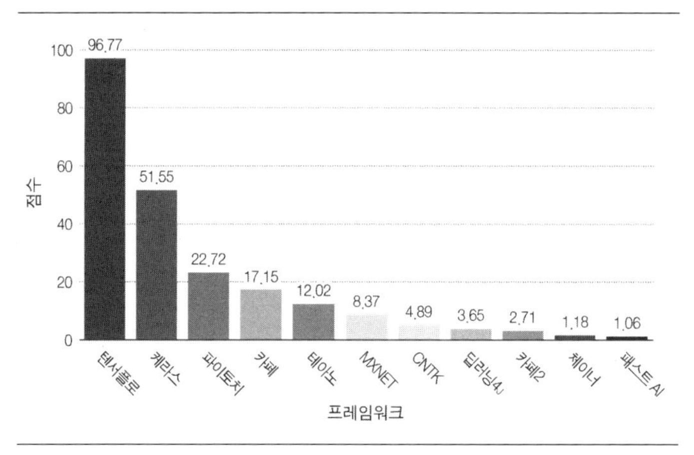

자료: Hale(2018).

칙을 학습하고, 이를 토대로 의사결정이나 예측 등을 수행하는 기술로 정의할 수 있다. 딥러닝에 사용되는 인공 신경망 알고리즘에는 DNN, CNN, RNN, RBM, DBN 등 다양한 형태의 수많은 알고리즘이 개발되어 활용되고 있으며, 하나의 문제를 해결하기 위해 두 개 이상의 알고리즘을 혼합하여 사용하는 경우도 많아졌다. 이렇게 이미 검증된 알고리즘을 사용할 때마다 계속해서 새롭게 구현해야 한다는 것은 매우 비효율적인 방식이다. 딥러닝 프레임워크는 이렇게 이미 검증된 수많은 라이브러리와 사전 학습까지 완료된 다양한 딥러닝 알고리즘을 제공함으로써, 개발자가 이를 빠르고 손쉽게 사용할 수 있도록 해준다. 이를 통해 중복적인 기능을 구현해야 하는 소모적인 작업에서 개발자를 해방시켜, 문제 해결을 위한 핵심 알고리즘 개발에만 집중할 수 있도록 도와준다. 업계 1위인 텐서플로(구글)와 2017년부터 큰 관심을 받았고 특히 학계에서 부각되고 있는 파이토치(페이스북)는 독자적으로 사용 가능한 프레임워크다. 케라스는 파이선Python 언어로 만들어진 하이 레벨 API로 텐서플로 위에 얹어서 사용하는 라이브러리이며 상대적으로 쉽다고 알려져 있다.

텐서플로(TensorFlow, https://www.tensorflow.org/)

구글에서 개발했으며 2015년 오픈소스로 공개되었다. 파이선 기반 라이브러리로 여러 CPU/GPU와 모든 플랫폼, 데스크톱/모바일에서 사용할 수 있다. 또한 C++과 R와 같은 다른 언어도 지원하며 딥러닝 모델을 직접 작성하거나 케라스와 같은 래퍼 라이브러리를 사용하여 직접 작성할 수 있다.

케라스(Keras, https://keras.io/)

파이선 기반으로 작성된 매우 가볍고 배우기 쉬운 오픈소스 신경망 라이브러리다. 내부적으로는 텐서플로, 테아노, CNTK 등의 딥러닝 전용 엔진이 구동되지만 사용자는 복잡한 내부 엔진을 알 필요가 없는 직관적인 API로 머신러닝의 필수 학습 모델(다층 퍼셉트론 모델, 컨볼루션 신경망 모델, 순환 신경망 모델 또는 이를 조합한 모델)을 쉽게 구성할 수 있으며, 다중 입력 또는 다중 출력 등 다양한 구성을 할 수 있다.

테아노(Theano, https://pypi.org/project/Theano/#history)

파이선 기반이며 CPU 및 GPU의 수치계산에 유용하다. 파이선 라이브러리의 하나로 다차원 배열과 관계가 있는 수학적 표현을 정의하고 최적화하며 평가하도록 해준다. 텐서플로와 마찬가지로, 저수준 라이브러리로 딥러닝 모델을 직접 만들거나 그 위에 래퍼 라이브러리를 사용해 프로세스를 단순화할 수 있으나 확장성이 뛰어나지 않으며 다중 GPU 지원이 부족한 단점이 있다.

파이토치(Pytorch, https://pytorch.org/)

토치Torch라는 머신러닝 라이브러리에 바탕을 두고 만들어진 파이선용 오픈소스 머신러닝 라이브러리다. 페이스북의 AI 연구 팀이 개발한 것에서 출발했다. 심층신경망과 강력한 GPU 가속을 가진 텐서 컴퓨팅Tensor Computing이 포함된 파이선 패키지 형태로 제공된다.

아파치(Apache, MXNet)

아파치 재단에서 개발 중이며, 빠르고 확장 가능한 교육 및 추론 프레임워크로서 머신러닝을 위해 사용이 쉽고 간단한 API가 제공된다. AWS가 딥러닝 엔진으로 선택할 정도로 확장성이 좋고 다중 GPU와 컴퓨터로 작업할 수 있다.

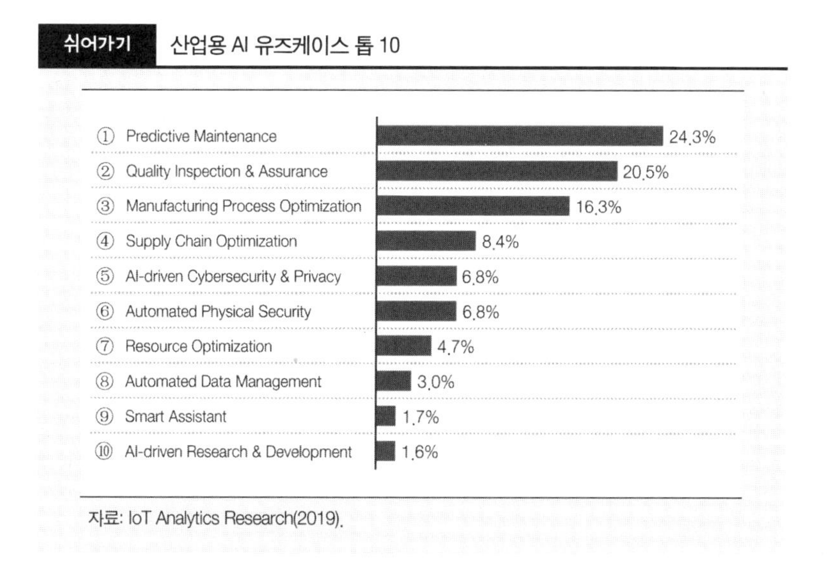

자료: IoT Analytics Research(2019).

CNTK

MS 리서치 팀에서 만든, 딥러닝 모델을 교육하기 위한 오픈소스 딥러닝 도구다. MS는 번역 기술, 음성 인식, 이미지 인식 등과 관련한 트레이닝을 할 때 CNTK를 직접 이용했다고 설명했다.

11

데이터 분석

방대한 데이터 속에 숨겨진 인사이트를 찾으려는 기업이 늘어나면서 데이터 분석의 중요성이 커지고 있다. 준지도·비지도 학습으로 고도화되고 있는 알고리즘 트렌드에 따라, 필요한 데이터의 형태도 다양화되고 있다. 알고리즘의 개선과 발전에 따라 정교한 라벨링보다는 대용량 범용 데이터에 대한 니즈가 증가하는 추세다. 분석 가능한 데이터의 범위가 확장되면서 기존의 학습용 데이터 외에 다양한 도메인 분야의 데이터에 대한 요구가 증가하고 있다. 일반 학습 프로세스는 사전 데이터의 패턴을 학습한 파라미터에서 시작되기 때문에 다양한 패턴의 대용량 데이터 보유 여부가 중요하다. 그러나 데이터별 가공 방식이 상이하고, 한정된 자원 내에서 높은 구축 비용이 소요되는 고품질의 대용량 데이터 확보에 한계가 있기 때문에 현실적으로 기업들에게는 소량의 고품질 학습 데이터보다는 대용량 중품질 학습 데이터가 더 필요한 실정이다.

하루 동안 55억 번 이상의 검색이 전 세계인의 일상이 되었고, SNS로 5억

그림 11-1 알고리즘 변화에 따른 데이터 구축 방향

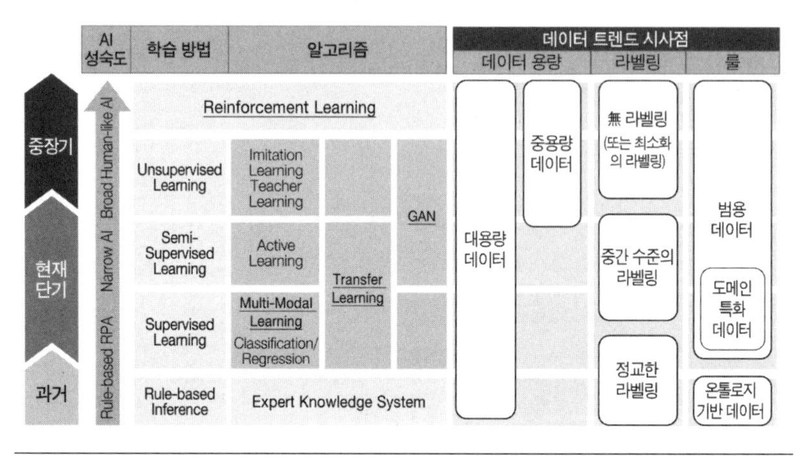

자료: 과학기술일자리진흥원(2019).

여 장의 사진과 '좋아요'가 올라가고 있다. 다양한 정보를 담은 동영상은 1분당 100시간씩 업로드되고, 제조 공장에 설치된 수만 개의 센서에서는 1초에 10만여 건의 데이터가 발생한다. 2017년 기준 전 세계에서 하루 생성되는 데이터 양은 2.5엑사바이트EB(1엑사바이트는 약 10억 기가바이트)로 해리포터 책 6500억 권에 육박하는 양이다. 전 세계 데이터의 85%가 소셜 텍스트, 센서, 머신 로그, 이미지 등과 같은 빅데이터이지만, 이 중 실제로 분석대상이 되거나 활용되는 데이터는 1%에 지나지 않는다. 때문에 최근 업계에서는 정형 데이터로 구성된 전통적인 소스 외에 수많은 비정형 데이터(소셜 텍스트, 센서 데이터, 이미지, 동영상 등)를 실시간으로 수집, 정제, 통합하여 활용하기 위한 방안으로 빅데이터 수용이 가능한 데이터 레이크Data Lake를 구축하여 원천 데이터 및 분석/서비스 데이터를 준비하는 새로운 방식의 데이터 레이크 관리 플랫폼이 주목받고 있다(이정림, 2018).

데이터 분석 플랫폼

제조업의 데이터 분석은 마이닝에서 강화학습 기반 딥러닝으로 발전하고 있다. 딥러닝이 본격적으로 주목받기 시작한 2012년 이후부터 지금까지 인공지능 분야는 당초 시장의 전망에 비해 예측하기 힘든 모습을 보이고 있다. 제조 현장은 학습 데이터 양이 절대적으로 부족하며, 대부분 비즈니스에서 성능이 보장된 인공지능은 인간이 정답을 부여한 라벨링된 학습데이터를 사용한다는 한계점이 있다. 해당 비즈니스에 대한 전문성과 분석 능력을 동시에 보유한 '업종 전문가'도 많지 않다. 기술 전문가들은 분석용(R/SQL, 파이선, 스칼라, 스파크)이나 딥러닝용 툴(텐서플로, 카페, 파이토치)로 통계/분석 코드를 직접 작성할 수 있으나 도메인 지식은 깊지 않다. 반대로 도메인 지식이 깊은 업종 전문가들은 너무 짧은 주기로 변하는 분석툴에 적응하기가 쉽지 않다. 데이터 사이언티스트는 공학적인 의미의 데이터가 아닌 업종 지식을 보유해야 비즈니스에 필요한 유의미한 결과를 도출할 수 있다. 아직까지는 보전 시점 예측이나 품질영향도 분석, 불량 이미지 분석 및 분류 프로세스 자동화, 실시간 상황 인지 등의 제한된 범위에 적용되고 있으나 앞으로는 활용 범위가 늘어나리라 예상된다.

방대한 양의 데이터를 사용자가 보다 쉽게 통합·관리하고 원하는 형태로 보기 위해서는 전통적인 ETL/DW 방식으로는 데이터 관리가 불가하여, 하둡/클라우드 기반의 확장형 데이터 레이크 아키텍처가 새로운 패러다임으로 대두되고 있다. 데이터 레이크란 '다양한 형태의 원형Raw Data 데이터들을 모은 저장소의 집합'으로, 숙련된 데이터 사용자들이 이를 통해 원형데이터들을 관찰하고 다양하게 가공/분석하여 인사이트를 찾을 수 있다. '데이터 레이크 관리 플랫폼'은 많은 시간과 노력이 소비되는 데이터 준비

그림 11-2 데이터 분석 플랫폼 발전 방향

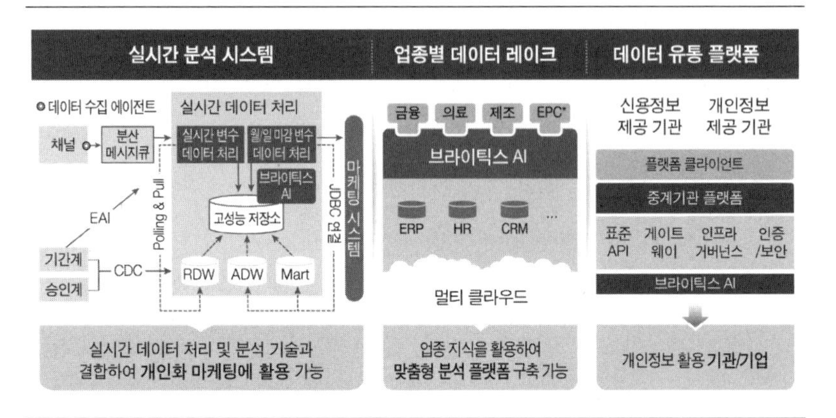

* EPC: Engineering, Procurement, Construction.
자료: 삼성SDS(2020).

과정을 시스템화하여 데이터 엔지니어가 효과적으로 데이터를 처리/관리할 수 있도록 돕고, 데이터 사이언티스트에게 데이터를 프로비저닝Provisioning해 주어 분석에 집중할 수 있는 환경을 제공한다. 빅데이터의 활용과 분산 컴퓨팅 기술이 발전하면서 데이터 레이크 관리 플랫폼이 데이터 솔루션 시장에서 많은 관심을 받기 시작했다. 데이터 레이크 관리 플랫폼은 다음과 같은 기술들을 제공해야 한다.

Bulk Data Movement/Dynamic Data Movement

배치, 스트림 등 다양한 실시간 서비스를 보장하는 소스데이터의 수집이 가능하고, 다양한 구조(비정형/반정형/정형)의 데이터에 대한 수집 파이프라인 생성과 실행 및 흐름 관리가 가능하다.

Data Access Infrastructure

쉽고 빠른 데이터 수집을 위해 데이터 사용자, 데이터 레이크 관리 플랫폼, 데이터 소스 간에 어떠한 하드코딩 없이 연결되어야 한다. 또 ODBC, JDBC 드라이버뿐만 아니라 다양한 데이터 소스에 대해 빌트인된 어댑터들을 갖고 있어야 하며, 필요한 경우 연결 어댑터에 대한 사용자 정의가 가능해야 한다.

Composite Data Framework

다양한 이기종 데이터 소스(RDB와 HDFS, NoSQL 등)로부터 연결 어댑터 및 각 데이터 소스의 메타 정보를 이용해 하나의 저장소에 존재하는 것처럼 접근하고, 데이터 스키마 정보를 이용해 데이터를 미리 수집하지 않고 Join/Merge하여 새로운 데이터 세트를 생성할 수 있다. 데이터 가상화 기술로 데이터 저장 공간 효율화 및 원하는 데이터 세트의 빠른 프로토타이핑을 위해 사용될 수 있다.

Data Quality

중요한 데이터는 품질관리 기술을 통해 수집된 데이터에 대한 품질 모니터링 및 프로파일링 정보(데이터 분포, 통계 정보, 샘플 등)를 제공할 수 있어야 하며, 데이터 검증(예: 이메일, IP 주소, 전화번호 등 지정된 데이터 포맷에 대한 룰 체크) 및 중복 데이터 제거가 가능해야 한다. 또한 개인정보 비식별화, 데이터 표준화(특정 데이터 포맷으로 자동 변환 등), 결측치 보정, 이상치 탐지 등의 데이터 정제 작업도 포함된다.

Metadata Management

메타데이터는 '데이터에 대한 데이터'로, 데이터의 정의와 언제, 어떻게, 누가 작성하고 최종 수정했는지 등의 정보를 포함한다. 메타데이터에 태깅을 해두면, 사용자가 검색을 통해 손쉽게 데이터 사용 방법을 결정할 수 있어 많은 도움이 된다. 더불어 데이터 리니지Data Lineage(계보)를 이용해 어떻게 이 데이터가 만들어졌는지 추적이 가능하다. 이러한 메타데이터 관리 기술은 데이터에 대해 엄격히 규제된 산업일수록 매우 유용하게 사용될 수 있으며, 메타데이터에 대한 사용자/그룹별 접근제어도 필요해 데이터 거버넌스와 밀접한 관련이 있다.

Master Data Definition and Control

마스터 데이터를 유지하고 무결성을 보장하기 위해 마스터 데이터의 관계와 속성, 계층구조, 처리 규칙 등의 메타데이터를 관리한다. 주요 기능에는 데이터 모델링과 데이터 가져오기/내보내기, 버전 관리, 동기화 등이 포함된다. 또한 사용자/그룹별 마스터 데이터 및 처리에 대한 접근제어가 가능해야 하며 데이터 거버넌스와 밀접한 관계를 갖고 있다.

Self-Service Data Preparation

머신러닝/딥러닝을 기반으로 데이터 정제/변환/탐색을 자동화해서 사용자가 쉽고 빠르게 원하는 데이터를 준비할 수 있게 해준다. 데이터 세트를 자동으로 분류, 표준화하고 서로 유사한 데이터 세트를 찾아주며, 데이터 변환 시 다양한 함수를 추천하는 기능도 있다. 특히 데이터 엔지니어, 데이터 사이언티스트뿐만 아니라 숙련되지 않은 비즈니스 분석 실무자도 IT 기술 없이 데이터를 준비할 수 있어야 한다는 요구를 해결할 수 있어 최

그림 11-3 데이터 레이크 관리 플랫폼 기반의 빅데이터 처리 과정

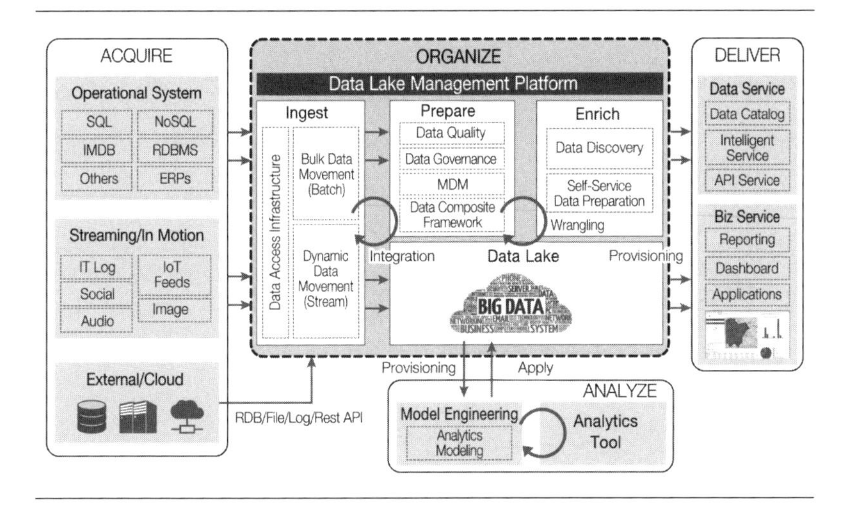

근 데이터 솔루션 시장에서 각광받고 있다.

데이터 레이크 관리 플랫폼의 기술 요소들을 통해 사용자들은 크기, 유형(정형/반정형/비정형), 속도가 다양한 빅데이터를 보다 쉽게 통합하고, 원하는 형태로 준비하고 분석할 수 있다. 특히 배치, 스트림 데이터의 처리를 빠르고 유연하게 수행하여 데이터를 통합하기 때문에, 데이터 사일로가 제거되어 저장 공간의 효율화, 데이터 관리 및 거버넌스 작업 간소화가 가능하다. 또한 작업 시간의 대부분이 소요되는 데이터 준비 과정에 셀프서비스 툴키트를 제공함으로써 사용자들이 수집한 데이터를 깔끔하게 가공/탐색하여 원하는 데이터 세트를 얻는 시간을 절감하고 데이터 분석에 집중할 수 있게 해준다.

무료 데이터 분석 툴

적절한 분석 툴을 이용하면 고객과 사업에 대한 매우 값진 인사이트를 확보할 수 있다. 이런 툴은 다양한 소스로부터 데이터를 받아 정리하고 분류한 후 통계적 결론을 도출한다. 데이터 분석 툴을 비교 검토할 때 기업이 고려해야 할 요소는 매우 다양하다. 그러나 적절한 애플리케이션을 찾아 그 기능을 효율적으로 이용하면 큰 효과를 볼 수 있다. 〈표 11-1〉은 현재 사용할 수 있는 일곱 가지의 다양한 무료 데이터 분석 소프트웨어다.

표 11-1 무료 데이터 분석 소프트웨어

툴 종류	특징	비고
오렌지	· 오픈소스 데이터 분석 및 시각화 툴 · 슬로베니아의 류블랴나대학에서 개발 · 터미널 윈도우에서 비주얼 프로그래밍이나 파이선 스크립트로 데이터 작업 가능(통계적 분포, 박스 플롯, 스캐터 플롯, 의사결정 트리, 계층 클러스터링, 히트맵 분석 등) · 그래픽 인터페이스 장점(코딩 대신 데이터 분석에 집중) · 머신러닝 컴포넌트와 외부 데이터에 대한 마이닝을 강화하는 add-on 충실 · 자연어 처리, 텍스트 마이닝, 바이오인포매틱스, 네트워크 분석, 룰 마이닝 등에 적합	윈도우와 맥 OS, 리눅스 지원
데이터 멜트	· '디멜트(DMelt)'라고도 불림 · 대용량 데이터에 대한 통계분석과 시각화를 지원하는 플랫폼 · 파이선과 빈셸(BeanShell), 그루비(Groovy), 루비, 자바 등 다양한 프로그래밍언어 지원 · 다이내믹 스크립팅을 통해 방대한 라이브러리 사용 가능 · 연산과 시각화를 담당하는 자바 클래스가 4만 개(+), 파이선 모듈도 500개(+) · 무료 버전도 데이터를 탐색, 분석, 시각화하는 핵심 기능 다수 포함 · 주로 자연과학과 엔지니어링, 금융 시장 관련 모델링과 분석에 사용	윈도우와 리눅스, 맥 OS, 안드로이드 지원
나임 애널리틱스 플랫폼	· 비주얼 프로그래밍을 통해 데이터를 관리, 분석하고 모델링 · 1000개(+) 모듈과 수백 개 예제 포함 · 데이터에 숨겨진 잠재적 인사이트를 찾아내고 머신러닝을 통해 미래를 예측할 수 있는 다양한 툴도 내장 · 작업 간의 연결점을 드래그 앤 드롭 방식으로 프로그래밍 · 단일 시각화 워크플로 내에서 심플 텍스트 파일과 데이터베이스, 문서, 이미지, 네트워크와 하둡 기반 데이터 등에 대한 데이터 블렌딩을 지원 · 오픈소스이며 연 2회 새 버전 출시	윈도우와 맥 OS, 리눅스 지원

툴 종류	특징	비고
오픈 리파인	· 본래 명칭은 구글 리파인(Google Refine) · 구글은 2012년 이 프로젝트를 중단했지만 자발적인 개발자들이 정기적으로 업데이트함 · 클렌징, 변환, 포매팅 등 다양한 데이터 작업을 처리 · 외부 웹서비스에서 데이터를 가져와 통합하고 일치시킴 · 예측 모델링을 위해 데이터 클렌징에 막대한 시간을 쓰고 있는 애널리스트에게 요긴	윈도우와 맥 OS, 리눅스 지원
R	· 통계 방법론 연구에 광범위하게 사용 · 데이터 처리와 연산, 시각화를 모두 지원하는 통합 스위트 · 핵심 기능은 선형/비선형 모델링, 전통적인 통계검정, 시계열분석, 분류, 클러스터링 등	유닉스와 윈도우, 맥 OS 지원
블로 퍼블릭	· 데이터 분석과 시각화 애플리케이션 · 인터랙티브 데이터를 웹에 게시 가능 · 무료 버전은 데이터 스토리지가 1기가바이트, 100만 열로 제한되나 단순하고 직관적임 · 구글 시트, 마이크로소프트 엑셀, CSV 파일, JSON 파일, 통계 파일, 공간 파일, 웹 데이터 커넥터와 오픈데이터프로토콜(OData) 등으로부터 데이터를 끌어와 마이닝 가능 · 인터랙티브 차트와 그래픽, 지도를 만들어 소셜 미디어나 사이트에 내장해 서비스 가능	윈도우와 맥 OS 지원
트리팩타 랭글러	· 다양한 소스에서 끌어온 복합적인 데이터를 정제하고 관리할 수 있는 앱 · 일단 데이터 세트를 트리팩타 랭글러에 추가하면 자동으로 데이터를 정리해 구조화 · 머신러닝을 이용해 변환과 통합을 거쳐 더 상세한 분석이 가능한 상태로 만들어줌 · 엑셀, JSON 파일, CSV 파일 등에서 데이터를 불러올 수 있음 · 각 데이터 포인트의 날짜, 시간, 스트링, IP 주소 등을 기준으로 시각적으로 카테고리를 나누는 기능 지원 · 최대 100메가바이트까지 데이터 처리	윈도우와 맥 OS 지원

12

AI 적용 사례와 가능성(feat. 캐글)

국내 제조업은 GDP의 30%까지 차지하며 대한민국 성장을 견인했으나 경쟁력이 약화되면서 경제 기여도가 하락하고 있다. 중국과 독일 등 유럽은 국가 주도로 AI+제조 융합 정책을 추진하고, 미국은 민간이 주도하여 새로운 부가가치를 창출하고 있다. 국내도 스마트공장 보급 사업 등 정책을 추진 중이나 아직 기초 단계인 공장 정보화 정도의 수준이 많으며 AI 융합으로 퀀텀 점프가 필요한 시점이다. 스마트공장 보급 사업으로 인해 AI 기반인 데이터 수집이 가능해짐으로써, AI 융합에 유리한 환경이 조성되고 있다. AI 공장은 제조에 AI가 융합된 스마트공장의 최고 수준으로, 수집된 데이터에 대한 자율적 학습(딥러닝 등)을 통해 지속적으로 진화·발전해 가는 스마트공장을 의미한다. 사람에 의한 기준 정립이나 판단 혹은 설비 한계로 인한 개선의 애로사항을 예측Prediction, 최적화Optimization, 자동분류Classification 등의 AI 기술을 활용하여 해결하는 것이다.

정부에서는 혁신성장 선도 산업으로 2022년까지 스마트공장 2만 개 보

표 12-1 AI 공장의 개념

수준	스마트공장 특징	AI 기술 활용			
고도화	· 스스로 판단하는 지능형 설비 및 시스템 · 전 제조 과정의 통합 운영	룰 기반 인공지능*		데이터 기반 인공지능**	인텔리전트 공장
중간 2	· 관리 시스템을 통한 설비 자동제어 · 분야별 관리 시스템 간 실시간 연동	룰 기반 인공지능		데이터 기반 인공지능	
중간 1	· 설비 정보 자동 집계(실시간 공장 운영 모니터링) · 분야별 시스템 간 부분적 연계	無	룰 기반 인공지능	데이터 기반 인공지능	
기초	· 생산 실적 정보 자동 집계 ➡ 자재 흐름 실시간 파악 · 부분적 관리 시스템 운영(설계, 영업, 재고 등)	無			

* 룰 기반 인공지능: 전문가 시스템 등 정해진 규칙에 따른 자동 관리.
** 데이터 기반 인공지능: 딥러닝 등 데이터 학습으로 지속 발전하는 최적화 관리.
자료: 전수남(2019).

급을 목표로, 2014~2017년까지 5003개 중소기업을 지원했다. 구축된 스마트공장의 76%가 실적 집계 자동화나 자재관리 등 기초 단계에 머물러 있으며, 현장에서는 여전히 관련 정보 부족이나 투자예산 마련, 추진/운영 인력 확보 등에서 애로사항을 많이 느끼고 있다(안성훈, 2019).

민간에서는 일부 대기업과 AI 벤처 스타트업을 중심으로 AI 솔루션을 개발하여 상용화 단계에 들어서고 있다. 삼성SDS는 스마트공장 플랫폼인 '넥스플랜트'를 활용하여 관계사 공장에 적용 후 확산 중이며, 포스코는 철강 산업에 생산성과 품질 향상을 위해 AI 기술을 적용하고, 대학과 중소기업, 스타트업들과 협력하여 철강 산업 고유의 스마트공장 플랫폼으로 발전시키고 있다.

기업향 AI 서비스

2018년 HBR(하버드 비즈니스 리뷰)는 AI가 'Process Automation', 'Cognitive Insight', 'Cognitive Engagement' 등 세 가지 유형의 비즈니스를 지원하며, 총 152개의 주요 AI 프로젝트 중 57개(38%)는 방대한 양의 데이터로부터 특정 패턴을 식별하고 해당 패턴의 의미를 해석하는 'Cognitive Insight' 관련 프로젝트인 것으로 조사·분석했다(Davenport and Ronanki, 2018.1.9).

기업향 AI 서비스는 데이터 및 활용 목적에 따라 분석형, 대화형, 시각형으로 나뉘며, 여기서 융복합 추세가 증가하고 있다. 분석형Analytic Intelligence 서비스는 수치 데이터나 로그 데이터를 분석하여 패턴 인식, 결과 예측 등을 수행해 설비 예지 보전이나 제품의 판매 예측 등에 활용되고, 대화형Conversational Intelligence 서비스는 인간의 언어를 이해하고 질의응답이나 업무 지원 등을 통해 대화형 고객 서비스나 업무 프로세스 자동화에 활용되고 있다. 시각형Visual Intelligence 서비스는 이미지나 동영상을 분석하여 개체 인식이나 장면 이해 등을 통해 이미지 검색이나 제품의 품질 검사에 활용되고 있다.

AI 문제는 주변 정보를 인지하여 최적의 방법으로 주어진 목적을 달성하는 것인데 최적의 방법을 효과적으로 찾기 위한 다양한 방법론이 함께 등장

표 12-2 AI의 세 가지 유형

구분	내용	사례
Process Automation	1. 업무 프로세스 자동화를 위해 부분적인 백엔드 단순 업무 처리 2. RPA	대출서류 검토
Cognitive Insight	대량 데이터로부터 패턴 발견 또는 의미 추출, 유형 분류, 점수화	상품 추천, 사기 탐지
Cognitive Engagement	직원, 고객 등에 대한 응대	헬프데스크 챗봇

표 12-3 AI 적용 분야

구분	적용 분야	문제 프레임워크	AI 핵심 요소
설명형 (Descriptive)	외관 검사	식별	· **주변 정보**: 대상 제품을 촬영한 이미지 · **작업 목표**: 제품상의 결함 여부 판정 · **달성 가능성 극대화 방법**: 결함 검출용 딥러닝 모델
진단형 (Diagnostic)	고장 진단	표현+식별	· **주변 정보**: 시간에 따라 수집된 다양한 센서 데이터 · **작업 목표**: 공정상의 기계적 결함 발생 원인 진단 · **달성 가능성 극대화 방법**: 센서 데이터 처리 모델, 기계적 결함 발생 원인 식별 모델
예측형 (Predictive)	예지 정비	표현+식별	· **주변 정보**: 센서 데이터 및 공정 셋업 데이터 · **작업 목표**: 기계적 결함이 발생할 때까지의 시간 예측 · **달성 가능성 극대화 방법**: 센서 데이터 처리 모델, 기계적 결함 발생까지의 시간 예측 모델
처방형 (Prescriptive)	완전 자율주행	순차적 의사결정	· 문제를 스스로 발견하고 해결 · 지능, 추론 능력에 기반한 자율적 판단, 행동

했다. 문제 프레임워크에는 표현, 식별, 생성, 순차적 의사결정 등이 있다.

① 표현Representation: 복잡한 주변 정보로부터 작업 목표를 달성하기 위하여 핵심적인 요소를 추출하고 이들 간의 관계를 표현하는 문제

② 식별Discrimination: 복잡성이 높은 주변 정보로부터 단면적이고 유의미한 정보를 추론하는 문제

③ 생성Generation: 주변 정보의 패턴을 인식하여 실제로 존재할 법한 대상을 생성하는 문제

④ 순차적 의사결정Sequential Decision Making: 매 단계마다 주변 환경이 달라지는 상황에서 목표 달성을 위한 최적의 연속적 행동을 결정하는 문제

최근의 딥러닝은 위의 다양한 문제 프레임워크에 적용했을 때 다른 것과 비교해 월등한 성능을 보이기 때문에 AI 실현을 위한 가장 좋은 방법론으로 각광받고 있다. 제조 분야에서는 센서를 통한 정보 수집 및 해석 가능

그림 12-1 제조업 분야에서의 딥러닝 적용 사례

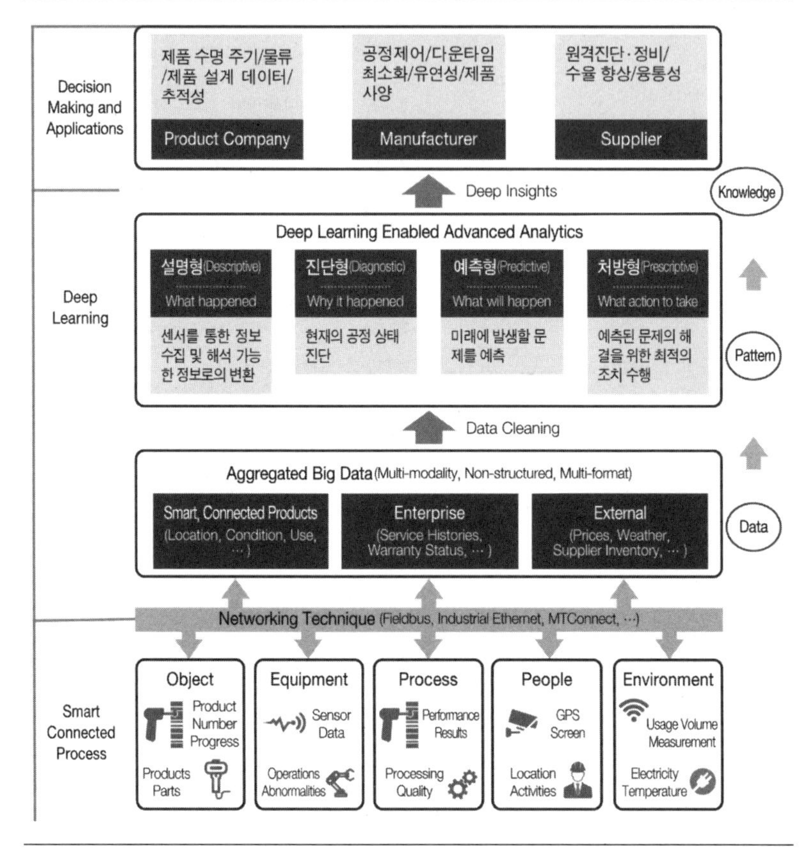

자료: Wang(2018).

한 정보로의 변환, 현재의 공정 상태 진단, 미래에 발생할 문제 예측, 예측된 문제의 해결을 위한 최적의 조치 수행 등에 딥러닝이 적용될 수 있다.

아직까지는 보안(48%), 프라이버시(30%), 투명/공정성(13%) 등에 대한 우려가 기업 내 AI 보급에 걸림돌로 작용하고 있지만, AI의 주축을 담당하는 컴퓨터 비전, NLP(자연어 처리) 기술이 괄목할 만한 성과를 보이고 인프

라 비용이 대폭 감소함에 따라 다양한 산업용 AI 확산이 가속화될 것으로 기대된다(HAI, 2019).

IT 컨설팅업체 캡제미니Capgemini는 기계와 장비가 고장 날 가능성이 높은 시점을 예측하고, 정비를 실시하기에 최적의 시점을 권고하는 것이 오늘날 제조에서 가장 많이 사용되는 AI 활용 사례라고 밝히고 있다. 2020년 발간한 「제조업에서 AI 스케일링: 실무자 관점 연구」는 AI로 제조업을 개선한 열 가지 사례를 소개했다(이정태, 2020.5.25에서 재인용).

① 제너럴 모터스: 로봇 고장 파악
② 제너럴 모터스: 제품 설계 알고리즘 구현
③ 노키아: 조립라인 모니터링 영상 프로그램
④ 아우디: 영상인식 시스템
⑤ 다농: 수요 계획 및 예측 시스템
⑥ 탈레스: 고속철도 노선 유지보수
⑦ BMW 그룹: AI 기반 이미지 매칭 기술
⑧ 슈나이더 일렉트릭: 예측 IoT 분석 솔루션
⑨ 닛산: 차량 디자인에 AI 활용
⑩ 캐논: 결함인식 시스템

쉬어가기 **캐글: 글로벌 AI 커뮤니티 플랫폼**

캐글(Kaggle, kaggle.com/)은 호주인인 앤서니 골드블룸이 2010년 만들었고, 2017년 구글에 인수된 이후 현재는 데이터 사이언스와 딥러닝을 주제로 모인 커뮤니티로 발전했다. 이 커뮤니티에서는 학계와 연구기관의 데이터 과학자, 기업 소속 소프트웨어 엔지니어 등이 제시된 특정 문제의 해법을 찾는 경쟁을 벌인다. 대부분의 문제는 지도 학습이며 답이 제공되는 학습 데이터(training)와 답이 제공되지 않는 테스트 데이터가 주어진다. 참가자들은 테스트 데이터를 분석하여 주어진 형식에 맞게 제출하며, 정답과 비교하는 평가식이 대회마다 공개된다. 쌓아놓은 데이터를 제대로 활용하지 못하는 글로벌 기업이나 공공기관들이 주로 상금을 걸고 과제(목표, 분석 데이터, 규칙, 기한 등을 명시)를 낸다.

2020년 7월 현재 캐글에 등록되어 있고 다운받을 수 있는 데이터 세트 숫자는 4만 6926개에 이른다. 그동안 다양한 기업들이 캐글에서 AI 기술을 얻었다. 구글은 AI의 이미지 인식 정확도를 높이는 기술을 찾았고, MS는 멀웨어를 감지하는 수준을 높였다. GE는 국제선 항공기의 도착 시간을 보다 정확히 예측하는 방법을 발굴했다. 또한 미국에서 의료 전문가들이 10년 넘게 찾던 방법을, 데이터 분석에 탁월한 헤지펀드 운용 전문가들이 3개월 만에 MRI만으로 심장병을 진단할 수 있는 알고리즘을 개발해 찾아내기도 했다.

국내에서도 2020년 중소벤처기업부가 최대 25억 원 연계 지원을 걸고 8개의 'AI 챔피언십' 과제를 공개했다(www.k-startup.go.kr). 이 대회에서 지금까지 공개되지 않았던 대기업과 벤처 등이 보유한 양질의 데이터가 최초로 공개되었으며, 스타트업들은 과제 해결을 위해 AI 기술력(알고리즘)뿐만 아니라 이를 활용한 제품·서비스화 방안까지 대기업에 역제안을 했다.

AI 챔피언십 과제 내용

분야	출제 기관	과제 내용	데이터 세트	우승팀
제조	LG 사이언스파크	부품 검사 단계에서 완제품 불량 여부를 예측하고, 원인을 설명하는 AI	주파수별 소음 진폭(Hz), 부품 표면 온도 등	알티엠
	한국타이어 앤 테크놀로지	외관상 보이지 않는 타이어의 내부 부적합 여부와 열 가지 결함 유형을 판별하는 AI	타이어 완제품의 엑스레이 이미지	딩브로
의료	고신대 복음병원	보행 이상의 패턴을 분석하고 낙상의 위험을 예측하는 AI	어지럼증 환자(780명), 일반인(1000명)의 보행 데이터	스파이더코어
영상	KDX 한국데이터거래소	영상 속 인물이 어떤 행동을 하고 있는지 분류하는 AI	인물의 행동이 적혀 있는 500시간 분량의 영상	바이올렛
소비·생활	네이버	사람의 음성을 보다 빠르고 정확하게 텍스트로 변환하는 AI	한국어 음성 데이터 및 해당 내용 텍스트	알고리마

분야	출제 기관	과제 내용	데이터 세트	우승팀
	비씨카드	소상공인 업종별 단골 고객을 정의하고 매출 등의 영향을 분석하는 AI	서울 내 비씨카드 사용 이력 등 소비 데이터	모플
	우아한 형제들	리뷰, 평점 등이 조작된 사례를 판별하는 AI	업소 정보, 주문 정보, 평점 등	프리딕션
	위메프	행동 데이터 분석을 통한 고객의 세부 등급화와, 고객 등급 변화 감지를 통한 맞춤 홍보 서비스 제공 AI	로그인·아웃 시간, 클릭 수, 구매 품목, 금액 등	델타엑스

제조 지능화 플랫폼 유즈케이스

제조 현장에서 각 장비별로 생산되는 제품의 불량 검출을 용이하게 하기 위해서 AI를 적용하고자 하나, 현실적으로 개발의 모든 단계를 관리할 수 있는 통합 플랫폼은 많지 않은 상황이다. AI 모델이 학습할 데이터에 정답을 태깅하는 라벨링 작업은 대부분 수작업으로 이루어지고 있으며 전체 개발 공수의 약 35%를 차지한다. 예를 들어 이미지 10만 장을 PC로 수작업 라벨링할 경우, 12년 경력의 품질 전문가 두 명이 25일이나 걸릴 정도로 오랜 시간 작업해야 한다. 또한 AI 학습을 적용할 딥러닝 모델을 선정할 방법론도 부재하다. 엑셀로 파라미터 값과 해당 성능을 관리하며 결정하기 때문에 모델을 신속하게 구축, 학습, 실행하는 데 너무 많은 시행착오와 비용이 소요된다.

이럴 때 딥러닝 개발 플랫폼을 활용하면 AI 적용을 위한 데이터 수집, 데이터 정제, 모델 개발, 모델 검증, 배포 단계에 레이블링 자동화, 최적 모델 추천, 학습 모델 분산처리 적용이 가능하다. 이를 통해 AI 모델 개발 공수의 80%를 차지하는 데이터 정제(레이블링 자동화), 모델 선정(최적 모델 추천), 모델 학습(학습 모델 분산처리) 단계를 자동화하여 개발 기간을 단축하고 인건비를 절감할 수 있다. 데이터 전처리는 데이터 분석 업무에서도 가장 많은 비중을 차지하고, 또 실제 데이터 사이언티스트들이 가장 많은 시간을 사용하는 영역이기도 하다. 실제 분석 과정에서 정제되지 않은 데이터가 원하지 않은 형태로 들어 있는 경우가 대다수이기 때문에 정제, 변환, 통합, 파생변수 생성 작업 등이 필요하다. 전처리는 라이브러리를 적용하기 위해 필요하며, 모델 성능 향상에도 큰 기여를 한다.

- 정제Cleaning: 결측치 처리, 이상치 처리
- 변환Transformation: 데이터 형태 변환(pivot, unpivot), 표준화
- 통합Integration: 데이터 결합(조인, 행 결합, 열 결합)
- 파생변수 생성: 목적에 맞는 파생변수 생성

① 레이블링 자동화

- 사람이 20% 데이터만 직접 레이블링해 주면 나머지 80% 데이터는 AI

그림 12-2 AI 플랫폼 파이프라인

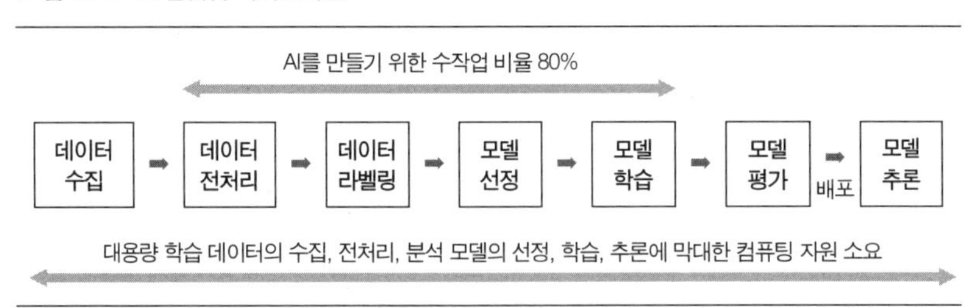

자료: 삼성SDS(2020).

가 자동으로 레이블링함

- 액티브 러닝Active Learning 기술로 레이블링 자동화 성능 향상
- 레이블링 시간 70~80% 절감(정확도 98%)

② 최적 모델 추천

- 비숙련 AI 개발자들이 딥러닝 모델을 선정하는 데 필요한 시간을 단축
- 최적 모델 탐색에 강화학습 알고리즘 적용
- 사전 학습된 모델을 활용해 최적 모델 선정 속도 최소 2~8배 향상

③ 학습 모델 분산처리

- 인메모리 기술 기반 데이터 고성능 분산처리 성능 향상(고성능 함수 200개)
- UI 기반 분산 노드 개수 지정만으로 분산학습 가능

각종 시스템에 분산되어 있는 정형/비정형 데이터 환경으로 인해 AI 개

그림 12-3 제조 지능화 플랫폼 사용자 시나리오

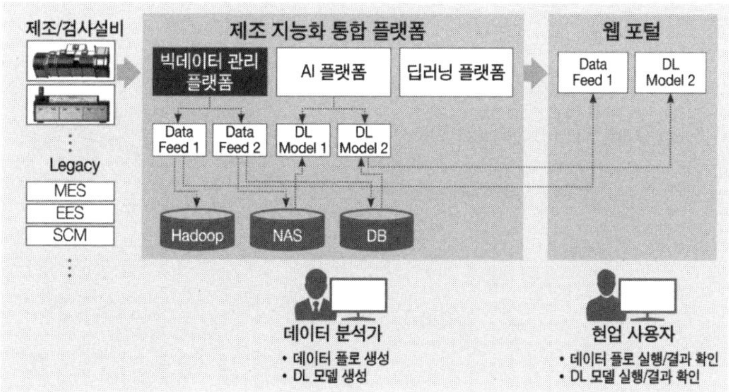

자료: 삼성SDS(2020).

발에 필요한 데이터를 확인하고 처리하는 데 어려움이 있다. 이럴 때 빅데이터 관리 플랫폼을 활용하면 다양한 형태의 정형/비정형 데이터를 수집, 정제, 변환, 저장하는 것이 가능해진다. 필요한 데이터를 손쉽게 조회, 확인, 실행하고, 데이터 리드타임 감소로 생산성/품질 향상의 효율화가 가능해진다.

AI 모델을 개발하고 나서도 모델 운영을 위한 자동화 기술이 필요하다. 데이터 사이언티스트가 개발 완료한 분석 모델은 시스템 개발자 도움 없이도 즉시 배포 활용이 가능해야 하며, 모델 운영 시 다이내믹 웹, 웹사이트 리뉴얼 등 화면 변경이 발생해도 자체 운영 환경 변화를 감지하고 AI 모델/봇을 자동으로 수정하는 기술이 필요하다.

13

산업자동화 검사와 딥러닝

제조 현장의 불량 검사와 품질관리는 보통 전문적인 검사자들이 수행해 왔다. 스마트폰 금속 케이스 절삭 과정 또는 운반 중에 발생하는 각종 스크래치나 찍힘, 자동차 외관 도장 공정에서 발생하는 각종 이물이나 크레이터링(홈 파임), 반도체 증착 공정에서 발생하는 각종 결함 등이 대표적인 유형에 해당한다. 이와 같이 제조 현장에서 발생하는 다양한 결함들은 제품 품질과 제조 수율에 많은 영향을 준다. 따라서 대부분 제조 공장에서는 해당 결함을 해결하기 위해 다수의 품질 작업자를 현장에 투입해 육안에 의존한 결함 판정 및 제거 작업을 수행한다. 사람이 직접 육안으로 검사를 수행할 경우 원하는 검사 결과를 얻을 수는 있지만, 검사자의 주관적인 기준이 개입되거나 검사자의 기분 및 컨디션에 따라 검사 품질의 일관성이 떨어질 수 있다. 또한 오랜 시간 동안 검사를 진행하다 보면, 집중력이 저하되어 검사의 정확도가 떨어지며, 육안 검사를 위한 인건비가 투입되어 검사 비용이 증가한다. 이러한 점을 개선하기 위해 제조 현장에서는 머신

그림 13-1 머신비전 시스템의 기본 구성요소

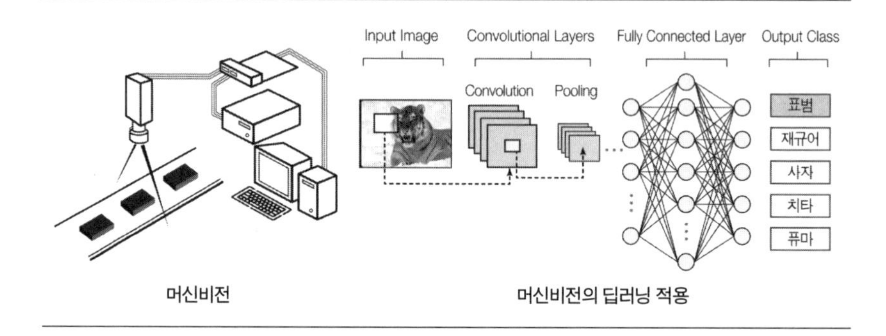

비전을 활용한 자동 결함 검출 시스템을 도입하고 있다.

머신비전 시스템

머신비전은 영상에서 정교한 패턴을 추출해 정밀제어, 불량 검사, 위치 정보·가이던스, 정밀계측, 사용자 식별 등을 하기 위한 기술을 말한다. 특히 다양한 제조 산업의 최종 제품을 검사하기 위해 사용되는데, 라인상에 장착된 카메라, 광학계, 조명 등의 하드웨어를 통해 제품의 이미지를 획득하고, 획득한 이미지를 분석하고 검사하기 위하여 소프트웨어를 통해 이미지 프로세싱을 수행한다. 예를 들어 스마트폰 생산과정에서 배터리, 카메라, PCB 모듈이 정확한 위치에 장착되었는지 마이크로 단위까지 정밀하게 판독한다. 그런데 비전 검사는 두 가지 단점이 있다. 작업환경이 바뀌고 검사 기준 수치들이 바뀔 때마다 모든 장비를 새롭게 세팅해야 하는 번거로움이 있으며, 다양한 불량 유형이나 정밀한 부분은 정확도가 떨어진다. 이

때문에 자동화 공장에서도 검사 영역은 대부분 사람이 직접 수행했다.

최근에는 이 같은 한계를 극복하기 위해 신경망 기반의 딥러닝을 적용함으로써, 기존의 영상처리나 컴퓨터 비전, 기계학습 기술로는 해결하기 어려워 수동 검사자의 개입이 필요했던 검사 분야가 전자동으로 검사가 가능해져 품질 향상 및 생산성 향상이 이루어지고 있다. KT는 코그넥스와 함께 2020년 '5G 스마트팩토리 비전'을 개발했다. 코그넥스는 세계 최초로 머신비전에 딥러닝 솔루션을 개발, 적용한 비디시스템(2012년 설립)을 인수하고 국내 인공지능 머신비전 스타트업인 수아랩을 전격 인수하기도 한 글로벌 1위의 산업용 머신비전 전문 기업이다. '5G 스마트팩토리 비전'은 공장에 설치된 카메라들을 통해 이미지를 수집하고 데이터를 분석해 불량 검사, 제품 식별, 치수 측정 등 기존에 사람이 육안으로 하던 검사 작업을 AI를 활용해 수행하는 서비스로, 5G 기반 실시간 영상 모니터링, 스마트팩토리 전용 클라우드 플랫폼, 딥러닝 비전 분석, 공정 상태 모바일 알림 등의 기능을 제공한다.

딥러닝 기반 자동 결함 검출

기존 알고리즘으로 프로그래밍하기에 너무 복잡하거나 시간과 비용이 많이 소모되는 제조 검사의 해결 방안으로 딥러닝 기술을 도입하는 기업들이 늘어나고 있다. 딥러닝 기술은 프로그래밍이 불가능했던 애플리케이션의 자동화를 가능하게 하고 검사 시간을 단축시켜 준다.

결함 분석Defect Analysis은 딥러닝 기술 기반 영상 분석을 활용해 자동차 등의 제조 공정에서 발생하는 결함을 자동으로 분석하는 기술이다. 결함 분석은 기업의 품질 혁신을 위하여 시각적인 인지를 통해 지능형 AI 기반 결함 검출 서비스 제공을 목표로 다음과 같은 기능을 제공한다.

- 결함 이미지의 자동 분류 기능
  딥러닝 기술을 활용하여 결함 이미지를 학습하고, 학습된 모델을 통해 신규 결함 이미지의 빠르고 정확한 자동 분류가 가능하다.
- 결함 형상 자동 추출 기능
  딥 피처Deep Feature를 추출할 때 전문 분석가의 수동 정의가 필요 없이 자동으로 추출이 가능하다.
- 이미지 쿼리를 활용한 자동 검색 기능
  같은 유형의 결함 검색 시 이미지 쿼리를 사용하여, 빠르고 정확한 자동 검색이 가능하다.

결함 분석은 직관적인 지도 학습 방식으로 초기 학습 모델을 구축한 후 단일 모델로서 다양한 데이터 학습 및 다수의 유형 분류가 가능하다. 또한 동일한 기준으로 데이터를 신속하게 자동 분류하므로, 분석자의 숙련도에 영향을 받지 않는다는 장점도 있다. 일정한 밸류Value를 제공해서 작업 속도 향상 및 분석 결과의 정확성, 일관성, 재현성을 보장하며, 딥러닝 기반으로 결함 이미지의 복합적인 특징 표현이 가능하다.

삼성SDS의 딥러닝 기반 자동 결함 검출 솔루션은 다음과 같은 특징이 있다.

① 동일 영역의 멀티 이미지 분류 학습

- 동일 영역에 대해 조명 변화 및 다양한 장치로 촬영한 이미지를 융합

표 13-1 기존 기술과 딥러닝 기반의 결함 분석 기술 비교

	기존 결함 분석	딥러닝 기반 결함 분석
결함 특징 정의	· 결함 형상 피처 추출 전문가 필요 전배경 추출, 변곡점 정의, 외곽선 정의 외 다수	· 효과적인 결함 형상 피처 자동 추출 ※ 전배경/외곽선/개별 피처 추출 불필요
결함 학습	· 단계별 학습 알고리즘 복잡도 증가 케이스별 별도 알고리즘 필요	· 단일 모델로 다양한 데이터 학습 가능 학습 모델 구축 후 다수 유형 분류 가능
시스템 운영	· 분석자의 숙련도에 따라 분류 성능 변동 큼 · 제품 변경 시 신규 개발 필요	· 성능 유지에 분석자의 숙련도 영향 적음 · 신규 공정 적용 시 기존 모델 재활용 가능

분석하여 결함 탐지율 약 3% 향상

- 제조라인 데이터를 별도 분리 및 필터링 작업 없이 그대로 학습과 추론에 사용 가능

② 분산 추론을 통한 불량 검출 가속화

- 고해상도 이미지에 존재하는 결함을 이미지 세분화를 통해 분산 추론하여 검출 시간 단축
- 딥러닝 학습을 통해 최적화된 분류기를 생성하여 결함 분류 및 검출의 일관성 및 재현성 유지

현재의 딥러닝 기술 중 RNN과 더불어 양대 산맥을 이루고 있는 CNN 알고리즘은 영상에서 고유한 특징을 추출하여 스스로 학습하는 방식이다. CNN이 주목받기 시작한 것은 2012년 제프리 힌턴 교수 팀의 알렉스넷AlexNet이 1000개의 범주를 분류하는 대회에서 압도적인 1위를 차지하면서부터다. 알렉스넷은 컴퓨터 비전 분야의 올림픽이라 할 수 있는 ILSVRCImageNet Large-Scale Visual Recognition Challenge에서 병렬처리와 심층학습법을 이용하여 84%라는 놀라운 정답률을 기록했다. 그리고 3년 뒤 2015년 대회에서도 알렉스넷을 기반으로 한 MS의 레스넷ResNet이 오류율 3.6%로 인간의 분류 오

그림 13-2 결함 분석

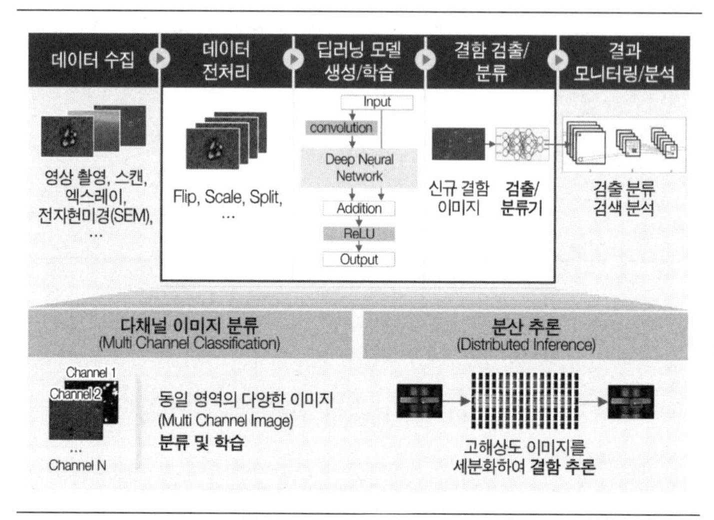

자료: 삼성SDS(2020).

차(5~10%)를 뛰어넘는 최초의 딥러닝 네트워크가 되었다. 그러나 한계도 여전히 존재한다. 제품의 양·불량 판단을 즉시 해야 하는 공정의 경우, 고속·대용량 전송이 가능한 유선통신과 내부 서버에 의존해야 한다. 최근 AI 기술의 발달로 불량 분석 알고리즘이 고도화되면서 분석 시간을 줄이기 위한 높은 컴퓨팅 자원이 필요해지고 있다. 또한 클라우드 컴퓨팅 지원, 5G의 초저지연 특성을 활용할 수 있는 5G-클라우드-머신비전 형태의 진화도 요구되고 있다.

14

AI 반도체

캐나다 토론토대학의 제프리 힌턴Geoffrey Hinton 교수가 제안한 딥러닝의 등장으로 인공지능의 정확도가 비약적으로 향상했다. 학습 데이터가 많을수록 인공지능의 정확도가 높아지는데, 인터넷의 보급과 함께 다양한 형태의 비정형 데이터를 과거보다 쉽게 수집하고 분석할 수 있는 빅데이터 처리 환경이 조성되었다. 부동소수점 계산에 탁월한 GPU 컴퓨팅과 분산 처리가 가능한 클라우드 컴퓨팅의 도움으로 고속 병렬처리가 가능해지면서 빅데이터 딥러닝 연산에 걸리는 시간과 비용이 대폭 감소되었다. 엔비디아 리서치는 12개의 GPU가 무려 2000개의 CPU에 맞먹는 딥러닝 성능을 발휘했다는 연구 결과를 발표하기도 했다. 인공지능AI 반도체는 CPU, GPU, 메모리 간 통신 및 연산 처리 과정을 통해 정보를 처리하는 기존 방식에서 벗어나, AI 응용 개발 및 기계학습에 최적화된 새로운 연산 처리 기술을 내장한 프로세서다. AI 프로세서 내부에 메모리 배치 등을 통해 입력 지연을 줄이고, 연산 속도 역시 획기적으로 향상시키는 등의 특징이 있다.

표 14-1 기존 반도체와 AI 반도체의 비교

구분	기존 반도체	인공지능 반도체
기술 특징	데이터를 프로그램대로 **순차적 처리**	인간의 뇌처럼 기억, 연산을 **대량으로 동시(병렬) 처리**
구조	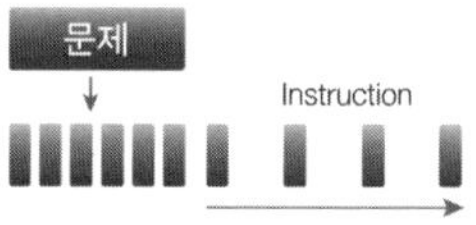 문제 Instruction 순차 선형 신호처리	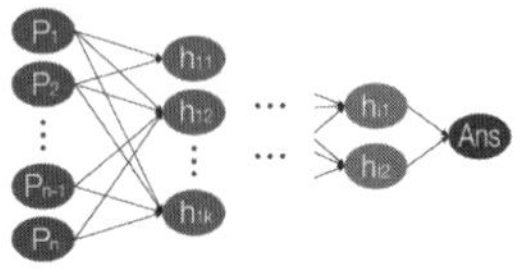 P_1 P_2 P_{n-1} P_n h_{11} h_{12} h_{1k} h_{l1} h_{l2} Ans 대규모 병렬 비선형 신호처리
반도체 블록도 (예시)	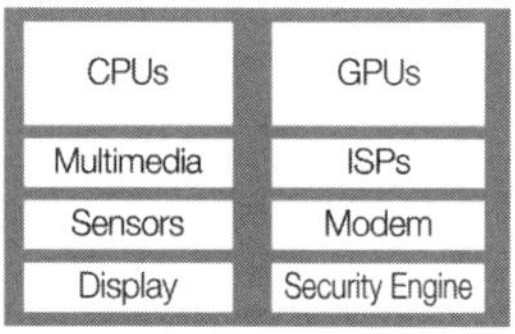 CPUs GPUs Multimedia ISPs Sensors Modem Display Security Engine 모바일용 기존 반도체	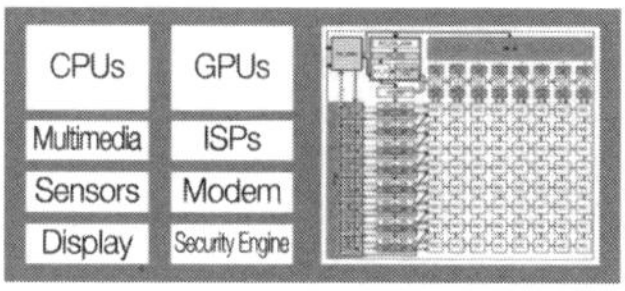 CPUs GPUs Multimedia ISPs Sensors Modem Display Security Engine 모바일용 인공지능 반도체

자료: 이준호(2020).

인공지능 기술이 급진전된 배경인 학습 데이터, SW 알고리즘, HW 컴퓨팅 파워 중에서도 현재 개선의 여지가 가장 많은 분야로는 하드웨어(반도체) 분야가 지목된다. 현재 인공지능의 학습Training과 추론Inference은 대부분 데이터센터에서 실행되는데, CPU보다는 효율적이지만 GPU도 많은 발열과 전력 소모로 인해 효율성 개선의 필요성이 제기되고 있다. 또한 데이터센터 서버(클라우드)와 연결 없이 엣지 디바이스 자체에서 인공지능 연산이 수행되는 경우가 점차 확대될 전망이다. 네트워크 지연이나 연결 단절 상황이 발생할 경우, 안전과 품질에 치명적인 피해가 발생할 것으로 예상되는 자율주행차, 드론, 수술 로봇, 공장 운영 시스템 등이 이에 해당한다. 에너지 효율 향상과 엣지 AI 컴퓨팅의 필요성이 인공지능 반도체 기술 혁신을 촉구하고 있는 것이다.

쉬어가기 CPU와 GPU의 비교

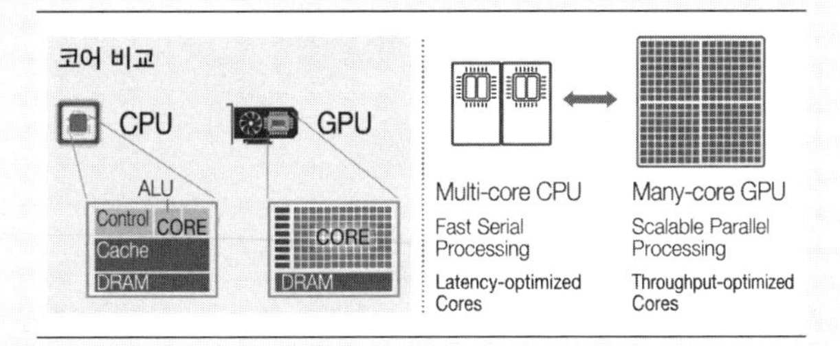

- CPU는 빠른 일련의 작업(Fast serial processing)을 목표로 하여 지연 시간에 최적화된 코어를 보유한 단일 또는 멀티 코어(Multi-core) 구조
- GPU는 매니코어(Many-core)의 형태로, 확장 병렬 프로세싱(Scalable parallel processing)을 목표로 하여 출력 값에 최적화된 코어로 구성

구분	모델명		코어 수 (개)	가격 (USD)	코어당 가격 (USD)
CPU	Intel Core-i9 9900k(3.6Ghz) (2018.10 출시)		8	549	68.6
GPU	nVidia Geforce RTX 2080 Ti (2018.9 출시)		4,352	1,199	0.275

자료: NVIDIA, Microsoft, Intel.

AI 반도체 분류

AI 반도체란 데이터센터의 서버나 엣지 디바이스에서 인공 신경망 알고리즘을 보다 효율적으로 계산하는 데 최적화된 반도체로 정의할 수 있다. 특히, 협의의 AI 반도체란 인공지능 연산 가속을 주목적으로 하는 반도체 중 시스템 제어나 인공지능 연산에 사용되는 CPU를 제외한 GPU[1]/FPGA[2]

그림 14-1 AI 반도체의 정의

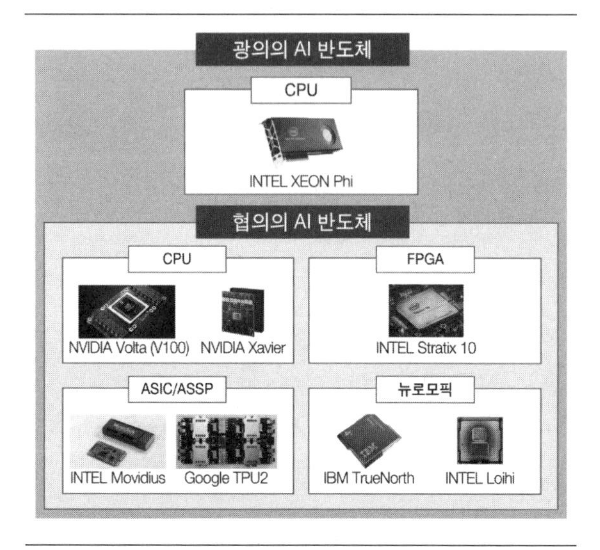

자료: 김용균(2018).

/ASIC[3]/ASSP[4]/뉴로모픽 반도체[5]를 의미한다. 애플 A11처럼 기존 반도체에 인공지능 연산 설계자산IP 블록을 추가한 일체형 반도체는 CPU가 아니라 ASIC/ASSP로 분류한다.

---

1 GPU(Graphics Processing Unit): 그래픽/영상 처리에 특화된 전용 연산기와 내부 구조를 가진 프로세서.

2 FPGA(Field Programmable Gate Array): 프로그래밍을 통해 사용자가 원하는 대로 회로를 구현할 수 있는 반도체.

3 ASIC(Application Specific Integrated Circuit): 특정 응용 분야나 기능을 위해 주문 제작되는 프로세서.

4 ASSP(Application Specific Standard Product): ASIC을 둘 이상의 여러 고객들이 사용하는 경우를 지칭.

5 뉴로모픽(Neuromorphic) 반도체: 폰노이만 구조에서 탈피하여 인간의 뇌를 모방한, 새로운 원리에 기초한 프로세서.

그림 14-2 AI 반도체 시장 분류

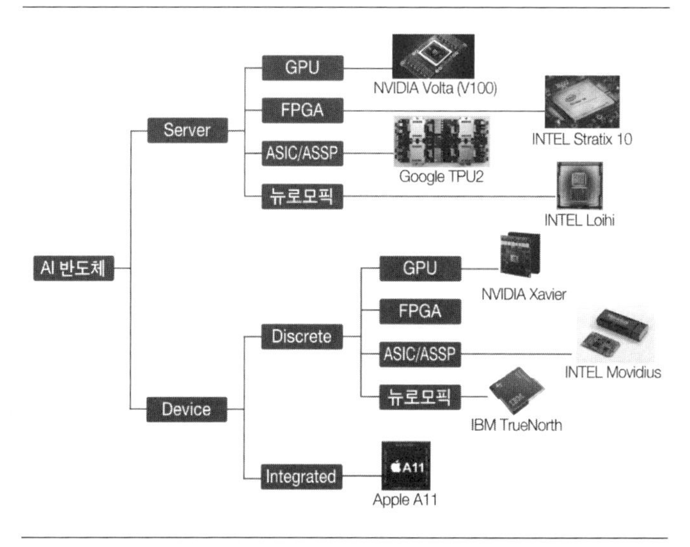

자료: 김용균(2018).

AI 반도체 시장은 사용 환경, 반도체 유형, 사용 목적에 따라 세분화가 가능하다. 먼저 AI 반도체는 사용되는 환경에 따라, 데이터센터 서버에 장착되는 '데이터센터 서버용'과 엔드포인트에 장착되는 '엣지 디바이스용'으로 구분된다. 그리고 반도체 유형(설계, 패키지)에 따라, 설계 방식에 의한 'GPU', 'FPGA', 'ASIC/ASSP', '뉴로모픽' 등 네 가지로, 패키징 방식에 의한, 기존 반도체에 인공지능 연산 코어가 함께 내장되는 '일체형Integrated'과 AI 전용 반도체 형태인 '단독형Discrete'으로 구분할 수 있다. 현재까지는 스마트폰에 탑재되는 AP를 제외한 나머지 AI 반도체는 모두 단독형으로 분류할 수 있다. 마지막으로 사용 목적에 따라서도 인공지능 학습용과 추론용으로 구분이 가능하다.

세대별로 AI 반도체는 세 가지 유형으로 분류할 수 있는데, AI 반도체마

그림 14-3 AI 반도체 진화 단계와 유형

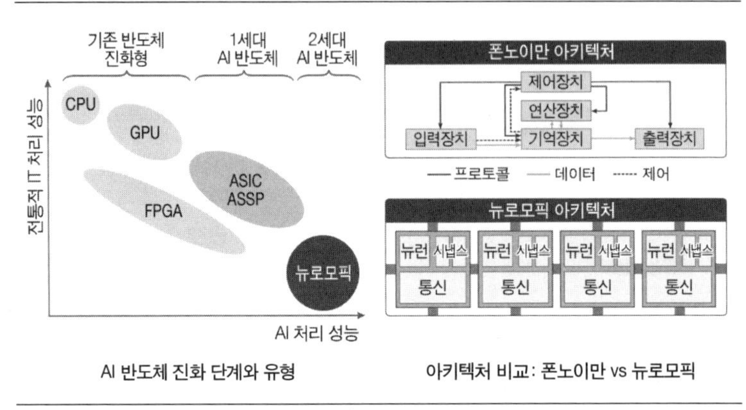

자료: 김용균(2018).

다 장단점이 존재하고 AI 반도체가 적용되는 분야 특성에 따라 선호도가 달라, 단지 인공지능 연산 성능이나 진화 단계가 높다고 하여 시장에서 경쟁력이 높은 것은 아니다.

CPU, GPU, FPGA 등은 기존 반도체 진화형으로, 인텔, 엔비디아, 자일링스 등의 업체가 대표적이고, 상대적으로 가격이 싸고 유연성은 높으나, 연산 성능과 소비전력 효율이 낮은 단점이 있다. 1세대 AI 반도체는 연산 고속화를 위해 반도체 구성을 최적화시킨 ASIC/ASSP가 해당되며, 구글, 인텔(모빌아이, 모비디우스) 등의 업체가 대표적이다. 기존 반도체 진화형의 반대 경우로, 연산 성능과 소비전력 효율은 높지만, 가격이 비싸고 유연성이 낮아 디자인된 알고리즘으로만 사용할 수밖에 없다. 2세대 AI 반도체는 인간의 뇌를 모방한 비非폰노이만 방식의 뉴로모픽 반도체가 현재까지는 가장 진보된 형태의 AI 반도체로 평가받는다. 인공 신경망 연산 성능과 소비전력 효율은 AI 반도체 가운데 가장 뛰어나지만, 아직은 기술 성숙도가 낮고 폰노이만 구조를 사용하지 않기 때문에 범용성이 낮은 것이 단점이다. IBM TrueNorth의 경우, 초당 46억 회 실행되는 시냅스의 동작을 70~200mW의 보청기 수준의 소비전력으로 수행한다.

유연성은 CPU가 가장 뛰어나며 그다음이 GPU, 스트라틱스 등 프로그래밍 가능형 반도체FPGA를 이용한 소프트 딥러닝 칩, NNNP 등의 하드 딥러닝 칩, 그리고 주문형 반도체ASIC 순서다. 반대로 특정 문제에 대한 성능은 ASIC이 가장 뛰어나며 CPU가 가장 떨어진다.

인텔은 CPU 시장의 독보적인 강자이며, 모바일 기기에 탑재되는 AP도 CPU를 담은 통합칩SoC이다. 하지만 CPU가 딥러닝에는 적합하지 않다는 지적이 나오면서 인텔도 변화했다. 딥러닝처럼 동일한 형태의 계산이 반복되는 경우, 여러 형태의 계산을 두루 잘할 수 있는 CPU와, 특정한 계산만 잘하는 보조연산장치를 함께 쓰는 것이 효율적이다. 개발 난이도가 CPU보다 확연히 높은 GPU는 3차원 그래픽을 처리하는 용도로 엔비디아가 중심에 서 있다. 테슬라에 자율주행을 위한 GPU를 공급하고 있으며, 더 빠른 연산을 위해 볼타라는 기술을 추가로 탑재했다. 최근 ARM 아키텍처를 지원키로 하면서 인텔 CPU 표준인 x86 아키텍처를 사용하지 않아도 엔비디아 GPU를 사용할 수 있게 만들었다. NPUNeural Processing Unit는 인간 뇌 신경망 구조를 재현한 반도체로, 딥러닝을 위해 병렬 연산에 최적화되었으며, 저전력이라는 특징 덕분에 모바일에서 유용하게 쓰일 전망이다. NPU가 발전을 거듭하다 보면 궁극적으로는 인간의 뇌와 비슷해지는 뉴로모픽 프로세서Neuromorphic Processor에까지 발전될 것으로 예상하고 있다. 향후 NPU는 스마트폰에만 적용되는 것이 아니라 자율주행차를 포함해 MR(혼합현실), 엣지 컴퓨팅 등에도 활용될 것으로 전망된다. 국내에서도 AI 반도체 기술력 확보를 위해 2020년 예타사업에 착수했다. 과기정통부에서는 향후

10년간 2475억 원을 투입해 서버·모바일·엣지·공통 분야에서 높은 연산 성능과 전력 효율을 갖는 다양한 AI 반도체NPU 10개 상용화를 목표로 개발하고, 초고속 인터페이스, 소프트웨어까지 통합적인 개발로 AI 반도체 플랫폼 기술을 확보할 계획이다. 다양한 형태의 칩이 존재하는 이유는 해결해야 하는 문제의 성격과 필요한 유연성에 따라 적합한 칩이 다르기 때문이다.

AI 반도체 시장 특징

AI 반도체 시장은 전통적인 반도체 시장과 비교해 몇 가지 특징을 보이는데, 첫째, CPU형을 제외한 GPU/FPGA/ASIC/ASSP/뉴로모픽 등의 AI 반도체는 기존 반도체를 대체하기보다는 새로운 시장을 창출해 전체 반도체 시장 규모를 확대한다. AI 반도체는 인공 신경망 연산만 수행할 뿐, OS를 구동하고 제어하는 CPU가 별도로 필요하다. 둘째, 데이터센터 서버용은 인공지능 학습-추론 용도에 모두 사용할 수 있으나, 엣지 디바이스용은 기술 한계로 인해 학습 용도로는 제한적이며 추론 용도로 사용하는 것이 일반적이다. GPU나 FPGA는 비쌀 뿐만 아니라 소형 기기에서 사용하기에는 소비전력 문제로 운용에 무리가 있다. 셋째, 반도체 업체뿐만 아니라 IT·자동차·CCTV 업체들도 AI 반도체 개발에 나서고 있다는 점이 기존 반도체 시장과 다르며, AI 반도체와 더불어 전용 하드웨어(가속기 보드나 고성능 컴퓨터)를 함께 개발하는 업체가 많다. AI 반도체를 자체 개발하고 있는 구글, 아마존, 테슬라 등은 반도체 사업과 관련이 없는 업체이며, 엔비디아는 GPU와 더불어 고성능 서버 'DGX-1', 자율주행차용 컴퓨터 '드라이브 PX'

표 14-2 미 주요 대기업의 지능형 반도체 개발현황

업체명		데이터센터 서버용				엣지 디바이스용				
		GPU	FPGA	ASIC	뉴로모픽	일체형	단독형			
							GPU	FPGA	ASIC	뉴로모픽
반도체	intel		○	△	△				◉	
	NVIDIA	◉					◉			
	AMD	○								
	XILINX		◉							
	QUALCOMM					○				
IT	Google			◉					○	
	Microsoft								○	
	Amazon								△	
	IBM									◉
	Apple					◉				
	Hewlett Packard				△					
기타	TESLA								△	

◉: 선도자, ○: 시장 추격자, △: 제품 개발 중.
자료: 과학기술정보통신부(2018: 6).

를 개발하고 있다. 넷째, AI 반도체는 하드웨어(인공지능 연산기)와 소프트웨어(미리 학습된 인공지능 알고리즘)가 결합된 융합 제품으로, 특히 추론용의 경우 미리 학습된 알고리즘의 품질이 경쟁력을 좌우한다. 현재 GPU가 AI 반도체 중 상용화에서 가장 앞서 있으며 가트너의 하이프 사이클Hype Cycle을 통해 AI 반도체 기술의 시장 성숙도를 살펴본 결과, GPU > FPGA > ASIC/ASSP > 뉴로모픽 순서로 상용화가 진행 중이다.

최근 AI 반도체 시장에서 두드러진 점은 다양한 신규 사업자들이 수요에 최적화된 전용 칩 개발에 참여하고 있다는 점이다. 특히 대규모 데이터센터를 운영하는 클라우드 사업자는 서버 관리의 효율성 측면에서 자사의 목적에 맞는 고도화된 AI 분석을 위해 기존 엔비디아의 GPU 칩을 활용하

던 것에서 자체 연구개발을 확대해 나가고 있다. 구글은 이미 자사의 텐서플로에 최적화된 칩 세트인 TPUTensor Flow Processing Unit를 사용하고 있으며, 아마존은 'AWS 인퍼런시아AWS Inferentia'를 공개한 바 있다. 단말업체인 애플은 A13 바이오닉을 통해 증강현실, 페이스 AI, 카메라 구동을 지원하는 자체 칩 설계 역량을 강화하고 있으며, 중국은 바이두 및 알리바바에 이어 화웨이도 2019년 '기린 990'을 통해 AI 기능이 강화된 자체 설계 칩을 발표한 바 있다.

아마존, 테슬라 등 비반도체 기업들이 AI 반도체 자체 개발에 나서고 있는 이유는, 직접 개발한 AI 반도체를 사용하여 엣지 디바이스에서 사용자 경험을 최적화시킴으로써, 자사의 제품/서비스 경쟁력을 강화하려는 것이다. 현재는 스마트폰에 도입이 시작되고 있지만, 조만간 AI 반도체는 AI 스피커를 비롯한 스마트 가전, 자율주행차, 지능형 CCTV, 지능형 로봇 등으로 도입이 빠르게 확산될 것이며, 우수한 인공지능 알고리즘을 가진 제품이 시장에서 선택받는 시대가 곧 도래할 것이다. 이제 단순히 기능이 우수한 하드웨어를 판매하던 시대는 저물고 얼마나 똑똑한 하드웨어를 만드느냐에 따라 제품 경쟁력이 판가름 날 것이며, 지능을 내재화하지 않고 아마존, 구글 등 외부에 계속 의존한다면 제품 차별화와 경쟁력 향상은 요원해질 것이다.

양자컴퓨터

양자컴퓨터Quantum Computing는 중첩Superposition, 얽힘Entanglement 등 양자의 고유한 물리학적 특성을 이용하여, 다수의 정보를 동시 처리할 수 있는

표 14-3 고전 컴퓨터(슈퍼컴퓨터)와 양자컴퓨터 비교

슈퍼컴퓨터(비트 기반 디지털 기술)	양자컴퓨터(양자 기술)
· (계산 능력 한계) **슈퍼컴퓨터는 현대 암호 체계 분석 불가** - 순서대로 반복적 계산 : 3비트 고전 컴퓨터의 경우, 8회 - 암호 해독(612자리 정수) : 100만 년 - 세계 1위 슈퍼컴퓨터의 전력 소모량 : 15MW(세종시의 0.5배)	· (동시 계산 처리) **초고속 대용량 연산을 통한 신속한 계산 가능** - 양자 특성을 이용해 동시에 계산 : 3큐비트 양자컴퓨터의 경우, 1회 - 암호 해독(612자리 정수) : 수 분 이내 - D-Wave 양자컴퓨터의 전력 소모량 : 0.025MW(슈퍼컴퓨터의 1/600배)

자료: 정지형 외(2019).

새로운 개념의 컴퓨터다. 1981년 IBM과 MIT가 개최한 제1회 컴퓨터 물리학 콘퍼런스 기조연설에서 리처드 파인먼이 양자 현상을 이용한 컴퓨팅이라는 개념을 처음으로 제시했다.

현재 널리 사용되고 있는 PC, 슈퍼컴퓨터 등의 비트bit 기반 고전 컴퓨터는 반도체 칩의 미세 회로에서 발생하는 누설 전류로 인한 성능 한계에 직면해 있다.

TSMC와 삼성전자는 이미 5나노 공정 양산을 하고 있지만, 컴퓨터에 사용되는 반도체 칩 공정은 일반적으로 14나노다. 반도체 칩 내 회로가 10nm(나노미터) 수준까지 축소되면 회로에 흐르는 전자들이 도선에서 새어나가는 현상이 발생한다. 현재의 반도체 기술로는 이러한 미세 회로 내 양자터널 효과를 제어하기 불가능하기에 향후 고전 컴퓨터 연산장치 고도화가 어려울 것으로 예상되며 이 문제를 해결하기 위해 필요한 기술 개념이 양자컴퓨터다.

또한 양자컴퓨터는 슈퍼컴퓨터의 거대화와 막대한 전력 소모의 한계를 극복 가능하게 하는 대안이다. 현재 세계에서 가장 빠른 컴퓨터인 중국의 톈허 2호Tianhe-2 슈퍼컴퓨터는 축구장 절반 정도의 크기에 한 개 도시의 소

비전력과 맞먹는 24MW의 전력을 소비한다(발전소 1개 분량). 고전 컴퓨터는 한 번에 하나의 숫자에 대한 계산을 수행하기에 속도 향상에 제약이 존재하나, 양자컴퓨터는 중첩 특성을 이용해 대량·고속의 정보처리가 가능하다.

양자컴퓨터는 양자적 정보 단위인 양자비트 또는 큐비트qubit를 정보처리의 기본단위로 하는 양자병렬처리를 통해 정보처리 및 연산 속도가 지수함수적으로 증가하여 빠른 속도로 문제 해결이 가능하다. N비트짜리 양자컴퓨터는 2^N으로 병렬처리가 가능하여 32비트 양자컴퓨터는 약 43억(2^{32}) 개 CPU를 가진 고전 컴퓨터처럼 병렬처리가 가능하다. 구글에서는 양자컴퓨터로 기존 컴퓨터를 능가하는 연산 성능을 보이는 이른바 '양자우월성'[6]을 세계 최초로 실험을 통해 증명했다는 논문을 발표했다(2019년 10월). 난수를 만드는 계산 문제로 검증한 결과, 세계에서 가장 빠른 슈퍼컴퓨터는 1만 년이 걸리는 반면에 '시커모어Sycamore'[7]라는 53비트 양자컴퓨터는 200초가 걸렸다. 현재 공인인증서 등에 널리 활용되는 공개키 암호 체계 RSA의 안정성은 고전 컴퓨터가 큰 수를 소인수분해하기 어렵다는 점에 의존하는데, 압도적인 소인수분해 능력을 가진 양자컴퓨터가 실용화된다면 RSA 암호 체계가 붕괴될 것으로 예상된다.

양자컴퓨터는 최적 경로 탐색, 소인수분해, 대량 데이터 탐색 등 복잡한 계산과 대량 데이터 처리에 강점이 있어 금융, 화학, 제약 등 다양한 산업

---

6 양자컴퓨터가 기존의 가장 강력한 슈퍼컴퓨터보다 성능이 우수하다는 것을 증명하는 것으로, 전문가들은 양자컴퓨터가 고전 컴퓨터를 앞서는 기준으로 50큐비트 이상을 제시하고 있다.

7 시커모어('플라타너스'라는 뜻): 53개의 큐비트(양자비트, 양자 정보 최소 단위)를 열십자(+) 모양으로 연결해 구현한 최신 양자컴퓨터 칩.

분야에 혁신을 가져올 것으로 기대된다. 주요국과 구글, IBM, 인텔 등 거대 ICT 기업이 경쟁적으로 양자컴퓨터를 개발 중이지만, 양자컴퓨터의 실제 구현은 큐비트의 중첩 및 얽힘 제어, 오류 정정 등 양자역학적 난제로 인해 쉽지 않은 상황이다. 최근 발표되는 50큐비트, 70큐비트급 양자컴퓨터들은 큐비트를 물리적으로 만들어 나열은 했지만, 실제 활용 가능한 계산장치를 구현했다고 보기는 어려워 상용화는 요원한 상황이다. 그러나 인공지능 등을 위한 데이터 계산량이 급증하면서 고전 컴퓨터 대비 월등한 연산 속도를 가진 양자컴퓨터를 활용하려는 시도는 증가하고 있다.

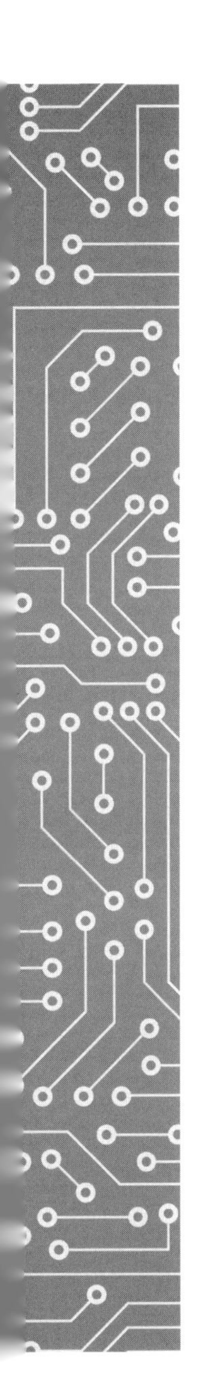

제4부

핵심 기술(Key Technologies), 연결과 보안

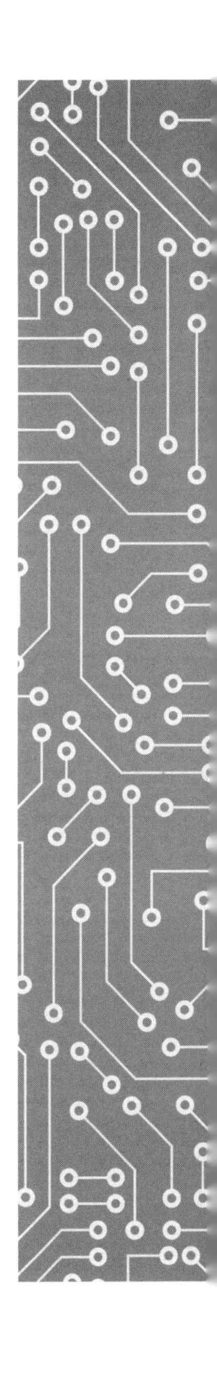

15

5G, 4차 산업혁명의 촉진자

5G는 '이동통신 환경'과 'IoT 통신 환경'을 동시에 구현할 수 있는 기술 방식이다. 데이터 송수신 용량과 속도 관점에서 유·무선 간에 차이가 없을 정도로 빨라졌고, 저전력과 많은 기기들이 접속하는 환경에서도 서비스의 안정성을 보장한다. 좀 더 구체적으로 5G의 기술적 특징은, 최대 20Gbps 및 일상적으로 100Mbps 속도가 가능한 '고속'과, 기존보다 1만 배 이상 더 많은 트래픽을 수용하는 '대용량', 1km^{2}당 100만 개의 기기가 가능한 '고밀적도', 배터리 하나로 10년간 구동 가능한 '고에너지 효율', 1ms(1/1000초) 이하의 '저지연', 이동 간 제로 중단을 실현하는 '높은 안정성' 등 여섯 단어로 정의할 수 있다.

5G는 하나의 망으로 향상된 모바일 광대역eMBB[1], 대규모 기계식 통신

---

1 eMBB(enhanced Mobile BroadBand): '고속'과 '대용량', Broadband, 4K/8K UHD, 홀로그램, AR/VR 등을 구현하는 데 활용될 것이며, 관련 기술로는 대용량 데이터 송수신, 비디오 캐싱 및 압축 기술 등이 있다.

표 15-1 5G의 기존 기술 대비 차이점

특징		4G(LTE)		5G(IMT-2020)	기대 효과
초고속	최고 속도	1Gbps	×20 →	20Gbps	더 큰 데이터를, 보다 빠르게 전송해 초고화질 영상, VR·AR와 같은 대용량 데이터 기반 콘텐츠 이용 활성화
	체감 속도	10Mbps	×10 →	100Mbps	
초저지연	지연 속도	10ms	×10 →	1ms(초저지연 우선) 4ms(속도 우선)	즉각적 응답과 반응이 필요한 원격의료, 자율주행차 등에 이용되어 지연이 없는 실시간 서비스 구현
	이동 속도	350km/h	×1.5 →	500km/h	
초연결	접속 밀도	$1km^2$당 10만 대	×10 →	$1km^2$당 100만 대	인터넷에 연결될 수 있는 단말과 센서의 수를 크게 증가시켜 만물인터넷, 대규모 IoT(사물인터넷) 환경을 구현하고 스마트홈, 스마트시티 기반 기술로도 이용
	에너지 효율	저효율	×100 →	고효율(4G 대비 100배)	

mMTC[2], 신뢰할 수 있는 짧은 대기시간 통신uRLLC[3]을 동시에 구현하는 원 커넥티비티One Connectivity다. 이는 하나의 이동통신 기술을 논리적으로 나눠 사용하는 네트워크 슬라이싱Network Slicing 기술을 적용한다. 5G 환경 속에서는 네트워크 슬라이싱 기술로 인해 이동통신, IoT를 동시에 하나의 기술과 망으로 흡수할 수 있다. 이 기능을 통해 동일 네트워크에서 각각의 서비스들이 독립적인 네트워크를 할당받아 다른 서비스의 영향을 받지 않으면서도 품질을 보장할 수 있다. 이 때문에 브로드밴드 서비스, 다기기 접속형 IoT, 극안정화 IoT가 가능하다. 5G는 데이터 전송량이 큰 고주파 대역을 사용함으로써 더 많은 데이터를 더 빠르게 전송할 수 있다. 4GLTE와 비교해 이론상 최고 속도는 20배, 체감 속도는 10배 더 빠른 기술 스펙을 목표로 하고 있어 유·무선 차이 없이 실감형 콘텐츠의 구현(4K, AR/VR)이 가능

2 mMTC(massive Machine Type Communication): '고밀집'과 '고에너지 효율', Massive IoT, 검침, 농업, 빌딩, 물류 등에 적용되는 센서 네트워크.

3 uRLLC(ultra Reliable and Low Latency Communication): '낮은 지연 시간'과 '고안정성', 극안정형 IoT, 자율주행차, 공장자동화, 원격의료 등.

해진다.

또한 1ms의 초저지연 수준을 구현하는데, 이는 평균 100ms를 상회했던 3G보다는 100배 더 낮은 수치이며, 네트워크 상태에 따라 차이가 있지만 10~50ms 수준인 4G보다는 10배 이상 개선된 성능이다.

이와 함께 4G 대비 10배 증가한 1km²당 100만 대 이상 대규모 단말의 동시 접속이 가능하여 진짜 IoT 이용 환경이 구현된다. 과거 IoT 전용망들은 저렴하게 많은 기기를 접속할 수 있는 다기기 접속형 IoTMassive IoT에 집중한 반면, 5G는 자율주행차 및 공장자동화에서 사용될 수 있는 극안정형 IoTMission Critical IoT도 가능하게 하는 등 기존 IoT 전용망이 포함하지 못한 새로운 IoT 영역까지 서비스를 가능하게 해줄 것으로 보인다.

5G 구현에 요구되는 기술요소

5G 구현에 필요한 기술들은 크게 주파수, 기지국, Massive-MIMO, 네트워크 슬라이싱으로 나눠볼 수 있다.

5G는 4G 대비 고주파를 이용한다. 고주파 대역은 데이터 전송 용량이 커지는 대신, 전파의 도달 거리가 줄어들며 회절성이 약해 장애물을 피해가기 쉽지 않다. 반면에 4G에서 사용되는 저주파는 성능이 낮지만 커버리지가 높다. 이에 따라 5G는 4G보다 더욱 촘촘한 기지국 배치가 필요하다. Massive-MIMO는 안테나 여러 개를 2~3차원으로 배치하여 전송 용량/속도와 주파수/에너지 활용 효율을 높이는 기술이다. 또한 많은 수의 안테나에서 발사되는 신호를 정밀하게 제어해 특정 단말 위치로 안테나의 빔을 지향하는 빔포밍Beamforming 기술을 사용하여, 에너지 손실을 줄이고 전송

그림 15-1 5G 요소기술

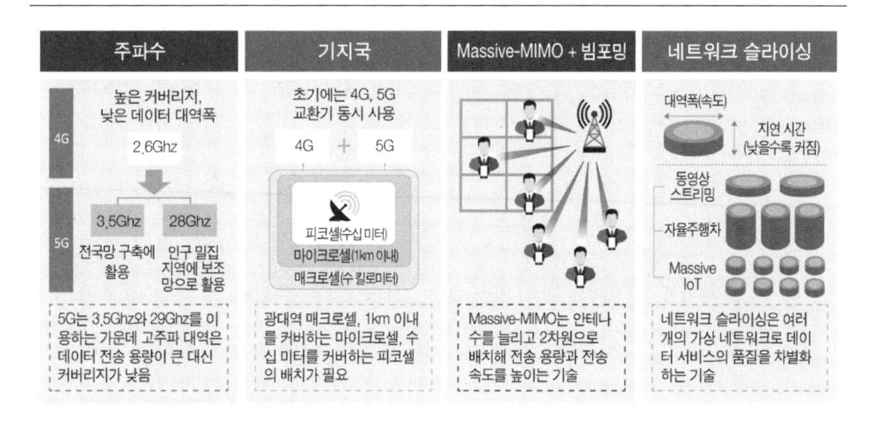

자료: 삼정KPMG 경제연구원(2019).

거리를 확장한다.

네트워크 슬라이싱은 여러 개의 가상 네트워크로 데이터 서비스의 품질을 차별화하는 기술이다. 4G에서는 음성과 데이터의 서비스를 구분해서 음성에 대해서만 별도의 QoSQuality of Service(품질 보장)를 제공했고, 데이터 서비스 내에서는 모든 서비스들이 하나의 자원을 공유하여 개별 서비스 간 QoS를 보장할 수 없었다. 5G에서는 기존 방식과 달리, 전송 속도, 지연 시간, 연결 안정성 등 서비스별로 상이한 요구사항을 다른 서비스로 인한 간섭 없이 보장한다. 네트워크 슬라이싱 기술을 활용할 경우, 한정된 네트워크 자원을 서비스 목적에 맞춰 커스터마이징하여 사용함으로써 효율성과 성능을 극대화할 수 있다.

5G와 4차 산업혁명

스마트팩토리는 기존의 운영기술OT에 정보기술IT을 결합한 지능화된 공장을 의미하며, 이에 대한 궁극적인 지향점은 실제 공장과 실시간으로 연동된 가상의 공장, 즉 디지털 트윈Digital Twin을 만드는 것으로 볼 수 있다. 공장의 물리적 시설을 가상으로 투영시켜, 현실에서 발생할 수 있는 상황을 가상에서도 확인할 수 있게끔 하는 기술이다. 현실과 가상이 병존하면서 실시간으로 데이터를 주고받고 지속적으로 상태를 동기화하기 위해서

표 15-2 5G의 3대 특성과 응용 분야

3대 특성	5대 핵심 기술	내용	서비스
초저지연	원격제어 (Remote Control)	5G의 초저지연 특성을 이용하여 자율주행차, 원격 의료로봇 등 미션 크리티컬 서비스에 적용	(재난) 드론 원격제어를 통한 재난 감시 (교통) 원격에서 차량 제어 (건설) 위험 지역 중장비 원격제어 (의료) 원격 수술
	상황 인지 및 진단 기술 (Decision Making)	대용량 데이터를 클라우드로 신속히 전송하여, 현 상황을 분석하고 결과 값을 피드백하는 시스템 구현	(제도) 불량품 판단 등 머신비전 (치안) CCTV 활용 이상 감지 (건설) 3차원 카메라를 통한 스마트 측량
초고속	대량 연결 (Massive Connection)	5G의 초연결 특성을 이용하여 단위 지역 내에 많은 양의 센서 등 단말기를 설치하여 빅데이터 수집	스마트시티 활용 → 전력, 가스, 수도 등 에너지 미터 대량 연결 → 단위 지역 내 자율차 등 IoT 급증 예상
	고정형 무선 접속 (Fixed Wireless Access)	시골 지역, 근해 등 유선 인프라 구축이 어려운 지역에 고정형 무선 접속 기술을 활용하여 유선 인터넷 속도 수준의 서비스 제공	(오지) 시골 지역 초고속 인터넷 서비스 지원 (근해) 5G를 활용한 접안 및 편의 서비스
초연결	초실감·몰입 기술 (Immersive Tech) ※ VR/AR, 홀로그램 등	원거리의 공간 환경을 유사하게 구현하는 등 거리에 따른 제약을 줄여 학습 효과 및 이해도 향상	(개인) 초고화질, 360도 실감형 콘텐츠 (제조) 원격 유지보수 지원 등 (문화) VR·AR를 활용한 가상 여행

자료: 신동형(2019).

는 5G 통신기술이 필수적이다. 5G의 상용화와 제조 영역에서의 디지털 전환은 공장의 자동화를 넘어 지능화로 이어질 수 있도록 하는 기반이 될 것이다. 스마트팩토리는 기존 공정에 새로운 설비와 로봇장비를 도입해 자동화를 이루는 것을 넘어, 전체 가치사슬을 유기적으로 연결하고 통합하는 방향으로 발전하고 있다. 공장 내 로봇이나 기계마다 부착된 센서를 통해 수집된 데이터뿐만 아니라 자원의 배분과 운송, 물류와 재고, 소비자의 실시간 반응까지 분석·처리되고 이에 대한 피드백이 제품 설계와 생산 단계에까지 내려와야 진정한 의미에서의 스마트팩토리로 볼 수 있다. 전 가치사슬을 연결하고 이를 기반으로 의사결정을 지원하기 위해서는 제조실행시스템MES을 포함한 PLM, SCM, CRM, ERP 등 모든 시스템의 데이터를, 분석 엔진이 탑재된 클라우드 플랫폼에 담아야 한다. 또한 생산 현장인 엣지 단에서 즉각적으로 설비를 제어하기 위해서는 5G 기반의 높은 통신 신뢰도와 초저지연의 데이터 전송이 필요하다. 사일로Silo로 이루어진 경영 환경을 통합하고 전체 가치사슬을 연결한 5G 기반의 디지털 트윈은 제조 혁신을 이룰 수 있는 돌파구가 될 것이다.

16

클라우드로 연결하다

최근 몇 년 동안 MSA, 클라우드 컴퓨팅 그리고 컨테이너라이제이션 등과 같은 기술 트렌드가 전 세계적으로 빠르게 확산되고 있는데, 클라우드 네이티브 컴퓨팅Cloud Native Computing은 MSA, 컨테이너 기반 가상화, 동적관리 기술이 유기적으로 연계되는 클라우드 기반의 애플리케이션 빌드/실행 방식을 말한다. 리눅스 재단에서는 CNCFCloud Native Computing Foundation라는 조직까지 출범했는데 CNCF에서는 '클라우드 네이티브'를 '컨테이너화되는 오픈소스 소프트웨어 스택을 사용하는 것'이라 정의하고 있다. 여기서 애플리케이션의 각 부분은 자체 컨테이너에 패키징되고 동적 오케스트레이션을 통해 각 부분이 적극적으로 스케줄링 및 관리되어 리소스 사용률을 최적화하며, 마이크로서비스 지향성을 통해 애플리케이션의 전체적인 민첩성과 유지 관리 편리성을 높인다.

글로벌 기업들은 2010년부터 클라우드 전환 전략을 수립하고 현재는 자사의 개발/구축 경험을 활용하여 제품과 서비스의 사업화까지 진행하고 있다. 순수 제조기업들도 IT기업의 새로운 개발 방법론 및 개발 문화를 적극 받아들여 소프트웨어 경쟁력을 확보하고 있다. 인텔은 이미 2016년에 자사 보유 15만 대 서버의 90%를 가상화 완료하여 TCO의 29%를 절감했다. 클라우드 전환 대상도 사무용이나 MIS성 시스템에서 점차 생산시스템으로 확대되고 있는 중이다. 글로벌 반도체 회사들(TSMC, 도시바, 글로벌 파운드리, 르네사스)의 MES를 지원하고 있는 IBM도 사업 환경 변화(신규 국가 진출, 신규 라인 건설, 라인 변경, M&A 등)에 대응하기 위해 2022년까지 SaaS 버전의 클라우드 MES를 준비하고 있다.

클라우드 서비스 분류

하이테크 산업에서 미션 크리티컬Mission-critical한 MES/ERP의 클라우드 전환 계획은 눈여겨볼 만한 일이다. 이제 클라우드 컴퓨팅이 제공하는 IT 인프라 운영의 편리성과 효율성을 기업 비즈니스 프로세스에 접목시키는 것은 피할 수 없는 선택이다. 즉, 기업의 입장에서는 온프레미스On-Premise 기반의 비즈니스 프로세스를 일부는 공용Public 클라우드에서, 또 다른 일부는 자체 구축한 사설Private 클라우드에서 병행 실행할 수 있는 전략이 필요하다. 또한 공용 클라우드의 고유 특성을 최대한 활용하고, 한 클라우드에만 락인Lock-In되는 위험 요인을 최소화하기 위해서는 다수의 공용 클라우드 도입이 필요할 수도 있다. 결국, 다양한 클라우드를 운용하면서 따라오는 유연성 및 이식성 문제도 함께 고민해야 하는 새로운 숙제다. 서비스의 제공 방식과 기능 그리고 위치를 기준으로 클라우드 서비스를 분류해 보면 다음과 같다.

- 온프레미스 컴퓨팅: 별도의 클라우드 구축 없이 비즈니스 프로세스 실행이 필요한 곳에서 컴퓨팅 자원을 제공하거나, 혹은 기업 내 자체 데이터센터를 활용함
- 사설 클라우드: 공용 클라우드가 제공하는 전부 혹은 일부의 기능을 기업에서 자체적으로(혹은 위탁하여) 구축/운영하는 형태로, 기업이 직접 투자하여 운영할 수도 있고, 전문 기업에 위탁하여 전용으로 확보된 클라우드 인프라를 활용하기도 함
- 공용 클라우드: 다수의 기업 혹은 사용자가 공통의 인프라 위에서 제공되는 컴퓨팅 자원, 운영체제, 응용 소프트웨어들을 공동으로 사용하는 형태로, 사용자들은 자신이 사용한 컴퓨팅 자원에 해당하는 비용을 지불함

  예: 아마존 AWS, 마이크로소프트 애저Azure, 알리바바, 구글, 오라클 등 CSPCloud Service Provider가 제공
- 하이브리드 클라우드: 온프레미스, 사설 클라우드, 공용 클라우드 모두를 결합한 클라우드 컴퓨팅 환경이며, 데이터나 애플리케이션이 사설 클라우드와 공용 클라우드에서 상호 호환될 수 있도록 함으로써 비즈니스 프로세스 실행의 유연성을 추구함
- 멀티 클라우드: 단일 제공업체 의존 없이 복수 클라우드 서비스 업체가 제공하는 모든 민첩성과 확장성을 얻을 수 있음

지금까지 기업들은 컨설팅/전환/운영 각 단계별 목적에 맞는 사업자를 각각 선정해서 클라우드 전환을 추진해 왔다. 그러나 최근에는 클라우드 기술력과 업종 전문성을 바탕으로 컨설팅부터 전환, 운영까지 토털 서비스를 제공할 수 있는 역량을 갖추고 고유의 MCPMulti Cloud Platform 기술을 통

그림 16-1 멀티 클라우드 기술

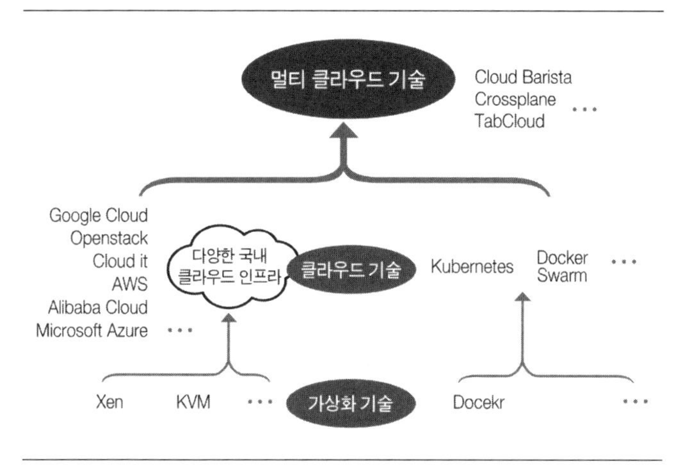

자료: 김병섭 외(2020).

해 다양한 이기종 클라우드를 고객 니즈에 맞게 쉽고 편리하게 사용할 수 있도록 지원하는 IT 서비스 업체들이 늘고 있다. 예를 들어, AWS의 가상머신 상품과 애저 가상머신 상품은 CPU, 메모리, 디스크 등 구성요소와 각각의 상품 대가 체계가 달라서 관리의 어려움이 있다. 하지만 MCP를 통하면 다수의 클라우드 자원 현황과 빌링 정보의 통합 관리가 가능하여 다양한 이기종 클라우드 운영 편의성을 높일 수 있다.

가상화 기술: 하이퍼바이저 기반 vs 컨테이너 기반

가상화 기술은 클라우드 컴퓨팅을 가능하게 하기 위한 기반 기술이다. 서버 자원의 효율적인 활용을 목적으로 등장했으며 하드웨어와 소프트웨어 기반으로 각각 발전하여 최근에는 컨테이너 기반의 오픈소스 플랫폼이 대세를 이루고 있다.

자원의 활용성을 높이고자 보유 중인 여러 개의 하드웨어 장비를 묶어 사용자에게 공유 자원으로 제공한 것이 시초다. 하드웨어 장비를 가상화Virtualization하면 해당 장비가 제공하는 컴퓨팅 자원의 활용도를 높일 수 있다. 이를 통해 기업은 컴퓨팅 자원의 구매와 유지보수에 들어가는 비용을 절감할 수 있고, 사전에 환경을 구축하기 위한 공간 확보와 인력 운용 같은 고정 비용도 절감할 수 있다. 또한 컴퓨팅 자원을 조달하는 시간을 단축할 수 있고, 증설이 필요할 경우 자원을 요청하여 확장하는 것도 가능하다. 대상이 되는 컴퓨팅 자원은 프로세서CPU, 메모리, 스토리지, 네트워크이며 이들로 구성된 서버나 장치들을 가상화함으로써 높은 수준의 자원 사용률과 분산 처리 능력을 제공할 수 있다. 평균적으로 대부분의 서버는 보유 용량의 약 10~15% 수준을 사용하는데, 가상화를 통해 한 대의 서버에서 여러 개의 운영체제를 동시에 가동시키고 컴퓨팅 자원이 모자란 서버의 태스크를 분산처리하면 사용률을 약 70% 이상까지 끌어올릴 수 있다. 이렇게 되면 서비스 요청이 몰린 서버의 부담을 해소하고 다른 서버의 남아도는 자원을 끌어다 쓰는 효과를 동시에 얻을 수 있다.

가상화는 가상화 대상에 따라 서버 가상화, 데스크톱 가상화VDI, 애플리케이션 가상화로 나눌 수 있다. 가상화 개념의 시초가 된 서버 가상화는 하이퍼바이저Hypervisor와 이를 통해 제어되며 각종 애플리케이션의 실행 환경이 되는 가상머신Virtual Machine: VM으로 이루어진다. 하이퍼바이저는 하드웨어에서 제공되는 물리적인 레이어를 추상화하여 가상머신을 통해 이 기능들을 온전하게 사용토록 한다. 하드웨어에 대한 I/O 접근을 어디까지 가상화할지에 따라서 전가상화와 반가상화로 구분할 수 있다. 전가상화Full-

Virtualization는 게스트 OS가 하드웨어에 접근하기 위해 기존의 OS 위에서 에뮬레이션하는 형식으로 지원하기에 호스트Host형 가상화라고도 한다. 처리 단계가 늘어남에 따라 성능은 반가상화 기법보다 낮지만, 윈도우에서 리눅스까지 다양한 OS를 사용할 수 있기 때문에 적용이 쉬운 편이다. 대표적인 제품에는 VMware의 VMware나 ESX Server, MS의 Hyper-V 등이 있다. 반가상화Para-Virtualization는 하드웨어의 일부를 가상화하는 방식이다. 하이퍼바이저가 하드웨어 위에서 직접 실행되기 때문에 네이티브Native, Bare-metal 가상화라고도 한다. 게스트 OS에 대한 수정 때문에 OS 소스코드에 대한 접근이 가능해야 하고 도입이 상대적으로 어려운 편이다. 대표적인 제품에는 시트릭스의 Xen이 있다.

쉬어가기 타입 1 하이퍼바이저 vs 타입 2 하이퍼바이저

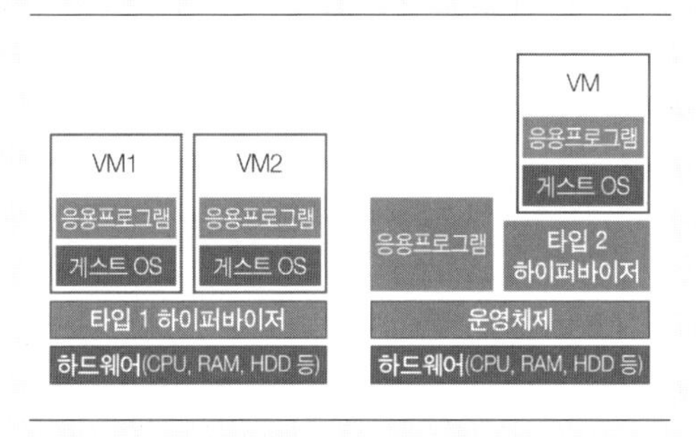

장비에 장착되어 있는 하드웨어를 가상화하기 위해서는 하드웨어들을 관장할 가상머신모니터(Virtual Machine Monitor: VMM)와 같은 중간관리자가 필요한데, 이 중간관리자를 하이퍼바이저라고 하며, 위치 및 역할 차이에 따라 타입 1과 타입 2로 구분한다.

타입 1: 일반적으로 하이퍼바이저형 가상화라고 하며, 하드웨어상에 가상머신을 관리하기 위한 VMM을 직접 동작시키는 방식으로, 하드웨어를 관장하기 위한 호스트 운영

체제(OS)가 필요 없는 형태다.

타입 2: 일반적으로 호스트형 가상화라고 하는데, 하드웨어상에 호스트 운영체제가 설치되어 있고, 이 호스트 운영체제상에 설치되어 하이퍼바이저 역할을 수행하는 VMM이 가상머신을 동작시키는 방식이다(안성원, 2018).

최근에는 컨테이너 기반의 가상화가 기존의 하이퍼바이저 기반의 가상화 기술을 대체하며 각광받고 있다. 컨테이너는 애플리케이션 실행을 위한 바이너리와 라이브러리 등을 패키지로 묶어 배포한다. 개발된 SW를 서로 다른 컴퓨팅 환경에서 구동하면 예상하지 못한 각종 오류가 발생했는데 이렇게 하면 애플리케이션을 안정적으로 실행할 수 있으며 빠른 개발이 가능하다. 가상머신과 비교하면 크기가 작고 가볍기 때문에 속도, 이식성 등의 효과와 함께 동일한 서버 환경에서 더 많은 애플리케이션을 구동할 수 있다.

가상머신 기반의 가상화는 가상머신마다 서로 다른 독립적인 운영체제 환경을 구축하여 한 가상머신의 장애가 다른 가상머신이나 시스템 전체에 영향을 미치지 않는다. 반면, 컨테이너는 많은 컨테이너들이 동일한 운영체제 커널을 공유하기 때문에 보안이나 안정성 측면에서 문제가 발생할 수도 있다. 성능 측면에서도 기존 가상머신 기반의 가상화보다 구동상의 오버헤드가 적은 것은 분명하지만 네이티브 수준의 속도를 제공하지는 않는다.

이렇듯 하이퍼바이저가 관리하는 가상머신 형태의 가상화 기법도 컨테이너 방식보다 보안 및 안정성 등과 같은 여러 측면에서 분명 더 큰 장점이 있기 때문에 적어도 당분간은 컨테이너가 하이퍼바이저를 대체하기에는 한계가 있을 것이라는 시각이 지배적이다.

그림 16-2 컨테이너의 개념

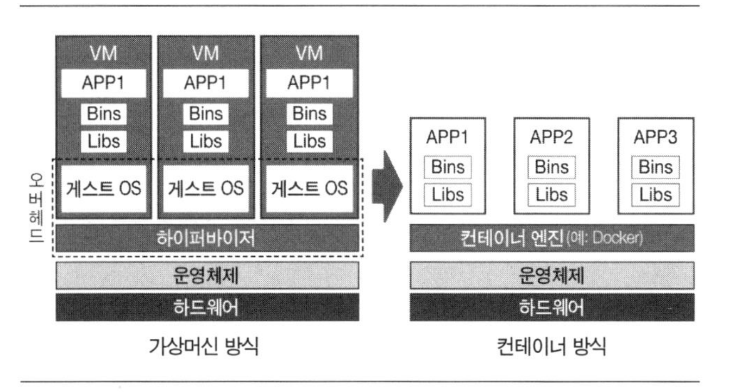

자료: 안성원(2018).

앞서 살펴본 컨테이너를 관리하는 오픈소스 플랫폼이 도커Docker인데, 현재 컨테이너 기반 클라우드 가상화 기술의 사실상 표준de Facto Standard으로서 도커에서 지원하는 컨테이너 이미지 도구를 활용하여 애플리케이션의 이미지를 만들고 원격으로 배포하여 실행하는 것도 가능하다. 도커는 컨테이너의 장점과 오버레이 네트워크[1], 그리고 유니온 파일시스템[2] 등의 현존하는 기술을 잘 조합하여 쉬운 구동 환경을 제공하는 플랫폼이다. 또한 프로그램을 작은 단위로 나누어 조합하는 마이크로Micro 서비스를 지향한다. 도커를 기반으로 하는 오픈소스 프로젝트는 10만 개 이상 진행되고 있으며 최근에는 머신러닝과 같은 인공지능 프로젝트에도 적극 활용되고 있다. 전통적인 가상머신 진영인 오픈스택 재단도 하이퍼바이저 기반의

1 물리 네트워크 위에 생성하는 가상의 네트워크로, 오버레이 네트워크 내의 노드는 가상의 논리적인 링크로 연결된다.

2 읽기 전용의 파일을 수정할 때 쓰기가 가능한 임시 파일을 생성하고 수정이 완료되면 기존의 읽기 전용 파일을 대체하는 형식의 파일 시스템.

표 16-1 주요 오케스트레이션 플랫폼 비교

구분	구글 Kubernetes	도커 Swarm	아파치 Mesos
특징 요약	다양한 테스트를 만족하는 안정적인 솔루션	사용이 용이한 솔루션	UI 수준이 높고 기능이 풍부하나 설치 및 관리가 어려운 솔루션
운영 가능 호스트 머신	1,000 nodes	1,000 nodes	10,000 nodes
관리 서비스	Google Container Engine	Docker Cloud, SDN	Azure Container Service (MS)
기술 자료	기술 자료가 매우 풍부하고 CNCF와 협력이 많아 클라우드 친화적임	기술 자료가 풍부하고 개념과 기능이 간결한 편	MS와 Mesosphere가 적극적으로 지원하나 기술 자료가 부족한 편
라이선스 모델	아파치	아파치	아파치

컨테이너 환경인 카타Kata를 통해 도커와의 경쟁을 시작했다.

컨테이너는 기존의 가상머신 구동보다 경량화되어 있어서 서버 자원을 보다 효율적으로 사용하는 것이 가능하지만, 이 역시 컨테이너의 수가 많아지면 관리와 운영에 어려움이 따른다. 다수의 컨테이너 (서비스의) 실행을 관리 및 조율하는 것을 컨테이너 오케스트레이션Orchestration이라고 한다. 특히, 규모가 매우 큰 엔터프라이즈급 컨테이너 배포 및 관리에는 여러 서드파티3rd Party 제품이 사용되고 있는데, 쿠버네티스Kubernetes, K8S는 구글에서 공개한 대표적인 컨테이너 관리 시스템으로, 최근 주목받고 있는 오케스트레이션 플랫폼이다.

표준화가 이루어진 후 컨테이너 시장은 OCIOpen Container Initiative(컨테이너 기술 국제표준단체)와 CRIContainer Runtime Interface(일종의 API)를 중심으로 성장하고 있다. 그 과정에서 도커의 역할을 대신하는 다양한 기술이 나오고 있으며 그중 빌다Buildah, 포드맨Podman, 스코피오Skopeo는 도커의 기능을 역할별로 나눠 잘 구현하고 있다. 또한 도커의 보안과 관련된 단점을 보완하며 기존에는 없던 편리한 기능도 추가로 제공한다. 이처럼 현재 컨테이너 생태계는 계속해서 성장하고 있으며 도커 외에도 사용할 수 있는 여러 기술이 나오고 있다. 앞으로도 컨테이너는 OCI의 설립 목적인 '통일된 컨테이너 표준을 통해 어디서든 돌아갈 수 있는 이식성 제공'을 위해 OCI와 CRI 표준을 중심으로 생태계를 넓혀갈 것으로 보인다.

서버리스 컴퓨팅

클라우드가 성숙기에 이르면서, 클라우드 운영자들은 늘어난 클라우드 인스턴스를 관리해야 하는 새로운 문제에 봉착했다. 운영체제와 애플리케이션의 패치와 버전 업그레이드, 또 다른 IT 서비스에 대한 클라우드 용량 산정과 운영을 위한 내부 커뮤니케이션 등, 지속적인 관리의 피로에서 좀 더 자유로워질 수 있는 방법을 모색하게 되었고, 그중 현재 제일 많이 언급되고 있는 방법이 서버리스 컴퓨팅이다. 서버리스 컴퓨팅은 실행에 필요한 하드웨어 자원의 배분 및 할당을 클라우드에서 동적으로 관리해 주는 것으로 클라우드 컴퓨팅의 한 실행 모듈이다. 서버리스 컴퓨팅은 IT 인프라를 데이터센터 혹은 클라우드에 별도 준비 없이, 필요한 기능을 함수Function 형태로 구현하고, 자동 스케일링 방식으로 시시각각 변하는 자원 수요를 지원하며 전통적인 백엔드 대신 사용한다. 따라서 서버리스 컴퓨팅을 FaaSFunction as a Service라고도 하며, 백엔드 시스템을 보이지 않는 서비스로 추상화했기 때문에 BaaSBackend as a Service라고도 한다. 서버리스 컴퓨팅이 출현할 때까지의 대표적인 기술들을 컴퓨팅 환경, HW와 SW 배치 형태, IT 서비스 형태로 각각 구분해 보면 〈그림 16-3〉과 같다.

모놀리딕 아키텍처가 서버 가상화 수준에 적합하다면, 마이크로서비스

그림 16-3 인프라와 컴퓨팅 환경의 변화

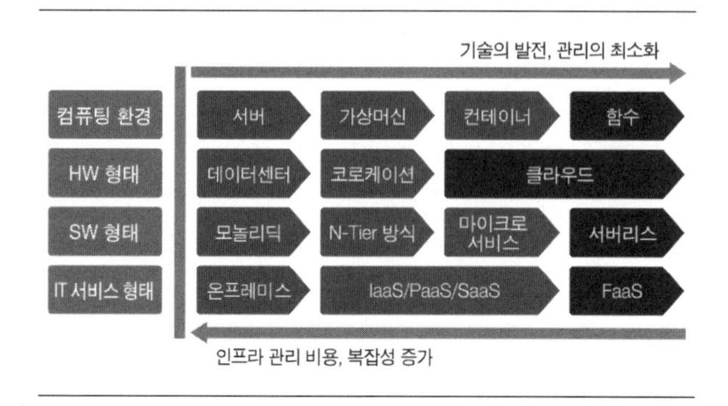

는 컨테이너 오케스트레이션이 중요하며, 서버리스 아키텍처의 경우 컨테이너 오케스트레이션 수준보다 더 작은 단위의 함수 관리Function Handler 기능이 필요하다. 서버리스 아키텍처를 구분 짓는 주요 요소 중 하나는 백엔드 서비스에 대한 사용자 제어 권한 혹은 소유 권한이다. 각 마이크로서비스는 자신의 저장 데이터를 별도로 가지고 있다. 이런 데이터는 사용자 계정 정보를 포함한 서비스에 필요한 데이터들을 포함한다. 즉, 백엔드 서비스의 일부 혹은 필요한 전부를 사용자 서비스에 포함하고 있다. 반면, 서버리스 아키텍처에서는 이런 백엔드 서비스를 API를 통해 호출하여 사용할 뿐 백엔드 서비스 개발과 운영을 전혀 할 필요가 없다.

2014년 아마존이 AWS 람다로 서버리스 컴퓨팅 시장을 개척하기 시작한 후 마이크로소프트는 애저 함수Azure Functions, 구글은 클라우드 함수Google Functions란 브랜드로 서버리스 컴퓨팅 지원을 표방하고 나섰다. AWS 람다는 서버리스를 공식적으로 표방한 최초의 상용 클라우드 서비스다. 네이티브 실행 코드로 사용될 수 있는 언어는 자바스크립트(Node.js), 파이선, 자바, C#(.Net 코어)이다. 람다는 AWS에서 제공하는 모든 클라우드 서비스의 연결 통로로 활용되며 이제 AWS의 가장 중요한 핵심 기능으로 자리 잡았다. MS 애저 함수는 AWS의 람다에 대응하는 서버리스 컴퓨팅 서비스로 2016년 3월에 처음 소개되었다. 비주얼 스튜디오 팀 서비스와 함께 제공되어 깃허브 등과 자연스럽게 연동되며 CIContinuous Integration 프로세스를 통해 클라우드에 자동으로 코드가 올라가 전개될 수 있는 특징이 있다. 구글 클라우드 함수 서비스는 AWS나 애저보다 늦게 시작되었으며, 지원 범위는 상대적으로 제한적이다.

국내 클라우드 제공사 가운데 유일하게 네이버 비즈니스 플랫폼NBP은 '클라우드 펑션Cloud Functions'이라는 FaaS 솔루션을 서비스하고 있다. 클라우드 펑션은 자바스크립트, 자바, 파이선, 닷넷, 고 등 다양한 개발언어를 지원해 익숙한 언어로 코드를 작성할 수 있다. 다른 기업의 FaaS 솔루션과 마찬가지로, 이벤트 방식으로 구동이 가능해 서버 비용도 최소화할 수 있다. NBP는 서버리스 컴퓨팅 솔루션인 클라우드 펑션과 API 게이트웨이, DB, 오브젝트 스토리지, 클라우드 로그 분석 등을 서버리스 서비스로 제공하고 있다.

서버리스 컴퓨팅은 시스템상의 다양한 이벤트를 함수의 형태로 처리하는 특징이 있기 때문에 IT 서비스 운영 시 예상되는 반복적인 배치Batch 처리 형태의 기능에 알맞다고 할 수 있다. 예를 들면, IoT 기기들이 주변 정보를 습득하여 통신 브로커에게 지속적으로 전달하거나, 클라이언트에게서 로그들을 수집하여 빅데이터를 만들고 이를 분석하는 전처리 작업 등, 일반적인 애플리케이션의 백엔드 서버에 필요한 기능 중 반복적으로 타 시스템과 연계하여 비즈니스 요구사항에 맞는 결과를 가져오는 기능에 좀 더 특화되어 있다.

서버리스 컴퓨팅은 이제 겨우 상용화 초기 단계이며, 스마트폰과 같은 모바일 디바이스의 성능을 최대한 활용할 수 있는 것이야말로 진정한 서버리스 컴퓨팅 환경이라고 할 수 있을 것이다.

17

엣지 컴퓨팅과 스마트센서

인터넷에 연결되는 사물의 수가 기하급수적으로 증가하면서 데이터가 폭발적으로 늘어났다. 시게이트Segate는 2016년 16ZB(제타바이트) 수준의 연간 데이터 발생량이 2025년에는 163ZB로 매년 30% 수준의 폭증세를 유지할 것으로 예측하고 있다. 특히, 발생되는 데이터 중에서 사물이 전체의 80%를 차지할 것으로 전망하고 있다. 이와 같은 사물과 데이터의 폭증은 많은 기회를 제공하고 있지만, 반면 디지털 복잡도(연결의 복잡도, 컴퓨팅의 복잡도 등)를 높이는 부작용도 함께 불러오고 있다. 데이터 처리에서 딥러닝 모델을 기반으로 한 AI가 혁신적인 성능 향상을 이루어내 다양한 산업 분야로 확산되고 있지만 모델을 학습시키고 추론하기 위해서는 강력한 GPU 기반의 컴퓨팅 파워가 필요하다. 이를 위해 실제 서비스 환경에서는 강력한 컴퓨팅 파워를 가진 서버를 중심으로 한 클라우드 인프라가 요구된다. 하지만 이러한 클라우드 인프라는 몇 가지 문제점이 있다. 첫째, 수많은 IoT 디바이스에서 나오는 빅데이터가 네트워크 트래픽을 폭발적으로

그림 17-1 엣지 컴퓨팅과 딥러닝

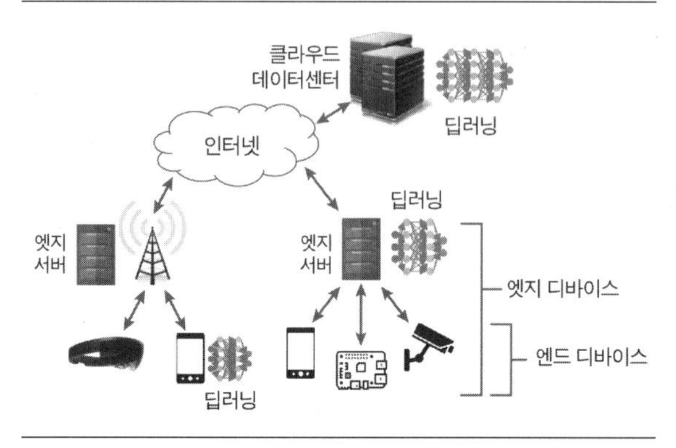

자료: Chen and Ran(2019).

증가시킨다는 점이다. 이는 필연적으로 네트워크 환경을 악화시키고 성능 저하를 유발한다. 둘째, 엔드포인트Endpoint에 있는 디바이스에서 클라우드 서버까지 데이터를 송수신하기 위한 네트워크의 물리적 거리로 인한 응답 속도 저하 문제다. 디바이스와 서버에서 동일한 처리 속도를 갖더라도, 응답 속도에서 차이가 발생할 수밖에 없다. 자율주행 등의 실시간 처리를 요구하는 도메인에서는 이 차이가 매우 큰 영향을 미친다. 셋째, 수집되는 데이터에 포함된 사용자의 개인정보 보호 문제다. 사용자의 개인정보가 클라우드로 전송되면 개인정보 침해에 대해 더 많은 위협에 노출되며, 개인정보 보호를 위한 많은 추가적 조치가 필요하다. 이러한 문제점을 극복하기 위해 5G 네트워크 인프라 확충, 개인정보 보호 강화 조치('GDPR', '개인정보 보호법' 등)가 제시되고 있으나, 이것이 근본적인 해결책이 되기는 어렵다. 학습 및 추론을 클라우드에서만 수행하지 않고, 디바이스에서 직접 수행한다면 네트워크 트래픽을 감소시킬 수 있고, 클라우드까지 데이터가 왕복하는 시간을 줄여 초저지연을 실현할 수 있으며, 개인정보 및 민감 정보에 대한 처리 및 보호도 가능해진다.

'엣지Edge'라는 용어는 시스코 IoT 그룹의 로베르토 데라모라Roberto De La Mora가 2014년에 포그Fog 컴퓨팅을 설명할 때 사용하면서 활용되기 시작했다. 용어를 처음에 활용하기 시작한 의도는 중앙에서 처리하는 컴퓨팅 부담을 현장에 가까운 거점에서 처리함으로써, 중앙까지 전달되면서 발생하는 네트워크의 부담, 컴퓨팅의 부담을 줄이고자 하는 것이었다.

엣지 분석 플랫폼과 적용 사례

인공지능은 수년간 급속히 발전하고 있지만 대부분 클라우드 기반으로 구현되고 있다. 그러나 실시간 데이터 전송 지연과 개인식별 데이터를 클라우드에 저장함에 따르는 보안 문제와 서비스 이용 시의 소비전력이나 통신비용 증가 등의 과제에 직면하고 있다. 이에 스마트폰 및 기타 디바이스가 추론과 학습할 수 있는 토대를 마련하고 저전력, 고성능을 현실화함에 따라, 엣지에서 실시간 AI 구현이 가능해지고 또한 기존 클라우드에서 이루어지던 AI 알고리즘의 구현이 스마트폰, 자동차, 드론, 엣지 서버 및 머신비전 등에서 가속되고 있다. 일반적으로 AI 처리를 엣지 디바이스로 유도하는 몇 가지 핵심 요소가 있다. 자율주행 및 내비게이션 등과 같은 실시간 애플리케이션은 밀리초 미만의 지연 시간 등의 특별한 요구사항이 있어 엣지 처리가 필수적이다. 또한 스마트 스피커의 음성 인식과 같은 다른 응용프로그램은 개인정보 보호 문제를 발생시킨다. 엣지에서 AI 처리를 유지하면 개인정보 보호 문제와 클라우드 컴퓨팅의 대역폭, 대기 시간 및 비용 등의 문제를 피할 수 있는 것이다. 이제 엣지에서 하나의 칩으로 AI 및

표 17-1 엣지 컴퓨팅 주요 플레이어

벤더	주요 제품	적용 업종	적용 사례 및 특징
FogHorn	FogHorn Lighting (RP)	제조	반도체 수율 최적화, 펌프 공동현상 검출, C언어 기반 고성능 엣지CEP/Analytics 엔진 제공
AWS	Greengrass (RP) Snowball Edge (GA)	제조	산업용 자산 예방 정비, 엣지에서 AWS Lambda, SageMaker 분석 모델 실행
MS	Azure IoT Edge (RP) Azure Stack (SA)	제조, 에너지, 교통	산업용 자산 예방 정비, 생산 최적화, 함대 관리, 도커 기반의 엣지 프로그램 배포/실행
HPE	Edgeline Series (SA) HPE Edgeline OT Link (OTC)	에너지, 제조	상태 모니터링, 예방 정비와 개인 안전
Huawei	AR Series IoT Gateways (GA)	유틸리티, 교통	에너지 계량기 데이터 관리, 모바일 비디오 감시
Cisco	Cisco Kinetic (PR) Cisco UC Server (SA)	에너지, 제조, 교통	IoT 데이터 관리 및 분석, 비디오 분석과 접근 제어, 제조 특화된 엣지/포그 프로세스 플랫폼을 어플라이언스 장비와 함께 제공
Dell	Dell Edge Gateway (GA) PowerEdge Server (SA)	제조	예방 정비와 품질관리
Hitachi	Lumada Edge(RP)	에너지, 유틸리티, 제조	산업용 자산 예방 정비, 생산 최적화
Fujitsu	Intelliedge A700 (SA) Intelliedge G700 (GA) Intelliedge Center (RP)	제조	예방 정비와 공급망 최적화

RP: Runtime Platform, GA: Gateway Appliance, SA: On-premise Server Appliance, OTC: Operational Technology Connectivity.

딥러닝 구현과 인공 신경망 등을 통한 AI 모델을 실행하고 추론뿐만 아니라 학습까지 모두 가능해, 여러 개의 네트워크를 동시에 지원하는 인공지능 칩 세트로 AI가 더 빨라질 뿐만 아니라 개인화 및 보다 다양한 분야의 엣지에서 최적화된 AI 구현이 가능하게 될 것으로 전망된다.

AI 기반 엣지 분석 플랫폼은 엣지 디바이스, 애플리케이션 관리 및 엣지에서 AI 분석을 수행하는 통합 플랫폼이다. 삼성SDS의 엣지 분석 플랫폼은 도커 기반의 엣지 실행 환경 표준화와 경량 디바이스에서 고성능 엣지 컴퓨팅을 수행하는 차별화 기능이 있다(〈그림 17-2〉).

그림 17-2 AI 기반 엣지 분석 플랫폼

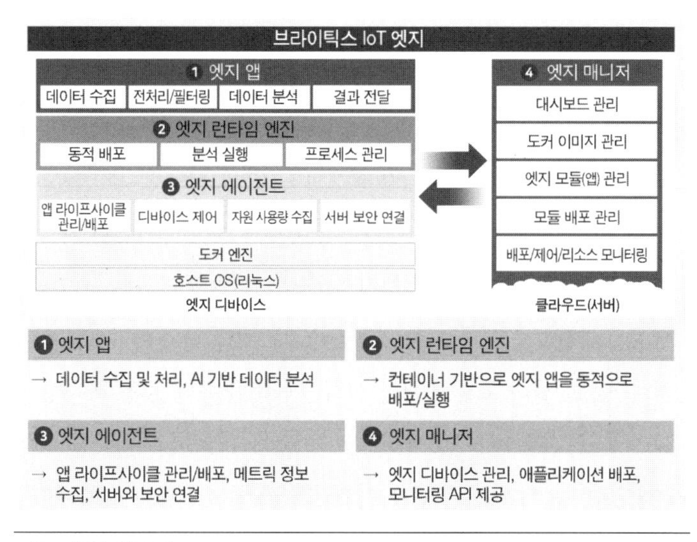

자료: 삼성SDS(2020).

- 엣지 실행 환경 표준화
  - 도커 컨테이너 기반 엣지 실행 환경 배포
  - 표준화된 실행 환경 배포·설치를 통해 다양한 엣지 디바이스에서 동일한 성능 확보
  - 일원화된 엣지 라이프사이클 관리 및 대량 엣지 모니터링
  - 연결 프로토콜 기반 리모트 엣지 연결
- 경량 엣지 디바이스 최적화
  - 고GO 언어 기반 엣지 이벤트 데이터 고속처리
  - 최적화된 엣지 디바이스 자원 활용: 고루틴Go Routine, Config 기반 프로세스 관리
  - 다양한 분석 언어 및 플랫폼(파이선, 브라이틱스 AI 등)과 원활한 연계

및 실행

엣지 컴퓨팅은 스마트팩토리, 스마트팜, 자율주행자동차, 가상현실/증강현실 등에 적용되고 있다. 스마트팩토리에서는 작은 환경 변화에도 생산 효율이 떨어지거나 품질 문제가 발생할 수 있으므로, 공장의 온도 및 습도 또는 각 기계의 작동 상태와 같이 간단하지만 시간에 민감한 데이터 처리는 엣지에서 수행할 수 있다. 엣지 컴퓨팅을 활용하면 중앙 데이터센터 또는 서버에 대한 통신부하를 줄임으로써 네트워크 및 스토리지 자원 비용을 줄일 수 있고, 설비 고장에 대한 실시간 예측을 통해 공정 효율성 및 설비 자산 생산성을 향상시키고 예비 조치를 통해 고장 비용을 줄일 수 있다. 자율주행자동차에는 안전 주행을 위해 도로 위 다른 차량과의 통신 및 주변 환경, 방향, 기상 조건 등의 감지를 위한 수많은 센서가 장착되어 있다. 엣지 컴퓨팅은 이런 센서들이 실시간으로 생성하는 방대한 데이터를 차량 내에서 수집 및 분석하여 앞차 간 거리 유지, 주변 도로 상황 및 차량 흐름 등을 파악할 수 있게 해준다. 만약 여러 차량에서 생성된 데이터가 클라우드로 전송된 후 분석된 데이터가 다시 차량으로 전송되면서 오류나 응답 및 네트워크 연결 지연이 발생하면 치명적인 사고로 이어질 수 있다. 엣지 컴퓨팅을 적용하면 이런 데이터 전송 오류와 네트워크 지연을 최소화할 수 있다. 가상현실에서는 실제 세계와 사용자의 움직임을 디지털 세계와 결합하고 동기화하려면 엄청난 양의 그래픽 렌더링 프로세스가 필요하기 때문에 VR/AR 장치와 클라우드 간의 워크로드를 분할하기 위해 엣지 컴퓨팅을 적용하면 효과적이다. 또한 VR/AR는 짧은 지연 시간, 높은 안정성 및 높은 대역폭과 같은 네트워크 사항을 요구하므로 엣지 컴퓨팅을 적용하면 매우 효과적이며 사용자의 몰입감을 극대화할 수 있다.

쉬어가기 IIoT 엣지의 빌딩블록

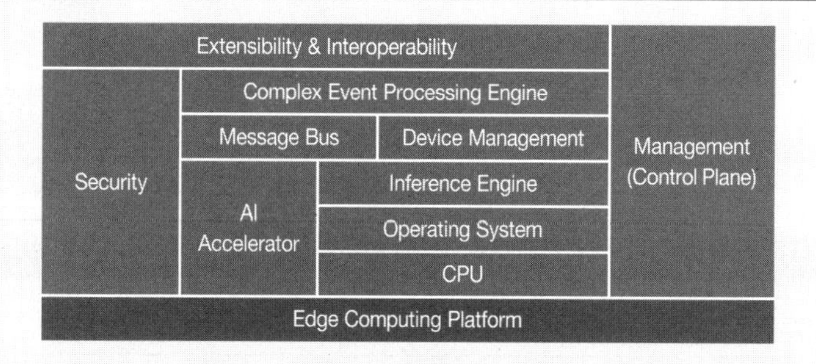

① Processor & OS: x86 및 ARM 아키텍처 지원, 윈도우, 리눅스, 안드로이드 등 주류 OS 환경 지원

② AI Accelerator & Inference Engine: AI 가속기로 추론 엔진을 가속화해 엣지 데이터의 예측/탐지/분류 지원

③ Message Bus: 각 시스템 데이터에 접근해 데이터 읽기/처리/업데이트 지원

④ Device Management: 연결된 장치를 추적/모니터링해 원격 문제 해결 및 SW 업데이트 관리

⑤ Complex Event Processing Engine: 실시간 이벤트 집계/처리/변환, ML 기반 사용자 정의 기능 호출 및 추론

⑥ Secured Access: 담당자 권한을 명확하게 구분하는 역할 기반 접근 제어 제공

⑦ Extensibility: 고객 맞춤 솔루션 구축, 다양한 서비스/앱과 호환 및 통합 지원

⑧ Management: 단일 관리 플랫폼을 통해 사용자, IoT 기기, 데이터를 안정적으로 제어 (MSV, 2020.6.15).

지능형 센서 기술과 스마트센서

지능형 센서 기술은 지능형 센서 소자, 지능형 알고리즘, 신호처리 회로 및 모듈화, 집적 플랫폼에 이르는 하드웨어와 소프트웨어 기술이 결합된

그림 17-3 지능형 센서 칩의 구성요소 및 발전 단계

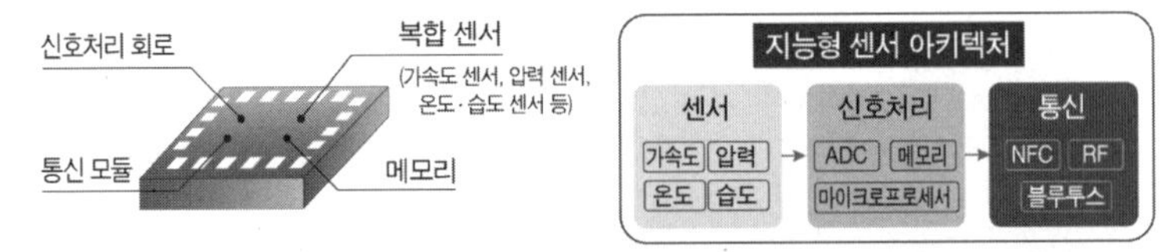

구분 특징	시기	특성
1세대 (Discrete Sensor)	1970~ 1980년대	온도, 압력, 가속도, 변위 등의 물리량을 전기적 신호로 변환하는 기능의 센싱 소자와 증폭, 보정, 보상의 신호처리 회로가 별개로 분리
2세대 (Intergated Sensor)	1980~ 1990년대	센서의 잡음 성능을 높이고 소형화하기 위해 센서와 신호처리 회로가 결합된 형태로 제작. MEMS 기술이 도입
3세대 (Digital Sensor)	2000년대	CMOS 기술의 발전으로 아날로그 회로에 디지털 회로가 집적되면서 센서의 이득, 오프셋, 비선형 등을 디지털 방식으로 보정하고, 보정 데이터를 비휘발성 메모리에 저장
4세대 (Smart Sensor)	2012년 이후	MCU가 센서에 내장되고 SoC 기술이 접목, MCU의 제어, 판단, 저장, 통신 등의 기능을 활용하여 센서의 성능 향상과 다중센서, 네트워크 센서, IoT 센서로 진화

복합 솔루션 기술이다. 기존의 센서가 특정 상태를 감지하여 중앙처리장치가 판단을 내릴 수 있는 데이터를 제공하는 수준에 머물렀던 반면, 지능형 알고리즘이 적용된 지능형 센서는 센싱 기능과 더불어 통신, 데이터 처리 및 인공지능 기능까지 갖춘 센서다. 2012년 이후 MCUMicro Controller Unit가 센서에 내장되면서 지능화 기능을 갖춘 스마트센서로 진화했다. 스마트센서는 특정 환경 변화를 감지하는 센서, 데이터를 수집·분석·처리하는 MCU, 데이터를 서버와 송수신하는 통신 모듈이 하나의 반도체로 집적되어 있다. 센서 자체에서 데이터를 가공·처리해 서버로 전송하는 분산 방식이 가능하여, 중앙처리장치의 전력 소모를 줄이고 생산 방식도 유연해져 제조업 스마트화를 위한 핵심 기술로 부상했다. 센서를 통해 생성된 데이터는 실질적인 자동화·스마트화의 기초가 되며, 상태 모니터링 및 진단을

통해 설비의 예지 보전 등에 활용된다.

수많은 제조업체 작업자가 생산 부품을 손으로 직접 집어 선반, 가공기로 옮기는 일을 반복 수행하고 있다. 스마트팩토리에 적용되는 지능형 센서 알고리즘은 입력부터 출력까지 모든 공정을 네트워크를 통해 데이터화하여 실시간 상태 모니터링을 가능하게 하고, 데이터 분석 결과를 다시 공정에 활용함으로써 공정 개선과 효율성 향상에 기여하고 있다.

표준화 동향과 향후 전망

엣지 컴퓨팅의 표준화는 기존 클라우드 컴퓨팅을 엣지 컴퓨팅으로 확장하기 위한 분야와 이동통신 서비스 및 사물인터넷 등의 응용 서비스에 적용하기 위한 분야로 나뉘어 상호보완적으로 표준이 개발 중이다. ETSI, ITU-T, ISO/IEC 등에서는 다양한 액세스 네트워크를 위한 엣지 컴퓨팅 기술의 프레임워크와 클라우드 컴퓨팅과의 연동에 관한 표준화를 진행 중이며, 3GPP 및 IETF/IRTF 등에서는 5G 및 IoT 등과 같은 특정 유즈케이스의 엣지 컴퓨팅 기술 적용을 위한 세부 기술 표준화를 진행 중이다. 엣지 컴퓨팅 기술은 향후 새로운 비즈니스 모델을 가져올 것으로 기대된다. 공용 클라우드 제공업체, 인터넷 서비스 제공업체ISP, 콘텐츠 전송 네트워크CDN 또는 데이터센터 코로케이션 제공업체와 같은 많은 공급업체가 기본 IaaS 및 PaaS 서비스를 제공하기 위해 이미 엣지 컴퓨팅을 구현하기 시작했다. 이러한 공급업체의 목표는 새롭고 혁신적인 비즈니스를 지원하기 위해 일부 서비스에 대한 연결을 분산시키는 것이다. 또한 엣지 컴퓨팅은 클라우드 컴퓨팅을 완전히 대체하지는 않고 서로 보완하면서 공존하는 형태로 발전할 것이다. AI 기술이 점차 발전하면서, 원격 데이터센터가 아닌 스마트 기기에서 기계학습을 수행하거나 가속화하는 엣지 AI 칩에 대한 요구도 커지고 있다. 이러한 엣지 AI 칩은 로봇, 카메라, 센서 및 기타 IoT 장치와 같은 여러 엔터프라이즈 시장에서의 사용뿐 아니라, 스마트폰, 태블릿, 스마트 스피커 및 웨어러블과 같은 점점 더 많은 소비자 기기에도 적용될 것으로 예상된다. 기존에는 클라우드 데이터센터에서 AI가 훈련되고 추론되었다면, 이제는 추론이 데이터가 생산되는 부분(엣지)으로 내려오면서 엣지 컴퓨팅의 필요성 및 중요성은 더욱 강조될 것이다.

18

클라우드 보안

클라우드 컴퓨팅은 필요할 때 컴퓨팅 자원에 접근하여 데이터를 처리하고 연산을 수행할 수 있도록 서버, 스토리지, 네트워크, 애플리케이션을 연결해 놓은 컴퓨팅 제공 방식이다. 서비스 제공자는 효율적으로 컴퓨팅 자원을 재사용할 수 있고, 서비스 이용자는 필요한 시점에 필요한 만큼만 컴퓨팅 자원을 빌려서 쓸 수 있다. 컴퓨팅 자원을 조달하는 시간을 획기적으로 단축하여 사업을 개시할 수 있고, 용량 증설이 필요할 경우 자원을 요청하여 즉시 확장이 가능하다. 이러한 장점 때문에 사물인터넷, 빅데이터 등의 폭발적인 성장으로 2018년 클라우드가 전 세계 데이터센터 트래픽의 76%를 차지하는 등 활용률이 높아지고 있지만 유독 국내에서는 도입과 확산이 저조한 편이다. 이렇게 국내 클라우드 컴퓨팅 활용률이 떨어지는 가장 큰 이유는 기밀 데이터의 유출, 서비스 제공업체에 대한 불신, 기밀 정보의 별도 운영 등 보안상의 우려가 가장 크다. 전통적인 보안은 네트워크 보안과 엔드포인트 보안으로 구분할 수 있다. 네트워크 보안에서는 망 분

그림 18-1 전통적인 통합보안관제센터(SOC) 구성

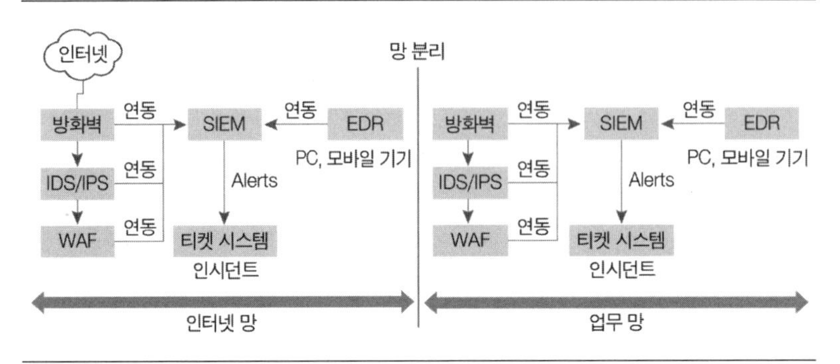

자료: 이글루시큐리티(2020).

리된 네트워크에 방화벽, 침입탐지 시스템IDS, 침입방지 시스템IPS, 웹 애플리케이션 방화벽Web Application Firewall: WAF 같은 네트워크 보안 시스템[1]을 구축한다. 그리고 네트워크 보안 시스템을 통합하여 모니터링 및 관리를 위해 보안 시스템에서 발생되는 보안 이벤트와 시스템 정보를 SIEMSecurity Information and Event Management에 연동하여 보안 시스템을 모니터링하고, 위협이 탐지되면 경보를 발생시키고 티켓 시스템을 이용하여 발생된 경보를 인시던트Incident로 처리한다. 엔드포인트 보안인 EDREndpoint Detection and Response는 사용자 PC, 모바일 기기 등에 설치해 랜섬웨어나 바이러스를 탐지하고 사용자 프로세스를 통제한다. 이러한 네트워크 보안과 엔드포인트 보안은 통합보안관제센터인 SOCSecurity Operation Center에서 관리적·물리적·기술적인 서비스인 보안관제 서비스Managed Security Service: MSS로 제공된다.

클라우드 환경에서는 방화벽, IDS, IPS, WAF의 전통적인 방식뿐만 아

1 보안 5종 세트의 구성: Anti DDOS, Firewall, IPS, WAF, Anti Malware.

니라 가상머신, 컨테이너, 계정 관리 등 클라우드를 위한 보안까지도 요구된다.

클라우드 컴퓨팅 보안 이슈

클라우드의 특성상 저장된 데이터의 정확한 위치를 가늠하기 어렵고, 산재되어 있다는 점이 보안 우려의 주요인이라고 할 수 있다. 특히, 공용 클라우드를 사용했을 때 외부 공간에 민감한 데이터를 클라우드상에 저장하는 것에 대한 신뢰성과 안정성에 의문이 제기되고 있다. 그러나 공용 클라우드 업체의 보안 사고 중 대부분은 클라우드 등장 이전(전산실과 데이터센터)부터 이미 존재하던 사고 유형이며, 일부 사례만이 공용 클라우드상의 '공유 자원' 문제로 구분된다. 공유 자원 문제란 클라우드를 가능하게 해주는 두 가지 핵심 기술인 '가상화 기술(서버 OS를 공유하기 위해 가상 영역으로 분리해 줌)'과 '멀티 테넌시(응용 SW를 여러 기업이 공유 사용하게 해줌)'로 인해 보안의 경계가 겹쳐서 발생하는 문제다. 가상화 환경으로 인해 발생할 수 있는 보안 위협은 첫째, 기존 보안 문제가 가상화로 인해 방어가 어려워지거나 파급효과가 커지는 문제다. 둘째, 클라우드 서비스를 구동하기 위해 필수적인 가상화 시스템 내 하이퍼바이저가 취약할 경우 이를 활용하는 여러 개의 가상머신VM이 동시에 피해를 입을 가능성이다. 셋째, 사용자의 가상머신들이 상호 연결되어 내부의 가상머신에서 다른 가상머신으로의 패킷스니핑, 해킹, DDoS 공격, 악성 코드 전파 등의 공격 경로가 존재한다. 넷째, 가상 환경에서는 공격자가 누군지를 파악하기가 어려워 기존 네트워크 보안기술(방화벽, IPS/IDS)로는 가상화 내부 영역에 대한 침입 탐

표 18-1 클라우드 보안 위협 분류

구분	분류 내용
CSA (12가지 위협 요소)	데이터 유출, 신분 및 접근에 대한 불충분한 관리, 안전하지 않은 인터페이스와 애플리케이션 프로그래밍, 시스템 취약점, 계정 및 서비스 하이재킹, 악의적인 내부 관계자, 지능형 지속 공격(APT), 데이터의 유실, 불충분한 실사, 클라우드 컴퓨팅 남용 및 불순한 사용, 분산 서비스 거부 공격, 공유 기술의 취약점
NIST (클라우드 고객 관점 위험 레벨 8가지)	관리 부재, 고립의 어려움, 서비스 제공자 의존, 규제 위협, 데이터 보호, 관리 인터페이스 보완, 안전하지 않은 데이터 삭제, 악의적인 내부자
가트너 (클라우드 7가지 위협)	권한 관리자의 접근, 정책, 데이터 저장 위치, 조사 지원, 데이터 분리, 복구, 장기적 생존 가능성
UC 버클리 (클라우드 10가지 보안 요소)	서비스 가용성, 데이터 락인, 데이터 기밀과 감시, 데이터 전송 장애 요소, 불확실한 성능 예측, 확장 가능한 스토리지, 대규모 분산 시스템 버그, 신속한 스케일링, 평판 공유, 소프트웨어 라이센싱

자료: 안성원·유호석·김다혜(2017).

지가 어렵다. 예를 들면 아마존웹서비스AWS를 통한 웹호스팅 시 보안 문제가 발생했을 때, 여기에 접속한 이들이 어떤 서비스를 어떻게 구동하는지 알기 어렵기 때문에 누가 공격을 수행했는지 알아내기가 어렵다. 다섯째, 가상화 환경에서는 물리적 플랫폼 간 가상머신의 이동vMotion이 용이하고 이로 인해 감염의 확산 문제가 발생한다. 악성 코드에 감염된 가상머신, 보안 패치가 안 된 가상머신이 다른 물리적 플랫폼으로 쉽게 전파 가능하며, 다른 물리적 서버에 가상머신을 이동시켜 주는 실시간 라이브 마이그레이션Live Migration을 통해 악성 코드가 물리적으로 분리된 플랫폼 간에도 이동할 수 있다.

미국 CSACloud Security Alliance[2]는 최신의 분류 기준으로 클라우드 서비스 핵심 보안 위협 요소를 12가지로 정의하고 있고, NIST(미 표준기술연구소),

2 클라우드 컴퓨팅의 안정성 증진 및 사용자 교육을 목적으로 만든 비영리 기관으로, 보안 실무자 콘퍼런스인 ISSA 포럼의 2008년 개최 모임에서 탄생했다.

가트너Gartner, UC 버클리 등도 클라우드 위협 요소를 각각 8, 7, 10가지 요소로 나누어 정의하고 있으나 내용은 대부분 유사하다.

클라우드 컴퓨팅 보안기술

클라우드 시스템에서의 보안은 기업에서 클라우드 도입을 저해하는 불안 요소이며, 클라우드의 다양한 보안 문제에 대한 기술적·기술 외적인 보안책은 다양하게 존재한다. 클라우드는 기본적으로 일반적인 시스템의 보

표 18-2 클라우드 보안 문제와 해결책

구분	위협 요소		해결 방안
기술적	기존 보안 위협 상속	· 네트워크 트래픽의 도청 및 위변조 · 인증 및 접근 권한 탈취에 따른 데이터 유출·손실 · 서비스 거부(DoS, DDoS) 공격 · 시스템 설계상의 오류	· 암호화, 해싱, 디지털 서명, 중복 모니터링 등 강화 - 데이터 송수신 암호화 - 저장된 데이터의 암호화 및 키 관리 - 주기적 백업 및 백신 관리 - 다단계 인증 및 접속 관리
	가상화를 통한 위협	· 하이퍼바이저 감염 · VM 내부 공격 용이성 · 공격자 익명성 · VM의 이동성에 따른 보안 문제	· 암호화를 통한 전송 데이터의 보호 · 저장 데이터에 대한 암호화 및 키 관리 · 접근 권한에 대한 해시 검사 · 자원 사용량 제한, 로그 이력 관리 등 VM 간의 독립성 보장 · 다양한 침입 탐지 기법의 도입 - 하이퍼바이저 기반의 VM 감시·대응 - 에이전트리스 기반의 VM 감시·대응 · 보안 사항을 고려한 프로그램 설계
기술 외적	관리 측면 문제	· 내부자 문제 · 해커들의 타깃 · 피해 규모의 확산 · 물리적인 저장소 관리 · 자연재해	· 내부자들에 대한 교육 및 검증된 채용 · 국제 클라우드 보안 표준을 준수하는 인증 획득 · 보안 사고 발생 시 보상하는 제도 및 보험을 통한 사고 대응
	법제도 문제	· 국가별 상이한 법체계	· 법적인 쟁점을 사전 점검 후 시스템 설계·도입 · 국제표준

자료: 안성원·유호석·김다혜(2017).

그림 18-2 서비스형 클라우드 보안 사례

영역	On-premise	Private	Public
Account	-	-	CASB
Application	Secure 코딩, 난독화 등		
Data	데이터 암호화, DB 접근 제어 등		
Guest OS	운영자 계정 관리, OS 보안 설정, 백신 등		
Hypervisor	-	Hypervisor 보안	클라우드 사업자 전담 영역
Server	운영자 계정 관리, OS 보안 설정/점검, 백신 등		보안 관제
Network	네트워크 장비 보안 설정/점검		
Physical	출입 통제, CCTV 등		클라우드 사업자 전담 영역

안과 같은 문제를 가지고 있으며 해결 방안도 유사하다고 볼 수 있다. 다만, 가상화 기술로 인한 공유 자원 환경을 고려해 더 복합적으로 보안을 생각해야 한다.

다수의 사용자가 공통 인프라를 공유하는 클라우드의 특성 때문에 클라우드 사업자/사용자가 보안 책임을 분담하게 된다. 공동책임모델Shared Responsibility Model에 의해 클라우드 사용자의 책임 범위와 클라우드 사업자의 책임 범위가 구분되기도 하지만, 결과적으로 사업자가 제공한 보안 기능 또는 서드파티3rd Party를 활용하여 사용자가 모든 영역의 보안을 담당한다고도 볼 수 있다.

클라우드를 도입할 때 고려해야 하는 보안 사항으로 법·제도·규제와 클라우드 운영 외에도 기술적 보안 모델인 SECaaS와 CASB 등의 서비스형 보안기술이 있다. 미국 CSA의 SECaaSSecurity as a Service는 보안 솔루션을 서비스형 소프트웨어SaaS로 제공하는 모델로서, 사용자가 원하는 보안 서비스를 필요한 만큼만 구매하여 사용하는 방식이다. SECaaS 플랫폼에서는 트래픽을 처리하기 위해 프락시 기술과 멀티테넌시 기술을 적용한다. SECaaS

솔루션을 시장에 내놓고 있는 주요 보안업체는 안랩, 지란지교시큐리티, 시만텍 등이다.

가트너가 제시한 CASBCloud Access Security Broker 모델은 다수 클라우드 서비스에 대해 통합된 정책을 적용하여 집행하는 서비스다. 클라우드 서비스와 이용자 사이에 위치하며 독립적인 보안 기능을 수행하고 애플리케이션 기준 보안을 제공한다. 가시성, 규제 준수, 위협 방지, 데이터 보안이 CASB의 핵심 요소다. CASB 서비스 제공 기업으로는 맥아피, 시만텍 등이 있다.

클라우드 컴퓨팅 관련 보안 국제표준으로는 ISO/IEC JTC 1/SC 27이 있다. 정보기술 전반에 대한 국제표준을 개발하기 위해 공동으로 표준화 절차와 규정을 제정하고 있다. 그 외에도 ISO 27000 패밀리, ISO/IEC 27017, ISO/IEC 27018 등이 있고, 국내에서는 국가기술표준원과 TTA(한국정보통신기술협회)에서 클라우드 서비스에 대한 정보 보호 지침을 마련하고 있다. 또한 클라우드 서비스 제공자가 제공하는 서비스에 대해 정보 보호 기준의 준수 여부 확인을 인증기관에 요청하는 경우 인증기관이 이를 평가 및 인증하여 이용자들이 안심하고 클라우드 서비스를 이용할 수 있도록 지원하는 클라우드 컴퓨팅 보안 인증제도도 운영되고 있다. 보안 인증을 받았다는 것은 공공기관이 클라우드 서비스를 이용하기 위한 최소한의 정보 보호 요건을 충족했음을 의미한다.

19

산업제어시스템(ICS) 보안

제어시스템을 대상으로 하는 사이버 공격이 늘어나면서 산업제어시스템Industrial Control System: ICS의 사이버 보안 강화에 대한 관심은 높아지고 있지만 국내의 보안 대책 대부분은 제어시스템과 외부 네트워크 간 연계를 최소화하는 데 많은 힘을 쏟았다. 하지만 2010년 스턱스넷Stuxnet[1] 공격, 우크라이나 정전 사태 등 최근의 공격 사례를 살펴보면, 내부자를 이용해 네트워크에 접근한 후 지속적으로 시스템을 모니터링한 다음 그 결과를 바탕으로 제어시스템을 임의로 제어할 수 있는 공격을 감행하는 경우가 많아지고 있다. 산업제어시스템은 전력, 가스, 철도, 상하수도와 같은 국가 주요 기반시설과 센서, 디바이스, 액추에이터와 같은 생산공정 감시시설이 있

1 2010년 6월에 발견된 지능형 지속 공격(APT) 공격인 스턱스넷의 경우, 4개의 제로데이(0-day) 취약점과 마스터 부트 레코드(Master Boot Record: MBR)를 변경해 운영체제의 통제권을 획득할 수 있는 루트킷(Rootkit)을 사용한 것으로 알려져 있다.

는 스마트팩토리에서 원거리에 산재된 시스템의 효과적인 모니터링 및 제어를 위해 필수적으로 사용되는 컴퓨터 기반 시스템으로, 다음과 같은 특징이 있다.

① 폐쇄성: 인터넷과 같은 외부 네트워크와 분리된 내부의 필드 장비들만 연결하는 폐쇄적인 네트워크를 사용하면서, 보안 및 상호 운용을 고려하지 않은 상황에서 제조사(벤더) 중심의 규격으로 발전해 옴
② 특수성: ICS의 운용 환경에서 최적화된 하드웨어 플랫폼을 사용함으로써 상대적으로 연산 능력, 메모리 등의 제약이 심하여 최소한의 제어 기능 이외에 보안 기능을 수행하기 어려울 뿐 아니라, 전용 하드웨어, 전용 OS, 전용 프로토콜 등 ICT 환경의 보안기술을 적용하기 어려움
③ 가용성: 중단될 수 없는 특징을 가지고 24시간 365일 운영되며, 한번 설치되면 구조 변경, 업그레이드 등이 어려워 15~20년 정도로 생명주기가 긺

미국 산업통제시스템 침해대응센터ICS-CERT 보고서에 따르면, 산업제어시스템에서 발생하는 사이버 보안 사고의 55%는 지능형 지속 공격이며, 모든 사고의 40%는 사람의 부적절한 행동으로 발생한다고 한다(ICS-CERT, 2018).

스마트공장에 대한 공격은 최근 랜섬웨어Ransomeware를 이용한 공격이 증가하고 있다. 2014년 독일 BSI 보고서에 따르면 독일 철강공장의 제어설비 해킹으로 용광로를 제어·차단하지 못해 물리적으로 엄청난 피해가 발생했으며, 2019년 노르웨이에서는 세계 4위 알루미늄 제조회사 노르스크

그림 19-1 ICS 주요 피해 사례

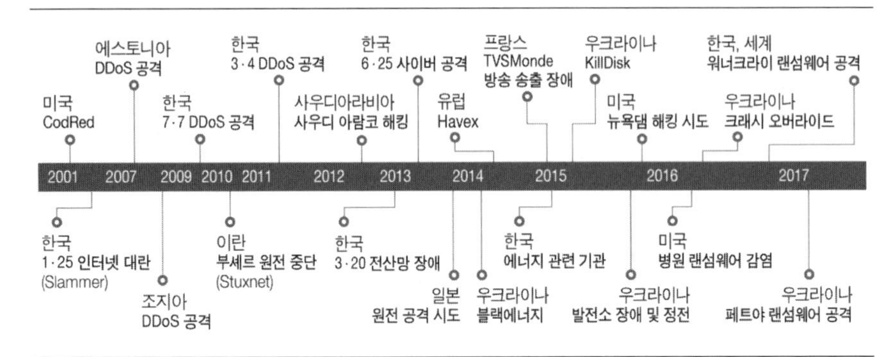

자료: 한국인터넷진흥원(2018).

하이드로가 랜섬웨어 공격을 당해 생산공정이 마비되면서 글로벌 알루미늄 가격이 1.2%나 상승했고, 2018년 8월에는 세계 최대 반도체 생산기업 TSMC 직원이 바이러스 검사를 하지 않은 USB를 꽂으면서 생산라인 세 곳이 멈춰 3000억 원의 피해를 입기도 했다. 랜섬웨어 페트야Petya의 변종인 골든아이의 경우, 50% 이상 산업 관련 기업을 공격하고 있으며 주요 감염이 보고된 곳으로 러시아 석유회사 로즈네프트, 철강회사 에브라즈, 미국 제약회사 머크, 체르노빌 방사능 탐지 시스템 등이 있다.

ICS 보안 특성

국내 ICS는 설계 및 구성 단계에서부터 별도의 독립적인 네트워크를 사용해 네트워크를 통한 외부 침입 공격이 발생할 가능성은 낮으나, 내부자의 악의적인 조작 또는 내부자가 인지하지 못한 상태에서 감염된 노트북,

USB 저장 매체의 사용을 통해 내부 망으로부터 ICS에 침해가 발생할 가능성이 있다. 미국 ICS-CERT의 조사 결과, ICS 취약점은 2015년 137건에서 2016년에는 222건으로 늘었다. 기존의 ICS는 내부 제어기와 독자적인 통신 프로토콜이 적용되어 외부와 분리 독립된 구성으로 구축·운영되어 왔다. 하지만 최근의 스마트 ICS는 업무 효율화와 다양한 분야 적용을 위해 일반 업무용 시스템 망과 연계하는 과정에서 IT 및 인터넷 기술을 이용하게 되었고, 이로 인해 범용 표준 기술이 적용되고 개방화가 빠르게 진행되고 있다. 폐쇄적인 제어 프로토콜을 사용하는 고립된 시스템에서 윈도우·유닉스, TCP/IP와 같은 표준 기술로 전환되고 IT 망과의 통합이 이루어지고 있어, 정보통신 인프라에 존재하는 사이버 보안 취약성 및 사고의 가능성이 ICS에서도 그대로 재현될 가능성이 증대되고 있다. 산업제어 프로토콜은 150~200개가 존재하며, 이들 대부분은 각 벤더에서 독자적으로 개발된 프로토콜이었으나 점차 공개된 표준 프로토콜을 수용하는 추세이며, 현재 각 벤더들은 자신의 프로토콜을 산업 표준으로 채택하기 위해 경쟁하고 있는 실정이다. 그러나 공개 표준 프로토콜은 공격자에게 시스템 및 네트워크 동작에 대한 많은 지식을 제공함으로써 사이버 침해의 가능성과 위험성이 높아지고 있어, 동시에 보안성 대책 요구가 증가하고 있다.

엔터프라이즈 시스템은 범용 OS 및 IP 기반 프로토콜을 가진 아키텍처의 보안 솔루션인 반면, 고유의 OS와 네트워크, 통신 프로토콜을 사용한 ICS는 이러한 기존 보안 솔루션 사용의 어려움이 있다. 현재의 방화벽, IDS, IPS 등의 엔터프라이즈 보안 제품군은 외부 네트워크 경계 영역에 집중되어 있기 때문에 내부 인프라에서 발생하는 문제에 취약한 상태다. 내부자 위협을 포함하여 침투 경로가 다양해지고 있는 상황에서, 제어망의 경우에도 경계망 보안에 초점이 맞춰 있어 내부 행위 분석의 방안이 미약하다.

표 19-1 ICT와 ICS의 보안 특성 비교

분류	정보통신 기술 (Information & Communication Technology: ICT)	산업제어시스템 (Industrial Control System: ICS)
성능 요구	· 고사양 시스템	· 저사양 시스템
가용성 요구	· 재부팅 허용 · 시스템 운영 요구사항에 따라 가용성 결함 허용	· 재부팅 불허용 · 높은 가용성 요구, 여분의 시스템 필요, 계획된 가동 정지 · 철저한 사전 배치 테스팅
위험 관리 요구	· 데이터 기밀성과 무결성이 가장 중요 · 고장 방지의 중요도 낮음(일시적인 가동 중지 허용) · 비즈니스 운영 지연이 최대 위험 요소	· 인명의 안전성이 가장 중요 · 고장 방지 필수(일시적인 가동 중지 불허용) · 규정의 불이행, 인명 및 장비 혹은 생산능력의 손실이 최대 위험 요소
시스템 운영	· 일반적인 운영체제를 사용하도록 설계, 갱신은 자동화된 도구를 이용해 쉽게 가능	· 특화된 운영체제와 표준 운영체제 사용(흔히 보안 기능 결여) · 소프트웨어 변경은 세심한 주의 필요(보통 벤더가 수행)
자원 제약성	· 보안 솔루션과 같은 제3자 애플리케이션 추가를 지원하는 충분한 자원 이용 가능	· 프로세스에 최적화된 설계로 보안 기능 추가를 위한 메모리 용량 및 컴퓨팅 지원 제한 존재
통신	· 표준 통신 프로토콜, 주로 지역 무선 기능을 가진 유선 네트워크 사용, 통상적인 IT 네트워크 기반으로 구축	· 많은 전용 및 표준 통신 프로토콜, 전용 유선 및 무선과 같은 다양한 형태의 매체 사용, 네트워크가 복잡하고 전력 시스템에 대한 전문성 요구
변화 관리	· 소프트웨어 변경은 보안 정책 및 절차에 따라 주기적으로 진행(보통 자동화 도구 이용)	· 소프트웨어 변경은 제어시스템의 무결성 보장을 위해 단계적으로 진행. 대부분 더 이상 지원되지 않는 OS 사용으로 패치 불가
관리 지원	· 다양한 지원 형태 가능	· 보통 단일 벤더를 통해서만 가능
시스템 생명주기	· 3~5년의 짧은 생명주기	· 15~20년의 긴 생명주기
컴포넌트 접근성	· 지역에 설치되고 접근 용이	· 고립되어 있고 원격지에 설치되어 접근이 어려움

자료: 한국인터넷진흥원(2018).

기존 보안 솔루션을 스마트 ICS 환경에 적합하도록 변경 및 적용한 새로운 스마트 ICS 보안 솔루션이 필요한 시점이다.

ICS 보안 가이드

대부분의 스마트공장 네트워크 아키텍처는 ANSI-95에 기반하고 있으며 미국 국토안보부 ICS-CERT에서는 심층방어 전략을 권고하고 있다. ICS 보안 네트워크 아키텍처는 현장 영역인 레벨 0~레벨 2를 Cell/Area Zone으로, 공장 통합 운영MES 영역인 레벨 3를 Manufacturing Zone으로, ERP/SCM 등의 영역인 레벨 4를 Enterprise Zone으로 두고 레벨 3와 레벨 4 사이에 DMZ를 두고 있다(〈그림 19-2〉).

ICS 보안은 시스템을 구성하는 네트워크, 제어시스템, 장비 등의 모든 보안을 포함한다. 최근 ICS는 다양한 산업 분야 및 제조, 발전 등의 산업시설뿐만 아니라 전력·자원 운송 등 주요 정보통신 기반시설 및 빌딩, 공항 등의 시설에 적용되고 있다. ICS가 실시간 데이터 및 연결성에 점점 더 의존하면서 사이버 공격 경로는 기하급수적으로 확장되었다. 이런 추세와 더불어, 미국을 중심으로 한 자동화 표준단체인 ISA(국제자동화협회)는 ICS를 구성하는 제품 및 시스템의 보안 요구사항을 정의하고 이를 표준으로 주도함과 동시에, ICS를 구성하는 SCADA, DCS, PLC 등의 장치에 대한 보안성을 시험·평가하고, 시스템을 운영하는 조직의 정보 보호 관리체계를 심사하는 ICS 평가인증 제도에 대한 개발을 본격화하고 있다.

ANSI/ISA-99에서는 센서 계층, 제어시스템 영역(폐쇄망), 업무 시스템 영역(내부망), 인터넷 영역(외부망) 등 다양한 영역의 보안 취약 경로를 제시하고 있다. 불안전한 원격 유지보수, 내부망 사용자들끼리의 서버 공유, 불안전한 무선 시스템, 감염된 노트북, 감염된 USB, 감염된 PLC 프로젝트 파일 등 다양한 잠재적 위협 경로가 존재한다.

2002년 ISA는 자동화 산업 분야 기업들이 사이버 보안 위협으로부터 보

그림 19-2 보안 네트워크 아키텍처

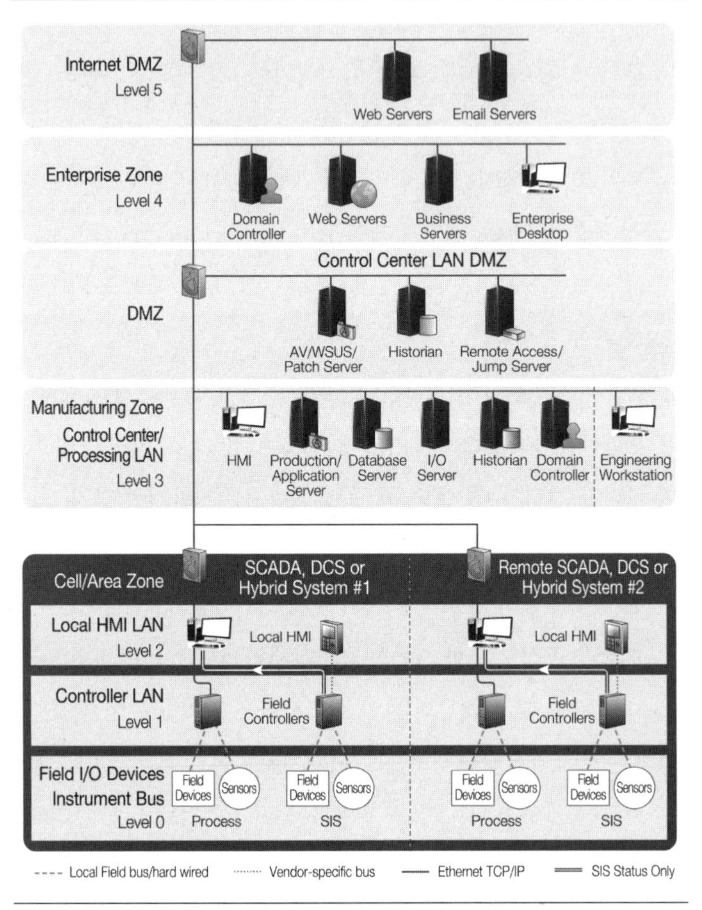

자료: ICS-CERT(2018).

호받는 방법을 정의한 ISA-99 표준을 발표했고, 이 표준이 IEC(국제전기기술위원회) 표준으로 발전했다. 현행 IEC 62443 표준은 보안 향상을 위한 산업용 자동화 및 제어시스템IACS을 구현하기 위한 일련의 표준, 보고서 및 부속 문서들을 포함한다. IEC 62443 표준의 가이드라인을 준수한다면 네

그림 19-3 ICS 사이버 보안 가이드

주요 가이드라인 (무엇을 해야 하는지 설명)	규제 요구 사항 (강제 사항 설명)
• Transportation Systems Sector Cybersecurity Framework • NIST Cybersecurity Framework • bdew White Paper • NIS Directive • OEB Framework	독일 • Follow industry standard, i.e. bdew • Report on incidents • Implementation and Certification of an Information Security Management System (ISMS) • Cryptographic requirements for Smart Metering
주요 표준 (어떻게 해야 하는지 설명) • ISO/IEC 62443 (System Security) • ISO/IEC 62351 (Communication Security) • ISO/IEC 27001 (Security Management) • ISO/IEC 61850 (Communication Architecture and Protocols)	프랑스 • Assessment and certification of ICS systems

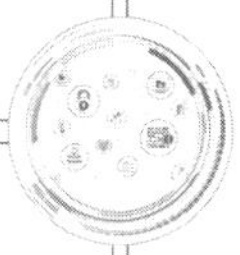

트워크에 대한 사이버 공격 위험성을 크게 낮출 수 있다. IEC 62443 표준은 네트워크의 각 레벨과 수행하는 직무에 따른 가이드라인을 정의하고 있다. 과거 기업들은 네트워크에 대한 보안 솔루션을 구축하기 위해 지멘스, 하니웰, ABB와 같은 솔루션 벤더에 의존했다. 그러나 이제 대부분의 벤더들은 부품 공급업체가 자사의 디바이스와 관련된 IEC 62443 표준 요건을 충족할 것을 요구한다.

ICS 보안기술과 국내 보안 표준화

스마트공장을 포함한 ICS에 대한 보안기술과 솔루션으로는 단방향 전송장비, 산업용 방화벽, 산업용 침입탐지 시스템, 시스템 화이트리스트 제품, 통합보안관리 시스템 등 다양한 솔루션들이 있다.

표 19-2 산업제어시스템 보안기술

분류	기술명	레벨	적용 범위	IT 보안기술	제어 보안기술	비고
① 단방향 전송 (연계/예방)	NNSP nNetTrust	L2, 3	OPC, DB, File 등	○	○	
	Waterfall USG	L2, 3	OPC, DB, File 등	○	○	
	OWL DualDiode	L2, 3	OPC, DB, File 등	○	○	
② 산업용 방화벽 (연계/예방)	BELDEN Tofino	L2, 1	CIP, DNP3, Modbus 등	×	○	
	ETRI IndusCAP	L2	DNP3, Modbus 등	×	○	
	NSR F.Switch	L2	이더넷 기반	×	○	
	NNSP nNetGuard	L2, 1	CIP, DNP3, Modbus 등	×	○	
③ 산업용 IDS/IPS (탐지)	DigitalBond Quickdraw	L2, 1	DNP3, Modbus 등	○	○	snort
	NSR W/L	L2	이더넷 기반	×	○	
	Radiflow iSID	L2, 1	DNP3, Modbus 등	×	○	
	GE Opshield	L2	DNP3, Modbus 등	×	○	
④ Host W/L (예방)	McAfee Application Control	L2	Whitelist	×	△	
	AhnLab TrusLine	L2	Whitelist	×	△	
⑤ 통합보안 분석기술 (분석/대응)	GE SecurityST	L2, 1	GE	×	○	
	Emerson Ovation	L2, 1	Emerson	×	○	
	RAPAEL SCADA Dome	L2, 1	CIP, Profinet, Modbus 등	×	○	
	Cyberbit Claroty	L2, 1	CIP, Profinet, Modbus 등	×	○	
	Darktrace Industrial	L2, 1	CIP, Profinet, Modbus 등	×	○	

자료: 김기현(2018).

① 단방향 전송 기술은 국내에서 가장 많이 발달된 기술로, 제어망OT 영역의 데이터를 수집하여 업무망IT에서 원격 모니터링할 수 있도록 데이터를 단방향으로 전달하는 것이다. OT/IT 기술과 보안기술이 모두 필요하다.

② 산업용 방화벽 기술은 IT 방화벽과 달리 산업용 이더넷 프로토콜에 대한 통제 기능을 제공한다.

③ 산업용 침입탐지/방지 시스템은 화이트리스트와 시그너처 기반으

로 이상징후를 탐지한다. DigitalBond의 Quickdraw와 같은 시그너처 기반 침입탐지 시스템과 Radiflow iSID, GE Opshield 등과 같은 화이트리스트와 시그너처 기반 이상징후 탐지와 방화벽 기능이 결합된 산업용 침입방지 시스템이 주를 이루고 있다.

④ 호스트 화이트리스트 기술은 HMI 등 시스템에서 인가된 프로세스와 자원, 네트워크 서비스를 화이트리스트로 구성하는 기술로, 제어보안기술이라기보다는 IT 보안기술에 속하지만 기술 특성으로 인해 산업제어시스템에서 사용된다.

⑤ 통합보안분석기술은 산업제어망에 대한 통합보안관제기술로 볼 수 있다. IT 영역에서 통합보안관제는 방화벽, 침입탐지 시스템, 가상사설망 등 보안 솔루션들의 이벤트를 수집하여 통합 분석하지만 ICS 통합보안분석은 제어 네트워크나 시스템에서 이벤트를 직접 수집하여 분석하는 경우가 많고 대부분 산업용 침입탐지 시스템을 이상징후 탐지센서로 포함하는 경우가 많다.

국내 보안 표준화 작업은 국가보안기술연구소(이하 국보연), 산자부 국가기술표준원(이하 국표원)에서 수행하고 있다. 국보연은 2017년 ICS 설계와 구축 시 안전성을 확보하는 기준을 마련했다. 국보연이 제시한 ICS 보안 요구사항은 제어 관련 기기와 운용 보안 대책 등으로 구성되어 있다. 제어 관련 기기 도입 시 보안 기능 정상 동작 여부와 제어 관련 하드웨어에서 소프트웨어, 스마트 현장 장치, 보안장비, 네트워크 장비가 가진 자체 취약점을 찾고 대응하며, 안전한 운용을 위한 기술·물리·관리적 대책도 마련하고 있다. 또한 2020년에는 국보연에서 인공지능 학습용 ICS 보안 데이터세트 'HAI 1.0HIL based Augmented ICS testbed'을 공개했다. 산업 현장에서 널리 사용되는 GE, 에머슨, 지멘스 등 산업용 제어기기, 센서, 액추에이터를 이용해 HILHardware-In-the-Loop 시뮬레이터를 연동하는 실시간 데이터 증강기술이다. 국표원은 2020년 ICS를 사이버 공격으로부터 보호하기 위한 KS 국가표준을 제정했다. 국제표준인 IEC 62443-4-2를 바탕으로 개발되었으며 표준명은 '산업제어시스템 보안 제4-2부 산업제어시스템 컴포넌트의 기술적 보안 요구사항'이다. 임베디드 장치, 네트워크 장치, 호스트 장치, 소프트웨어/애플리케이션 등 ICS 구성요소 4종에 대한 보안 요구사항을 1~4단계 보안 등급에 따라 제시하고 있다.

제5부

와해성 기술 (Disruptive Technologies), 뉴노멀을 넘어

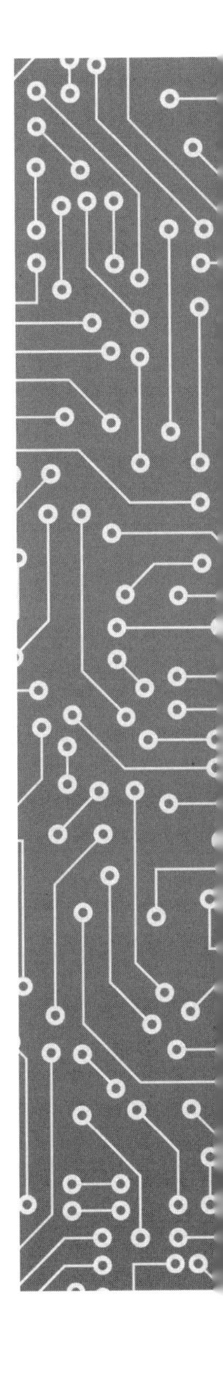

20

블록체인

한정된 자원과 대규모 설비에 기반하여 생산 활동을 수행하는 제조 분야는 개발, 구매, 제조, 물류, 마케팅, 판매, 서비스, 경영관리 등 많은 활동들이 유기적으로 연계되어 복잡성을 띤다. 이 과정에서 다양한 참여 주체가 활동하며 이를 통해 생산된 데이터는 가치사슬 전반에 걸쳐 활용된다. 이러한 데이터 관리를 위해 MES, ERP, SCM, CRM 등 전통적인 제조 시스템을 도입하여 활용하고 있으나 다수의 참여자가 소통하고 상호작용하는 제조 산업의 특성으로 인해 통합 운영이 어려울 뿐 아니라 통합된 관점에서 전 과정을 볼 수 없기 때문에 오류, 위조, 문제 원인 발견 등 대응이 필요한 모든 경우에 대해 빠르게 대처하기 어렵다. 이는 제품 또는 서비스 자체의 품질 저하, 고객만족도 저하로 연결되고, 고객 이탈과 기업의 수익성 악화로 귀결된다. 블록체인이 제공하는 신뢰성, 안정성, 효율성, 보안성이라는 가치 때문에 제조업종의 블록체인 도입에 대한 기대가 크다.

아직까지는 물류 추적, 공급망 관리, 계약 관리 분야에서 적극적인 움직

그림 20-1 제조업에서 블록체인의 잠재 활용 분야

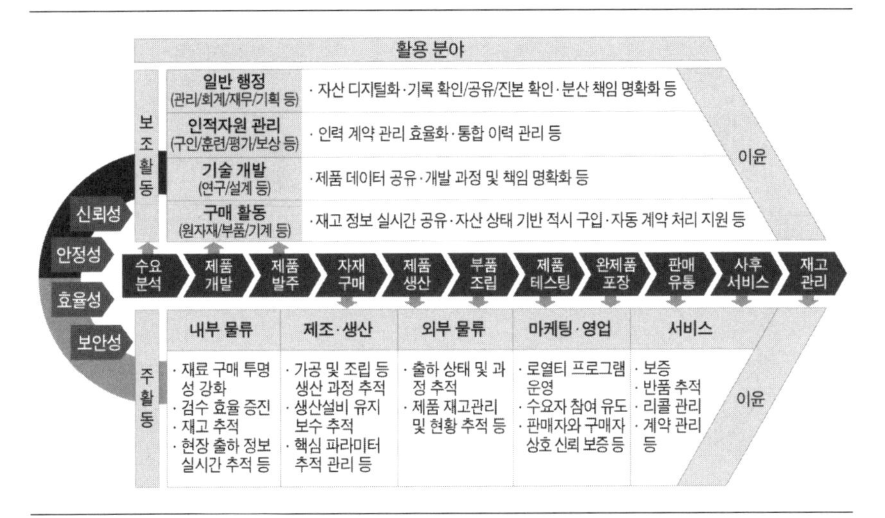

자료: 최선미(2019).

임을 보이며 지불과 거래 시스템에서 가장 많이 활용되고 있으나, 스마트 계약 기반의 효율적 계약 프로세스 확보, 자산의 디지털화 및 보안 유지, 공급망 투명성 제고를 통한 제품 신뢰 향상, 데이터 생산·공유·활용 기반 조성 등으로 확산될 전망이다.

블록체인 요소기술

블록체인 기술은 합의와 분산화의 개념을 바탕으로 거래 기록의 위변조가 불가능하도록 설계되었다. 네트워크상의 모든 거래자가 공동으로 거래 정보를 검증하고 기록함으로써 별도의 제3자 없이 해시함수, 전자서명,

그림 20-2 블록체인 작동 방식

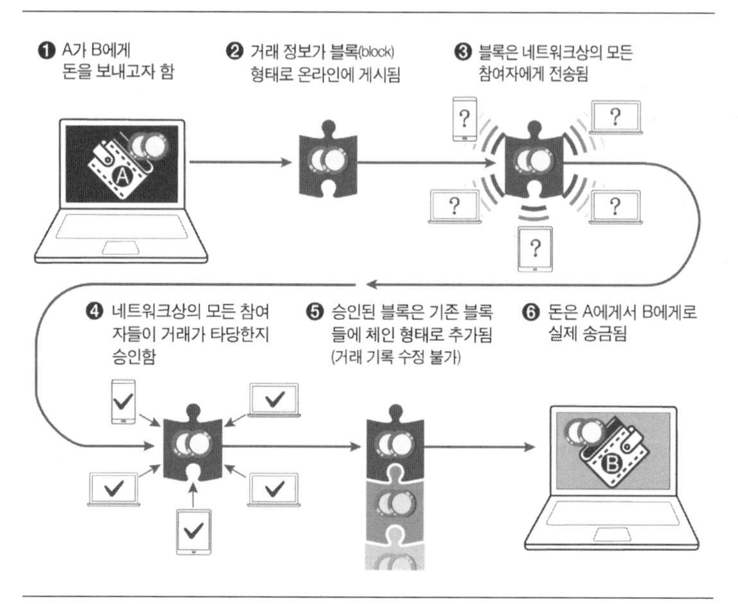

자료: 정승현(2020)에서 재인용.

P2P 네트워크를 통한 암호화 등의 보안기술을 활용하여, 거래 기록의 신뢰성과 무결성을 확보할 수 있다. 또한 탈중앙화를 통해 정보를 분산하는 형태이기 때문에 보안성이 좋고, 데이터 보호에 소요되는 비용을 줄이는 효과가 있어 분산형 네트워크를 기반으로 한 다양한 응용 서비스를 구현할 수 있다.

블록체인 요소기술은 P2P 네트워크, 합의 알고리즘(블록체인 프로토콜), 전자서명(공개키 암호화), 해시 등이다.

P2P 네트워크

P2PPeer-to-Peer 네트워크는 각 피어들이 서버인 동시에 클라이언트의 기

능을 수행하는 아키텍처로, 클라이언트/서버 아키텍처와 상반된 개념이다. P2P 네트워크는 별도의 서버가 존재하지 않기 때문에 네트워크 설계와 관리가 복잡할 수밖에 없지만, 노드의 네트워크 참여가 용이하여 확장성이 우수하고 특정 노드에 장애가 발생한다고 해도 전체 네트워크 운영에 미치는 영향이 없거나 상대적으로 작다는 장점이 있다. 그러나 해결해야 할 과제도 있다. 먼저, 네트워크 참여자의 신뢰성을 보증하는 것이 쉽지 않고 신뢰성 자체를 측정하는 지표도 명확하지 않다. 또한 데이터가 노드들에게 전달되는 것은 순차적으로 이루어지기 때문에 모든 노드에게 데이터가 전달되는 데 시간 지연이 필연적으로 발생할 수밖에 없다. 즉, 실시간성을 요구하는 서비스에는 적용이 어려울 수 있다.

합의 알고리즘(블록체인 프로토콜)

P2P 네트워크에서는 데이터의 지연 도달과 미도달을 피할 수 없기 때문에 모든 노드가 정확하게 데이터를 공유하는 것은 어려운 일이다. 따라서 P2P 네트워크에 참여한 각 노드들이 동일한 내용으로 데이터 블록을 생성하기 위해서는 참여 노드들 간의 합의 과정이 필요하다. 대표적인 합의 알고리즘에는 PoW, PoS, DPoS, PBFT, PAXOS, Raft 등이 있다. 대부분의 글로벌 기업들은 블록체인 프로토콜 중 하나 또는 조합을 사용하고 있다. 이러한 합의 알고리즘은 블록체인에서 매우 중요하며, 어떤 합의 알고리즘을 사용하는지가 블록체인의 기술력과 경쟁력으로 여겨지기도 한다. 비트코인 암호화폐에 적용된 PoWProof of Work는 블록을 생성하는 데 필요한 해시 계산을 가장 먼저 해결한 노드에게 데이터 블록을 만들 수 있도록 허가하고 코인으로 보상하여 노드들이 자발적으로 합의 과정에 참여하도록 유도한다. 하지만 모든 노드들이 해시 계산을 수행하는 데 따르는 자원의

낭비와 속도 저하의 문제점이 있다. 또한 네트워크 상태의 불안정으로 블록이 분기될 수 있기 때문에 올바른 블록으로 확정되는 것이 실시간으로 처리되지 못한다. PoSProof of Stake는 보유한 화폐량에 비례하여 의사결정 권한을 주는 방식이다. "대량 통화를 소유하고 있는 참가자는 해당 통화 가치를 지키기 위해 시스템의 신뢰성을 훼손하지 않을 것이다"라고 전제한다. 모든 노드가 합의 과정에 참여하는 것이 아니기 때문에 PoW가 가지고 있는 자원 낭비와 속도 저하의 문제를 개선하기는 했지만, 여전히 저속의 문제는 해결하지 못했다.

전자서명(공개키 암호화)

전자서명은 전자문서의 무결성을 증명하기 위해 문서에 첨부되는 전자적 형태의 정보다. 전자서명은 공개키 암호화 방식의 구조를 응용하여 구현된다. 비밀키로 문서를 암호화하여 서명을 생성하고, 공개키로 복호화하여 서명을 검증한다. 즉, 서명은 비밀키를 보유한 본인만 가능하고 검증은 누구나 할 수 있는 것이다. 비트코인의 경우, 블록에 포함되는 데이터(또는 트랜잭션)마다 한 개의 전자서명과 이를 검증하기 위한 공개키가 함께 부여된다. 이를 통해 블록 안에 있는 데이터들의 무결성을 확인할 수 있다.

해시

해시Hash는 전자서명과 마찬가지로 전자적 데이터로부터 생성되며, 임의의 길이 데이터를 고정된 길이의 데이터로 매핑한다. 전자서명과의 근본적 차이점은, 전자서명은 복호화를 통해 원래의 값을 얻을 수 있지만 해시는 해시 값으로부터 원래의 값을 추정할 수 없다. 블록체인에서는 여러 개의 데이터를 모아 하나의 블록을 만들고 이 블록을 해시한다. 블록에 대한 해시 값은 다음 생성되는 블록에 포함되며 이러한 과정은 반복된다. 블록은 시간에 따라 계속 쌓이고 있을 뿐 아니라 블록체인 네트워크에 참여하고 있는 모든 노드가 동일한 블록들을 보유하고 있기 때문에 이미 생성된 블록의 내용을 변경하는 것은 불가능하다.

블록체인은 아직 해결해야 할 여러 문제점이 존재한다. 많은 사람들을 통해 합의가 진행되고 전체 네트워크에 전파하여 동기화해야 하기 때문에 속도가 느리다는 단점이 있다. 블록체인에서 어떤 거래 내역이 처리되려면 해당 트랜잭션이 포함된 블록이 생성될 때까지 기다려야 한다. 이와 같은 문제로 여러 서비스들이 상대적으로 속도가 빠른 프라이빗 블록체인을 사용하여 개발/출시되었지만 근본적인 문제를 해결하지 못했다. 더불어 확장성에서도 문제가 있다. 블록의 크기가 고정되어 있어 네트워크 노드 수가 증가하고 사용자 수가 많아지면 데이터 크기가 방대해져 트랜잭션이 한 블록에 기록되기 힘들어진다. 또한 블록체인은 비트코인과 이더리움 등 현존 가상화폐의 핵심 기술인데 가상화폐 시장의 성장과 함께 이중지불 공격Double-Spending Attack과 같은 보안성 공격을 통해 부당이득을 취하려는 시도가 끊임없이 존재해 왔다. 이중지불 공격은 공격자가 서비스 혹은 재화의 대가로 지불한 가상화폐의 거래 기록을 무효화하여 재사용하는 것을 말한다. 예를 들어, 가상화폐 거래소에서 가상화폐를 지불한 대가로 현금을 출금한 후, 이러한 거래 기록을 블록체인에서 지워버리는 것이다. 실제로 지난 2018년에는 비트코인캐시BitcoinCash, 지캐시Zcash, 젠캐시Zencash, 라이트코인캐시LitecoinCash와 같은 대규모 가상화폐들이 이중지불 공격의 피해를 받았으며, 그 피해액은 수백만 달러에 달했다.

블록체인의 진화

블록체인 기술을 도입하려고 할 경우 거래 기록을 블록 형태로 보관·저장하기 위해서는 어떤 형태든지 간에 블록체인 네트워크가 있어야 한다. 회사가 주도권을 가지기 위해서는 프라이빗 네트워크를 활용해야 하나 현실적으로 프라이빗 네트워크를 개발, 운영하는 것은 대형 IT기업이 아니고서는 할 수가 없는 일이다.

따라서 대부분의 기업이나 기관에서는 블록체인 네트워크 자체를 개발, 유지하는 데 별도의 비용을 들이기보다는 거래 증명에 사용되는 약간의 비용을 지불하더라도 이미 나와 있는 검증된 퍼블릭 블록체인 네트워크 중 하나를 이용하여 각자의 상황에 맞는 시스템 개발에 집중하는 것이 현실적인 방법일 것이다.

메인넷Main Net[1]은 네트워크에서 사용하는 암호화폐를 통해 그 이름이 알려졌는데 기술적으로는 크게 3단계로 진화되어 왔다. 분산원장 공유 기술을 처음 도입하고 적용한 비트코인이 발표된 2009년부터 이더리움이 발표되기 전 2015년까지를 1세대로 보고, 스마트 계약 기술을 활용한 이더리움이 다양한 분야에서 응용되는 2018년까지의 시기를 2세대로 구분할 수 있다.

1세대의 블록체인 기술은 주로 디지털 통화로 활용되어 개념적인 혁신성에도 불구하고 그 기술적 파급이 제한적이었으며 느린 거래 속도로 인해 기술의 응용이 한정적인 영역에 그쳤다. 2세대의 블록체인 기술은 사전에

---

1 이미 나와 있는 다양한 퍼블릭 블록체인 네트워크 중에서 기술적으로 안정성이 입증되어 많은 적용 사례가 있는 네트워크.

그림 20-3 블록체인의 진화

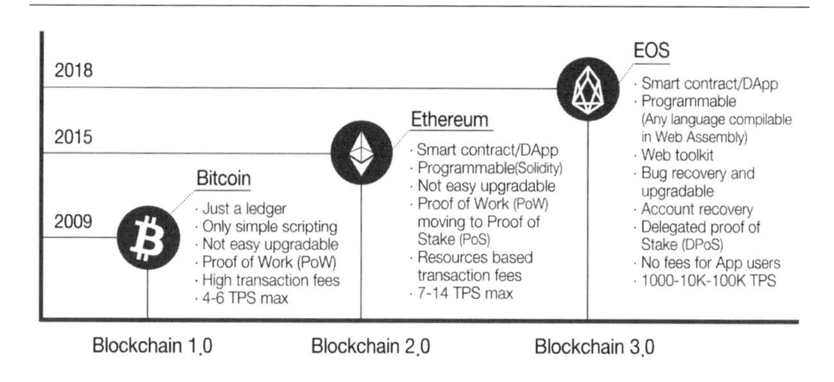

자료: Candusio(2018).

설계한 조건에 따라 계약이 자동으로 수행되도록 구조화된 스마트 계약을 시스템에 채택한 이더리움이 등장하고 응용 사례인 디앱DApp[2]들이 활발하게 상용화되었다. 이더리움은 블록체인 기술을 적용한 응용 사례를 만들어낸 2세대 블록체인 네트워크 시대를 연 메인넷이다. 스마트 계약 개념을 최초로 도입하여 블록체인 기술이 가상화폐를 유통하는 데 그치지 않고, 데이터의 저장, 불변성 및 투명성을 보장하면서 사용자의 필요에 따라 다양한 기능을 블록체인에 실을 수 있도록 했다. 현재는 기업의 업무 목적에 맞는 비즈니스 환경에 따라 기밀 유지와 확장성을 지원할 수 있는 프라이빗 블록체인 기반의 하이퍼레저 패브릭Hyperledger Fabric 프레임워크가 다양한 분야에서 활용되고 있다. 이오스EOS(이더리움 킬러)는 이더리움의 스마트 계약을 계승하며 합의 알고리즘을 PoS(지분 증명) 방식으로 변경하여 이더리움 메인넷의 몇 가지 단점을 개선한 메인넷이다. 보통 3세대라고 주장

2 DApp(Decentralized Application): 블록체인 메인넷을 활용하는 애플리케이션.

하나, 이더리움의 개선 정도로 보는 견해도 많다. 이더리움을 사용하기에는 속도 문제와 높은 트랜잭션 수수료가 부담스러운 경우에 추천할 수 있는 메인넷이다. 다만, 이더리움에 비해 아직 관련 자료가 풍부하지 않고, 지명도 또한 낮은 편이다.

블록체인 상용화의 가장 큰 장벽인 속도 문제를 해결하기 위해 많은 업체들이 소프트웨어 아키텍처와 알고리즘 개선을 통해 성능 향상에 집중했다. 최근에는 블록체인 전용의 독자적인 하드웨어를 설계하고 핵심적인 기능을 수행하는 인공지능 반도체를 활용한 4세대 블록체인 플랫폼이 등장하고 있다.

블록체인 기술은 참여자의 범위에 따라 퍼블릭, 프라이빗, 하이브리드 블록체인으로 분류할 수 있다. 퍼블릭 블록체인은 누구나 자유롭게 인터넷에 연결된 PC, 노트북, 스마트폰 등 다양한 장치를 통해 참여할 수 있는 블록체인이다. 트랜잭션 내역과 네트워크의 동작이 모두 공개되고 누구나 거래 기록의 묶음인 블록을 생성할 수 있다. PoW, PoS, DPoS 합의 알고리즘이 적합하다. 현재 비트코인, 이더리움, 이오스 등과 같은 예가 대표적이다. 프라이빗 블록체인은 네트워크 주체 등으로부터 허가된 노드만 허가된 장비로 참여할 수 있는 블록체인 네트워크다. 이렇게 인증된 노드만이 거래 내역을 확인하거나 블록을 생성할 수 있다. 프라이빗 블록체인은 기밀성과 속도가 강화된 모델이지만 적은 사람을 통해 합의가 진행되기 때문에 일부 중앙화가 발생하여 보안성이 낮아질 수 있다는 단점이 있다. PBFT 합의 알고리즘이 적합하며 대표적인 예로 리플Ripple(국제송금) 등이 있다. 하이브리드 블록체인은 퍼블릭 블록체인과 프라이빗 블록체인을 동시에 지원하는 형태의 블록체인이다. 여기에는 더블체인Double Chain, 인터체인Inter-chain, 컨소시엄 블록체인Consortium Blockchain이 있다. 더블체인의 예로는 기

표 20-1 블록체인의 유형별 특징

	퍼블릭 블록체인	프라이빗 블록체인	하이브리드 블록체인 (더블체인, 인터체인)
		컨소시엄 블록체인	
정의	· 누구나 참여 가능 · 모든 사람에게 정보 공개 가능	· 소유자에 의해 제어 · 액세스는 특정 사용자로 제한	· (퍼블릭+프라이빗) 블록체인 · 일부 비공개, 일부 공개
투명도	· 전체적으로 투명하고 공개	· 액세스 권한자에게만 공개	· 소유자의 규칙 설정 방법에 따라 다름
인센티브	· 노드 보상 제공	· 제한적 참여로 보상 어려움	· 노드 원할 경우 보상 가능
활용	거의 모든 산업에서 사용 가능. 프로젝트나 상업용 가상자산을 만드는 데 유용	작업 흐름을 완전히 제어해야 하므로 조직 블록체인 구현에 적합함	정보의 비공개 또는 공개가 불가능하고 신뢰가 없는 프로젝트에 가장 적합함. 공급망, 은행, 금융, 사물인터넷 등에서 효과적임
대표 프로젝트	비트코인, 라이트코인, 이더리움	리플, 코다, 패브릭, 루프체인	하이퍼레저 패브릭, 코스모스, 아이콘, 에이치닥

자료: FirmaChain(2020.11.27).

밀성이 중요한 IoT 기기에는 프라이빗 블록체인을 이용하고, 자동화된 결제를 위해서는 퍼블릭 블록체인을 이용하는 방식이 있다. 인터체인은 서로 다른 다수의 블록체인 네트워크를 하나로 연결하기 위한 체인이며, 컨소시엄 블록체인은 동일한 목적이나 가치를 공유한 다수의 기업과 단체들이 하나의 컨소시엄을 구성하여 그 안에서 작동하도록 만든 것이다. 예로는 하이퍼레저 패브릭 프로젝트가 있다.

기업용 통합 플랫폼(feat. 넥스레저 유니버설)

블록체인을 도입하는 기업의 공통적인 고민은 다음과 같다.

① 업종을 넘나드는 새로운 서비스를 만들 수 있을까?

그림 20-4 넥스레저 유니버설 플랫폼 구조

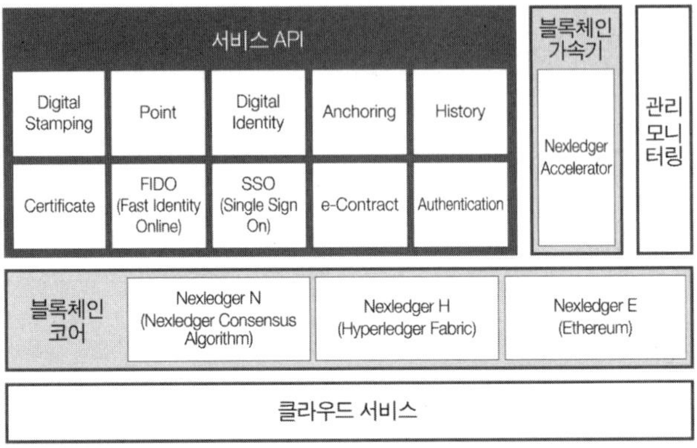

서비스 API
Digital Stamping
Point
Digital Identity
Anchoring
History
Certificate
FIDO (Fast Identity Online)
SSO (Single Sign On)
e-Contract
Authentication
블록체인 가속기
Nexledger Accelerator
관리 모니터링
블록체인 코어
Nexledger N (Nexledger Consensus Algorithm)
Nexledger H (Hyperledger Fabric)
Nexledger E (Ethereum)
클라우드 서비스

자료: 삼성SDS(2020a).

② 서로 다른 기술 기반 블록체인들을 연결할 수 있을까?

③ 쉽고 빠르게 적용하고 확장할 수 있을까?

넥스레저 유니버설Nexledger Universal은 블록체인 엔진을 선택적으로 적용할 수 있는 삼성SDS의 기업형 고성능 블록체인 통합 플랫폼이다. 독자 합의 알고리즘을 포함하여 다양한 블록체인 코어(NCA, 하이퍼레저 패브릭, 이더리움)를 제공하고 사용자 니즈에 맞게 필요시 유연하게 블록체인 코어를 변경할 수도 있다. 또한 사용자 인증정보 관리, 포인트 거래, 타임 스탬핑 등 실제 비즈니스 환경에서 자주 사용되는 블록체인 기능을 표준 API 형태로 제공하고 있다. 엔터프라이즈급 관리 모니터링 기능을 통해 높은 수준의 모니터링 기능을 제공하며 엄격한 노드 접근 제어가 가능하다. 대시보드 화면을 통해 관리자는 블록체인 상태 및 성능 현황을 한눈에 확인하고 즉시 제어할 수 있다.

서비스 API

- 넥스레저가 제공하는 서비스 API를 조합하면 쉽고 빠르게 블록체인 서비스 구현 가능

블록체인 가속기(Nexledger Accelerator)

- 블록체인 플랫폼과 클라이언트 사이에 위치하여 트랜잭션을 일괄 처리하는 방식으로, 하이퍼레저 패브릭 기준 거래 처리 속도를 최대 15배 향상시킴

관리 모니터링

- 대시보드를 통해 노드 상태 및 시스템 리소스 점유율, 거래 현황 등을 한눈에 파악할 수 있고, 거래 내역 상세 조회가 가능
- 체인/노드 관리 기능을 통해 이상 상황에 대한 즉각적인 확인 및 대처가 가능

블록체인 코어

- 넥스레저 N: 독자적인 합의 알고리즘 NCANexledger Consensus Algorithm 적용
- 넥스레저 H: 하이퍼레저 패브릭 기반의 블록체인 코어로 CFTCrash Fault Tolerance 합의 알고리즘 적용
- 넥스레저 E: 이더리움 기반의 블록체인 코어로 PoAProof of Authority 합의 알고리즘 적용

클라우드 서비스

- 튜토리얼: 블록체인 애플리케이션 개발 과정을 체험해 볼 수 있음
- 테스트 넷Test-Net: 실제 블록체인 시스템 운영 환경과 유사한 클라우드 인프라를 바탕으로 표준 블록체인 API를 테스트해 볼 수 있음
- 공용 클라우드: MS 애저 등 클라우드 마켓플레이스를 활용하여 다양한 기능 적용 가능

메인넷을 활용한 블록체인 융합 시스템을 개발하기 위해서는 다음과 같은 기술들에 대해 알아야 한다.

메인넷 특성 이해

메인넷이 사용하고 있는 통신 방식, 암호화 방법, 합의 알고리즘을 이해하고 있어야 한다.

DApp 개발

블록체인 메인넷을 DBMS에 비유한다면, DApp(분산 응용)은 블록체인을 기반으로 하여 개발된 응용프로그램이다. 사용자 인터페이스를 만들고, 메인넷과 통신하여 필요한 정보를 기록하고 조회하는 기능에 관련된 프로그램을 만든다.

스마트 계약 제작

스마트 계약은 DApp 내부에 있는 세부 기능들의 작동 로직을 표현하는 컴포넌트들이라고 볼 수 있다. 대부분의 메인넷은 이더리움에서 파생했기 때문에 C언어 기반으로 계약을 제작하게 되어 있는데 메인넷별로 미세한

부분에 차이가 있다. 예를 들어, 이더리움은 솔리디티Solidity라는 언어를 사용하고, 이오스는 GO Lang이라는 언어로 개발한다.

Node.js

계약을 개발하여 메인넷에 등록하면, 이후 계약과 인터페이스를 해야 한다. 여러 가지 방식이 쓰일 수 있으나, 가장 일반적인 방식은 메인넷의 RPC를 이용해 해당 계약을 호출하는 방식이다. 이때, 각 메인넷들이 샘플로 제공하는 코드의 경우 대부분 Node.js가 필수로 되어 있다.

DBMS, WEB, 기타

블록체인을 사용하는 시스템이라 하더라도, 전체 기능을 블록체인에 의존할 수는 없다. 대부분의 개발 환경은 기존 사용하던 환경을 유지하고, 블록체인이 필요한 경우에 한정적으로 이용하게 된다. DApp을 제작하더라도 전체 시스템 코드와 기술 중 블록체인이 직접 연관된 것은 5% 미만인 경우가 대부분이다.

21

챗봇과 RPA를 활용한 지능형 가상비서

가상비서는 말로 명령하여 업무를 대신해 주는 소프트웨어 에이전트다. 가트너에서는 가상비서를 적용 대상에 따라 VPAVirtual Personal Assistant(일반 개인), VCAVirtual Customer Assistant(기업고객), VEAVirtual Employee Assistant(임직원)로 분류하고 있다(Gartner Research, 2017). 현재 기업에서의 가상비서 활용 수준은 챗봇(정보 제공)과 RPA(업무 자동화)의 통합 솔루션으로 가늠해 볼 수 있다. 챗봇은 상담, 리테일, 인사/총무 등 실시간 대화형 업무 자동화 분야에 사용 중이고 RPA는 단순 반복적인 업무 자동화에 쓰인다. RPA 적용 대상이 되는 자동화 프로세스에는 노동집약형 반복 업무, 룰Rule 기반 프로세스, 낮은 예외 수준, 읽기 쉬운 표준화된 문서 양식 기반 프로세스, 자동화로 인한 효율성 창출 영역들이 있다. 비용 절감을 위한 솔루션인 RPA를 업무에 활용하면 다음과 같은 장점이 있다.

① 안정성: 민감한 데이터에 대한 접근 방지, 정보의 인적 오류 예방

그림 21-1 기술 혁신에 따른 일의 변화

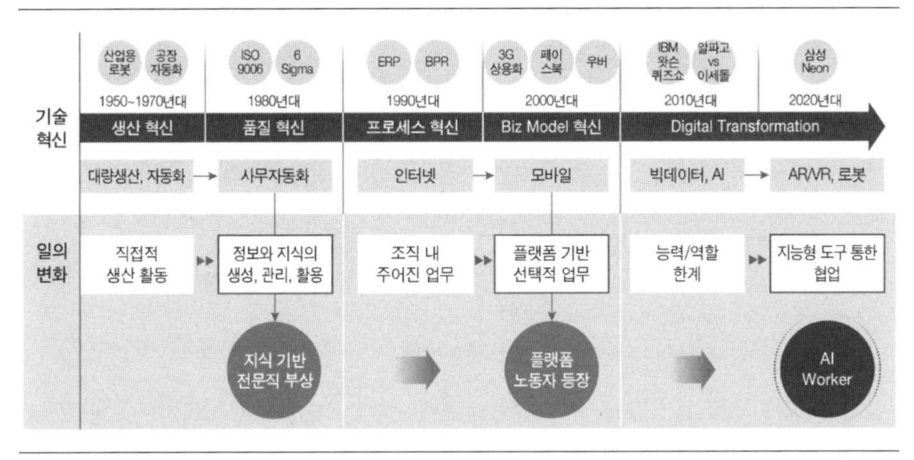

자료: 삼성SDS(2020b).

② 정확성: 입력 자동화를 통한 오류 예방 및 문제 최소화

③ 효율성: 반복적인 업무를 RPA가 대신 처리

④ 신속성: RPA가 연중무휴로 신속하게 작업 수행

⑤ 경제성: 효율적으로 인건비 감소, 매출 증대에 기여

국내에 챗봇 솔루션은 IBM 왓슨 컨버세이션Watson Conversation, 구글 다이얼로그플로Dialogflow와 MS의 루이스Luis 등이 있고, RPA 솔루션은 루마니아의 유아이패스UiPath, 영국의 블루프리즘Blue Prism, 미국의 오토메이션 애니웨어Automation Anywhere 등이 소개되어 있다. 향후 가상비서 서비스는 단순한 업무자동화나 정보 제공 챗봇을 넘어 지시한 업무를 정확히 수행할 수 있는 에이전트 수준으로 발전하리라 기대된다. 딥러닝을 활용한 행동 패턴 기반의 업무 제안이 가능해지고, 분석 기능을 통해 이상 상황을 파악하

며 시각형 AI를 통해 인간 이상의 인지 인식이 가능해질 것이다. 이를 통해 자체 판단에 따른 업무 수행과 상황 인지, 나아가 선제적 업무 제안까지 할 수 있으리라 예상된다.

언택트 시대, AI 챗봇과 RPA

최근 코로나19의 글로벌 팬데믹 사태 이후 원격근무 솔루션 기술 및 시장에 대한 관심이 크게 증가하고 있다. 원격근무 솔루션 기술은 1세대(이동전화·이메일), 2세대(VoIP), 3세대(클라우드), 4세대(5G·AI·AR/VR) 등 총 4단계의 세대로 나눌 수 있다. △ 1세대는 이동전화와 이메일이 업무에 사용됨에 따라 업무 효율을 비약적으로 높였다. △ 2세대는 VoIP 기술의 발전으로 디지털 기술을 이용한 음성·영상 회의 및 협업 도구들이 보편화되었다. △ 3세대는 클라우드 기반의 서비스로 관련 시장이 성장하고 있으며, △ 4세대는 5G·AI·AR/VR 등의 신기술과 융합되면서 UC&C Unified Communications and Collaboration 서비스로 융합·확장되고 있다. 원격근무 솔루션이 기존 비즈니스 솔루션과 수평·수직적 그리고 화학적으로 융합되면서 고도화된 UC&C 솔루션으로 진화하고 있다. 2021년까지 UC&C 제공업체의 50%가 AI 기반 디지털 어시스턴트를 통해 원활한 협업 경험을 제공할 예정이다(Aragon Research, 2019). 미국과 유럽은 직원 복지 및 사회문제 해결을 위해 원격근무가 지속해서 확대되고 있으며, 구글, 마이크로소프트, 애플 등의 글로벌 IT기업들이 개발하는 협업도구[1], 원격회의[2], 원격접속[3] 같은

---

1 다자간 협업을 위한 클라우드 기반 공유 저장소, 일정 관리, 문서 작성 등의 협업을 위한 자

UC&C 솔루션들이 보편화되어 가고 있다. 이에 반해 국내는 재택근무를 운영하는 사업체가 9.7%에 불과하고, IT 분야의 신생 기업 위주로 솔루션이 개발되고 있으나, 해외 제품 대비 사용률이 낮은 상황이다(권영환 외, 2020).

IDG에 따르면 RPA 도입이 쉬운 분야로 IT 자산관리, 재무관리, 보안을 들고 있는데, 모두 반복적인 업무가 많고, 정확한 데이터 수집과 정리를 요구하며, 꾸준히 이루어진다는 특징이 있다. IT 자산관리의 경우, 업무 프로세스가 반복적이며 일반적이다. 재무관리에서는 데이터를 검색하고 정리하고 필터링하는 등의 작업이 많은 부분을 차지한다. 보안 부문은 모니터링을 하고 관련 조치를 취하는 일이 24시간 내내 이루어진다. 제조 영역에서는 원가 분석, 벤더 등록, 채권 관리 업무 등이 대상일 수 있으며 좀 더 구체적으로 자재, 생산관리를 위한 BOM 데이터 조회 및 ERP 입력 자동화, 물품 대금 및 작업비 청구서 프로세스 자동화, 재고 및 순출고 금액 확인 업무 자동화, 수수료 계산서 승인 요청 및 업무 자동화, 법인카드·출장비·매입 세금계산서 처리 자동화 등을 들 수 있다.

삼성SDS에서 자체 개발한 AI 기반 챗봇+RPA 솔루션인 브리티웍스는 자재 현황 분석, 고객 응대, 판매관리 등의 업무를 자동화하고 있다. 브리

료 공유 및 업무관리 솔루션. 예: 구글 지스위트(G-Suite), 마이크로소프트 팀즈(Teams), 애플 아이워크(iWork).

2 온라인 원격회의를 위해 다대다 간 음성·영상·자료 공유·메신저·화이트보드 기능을 제공하는 솔루션. 예: 시스코 웹엑스(WebEx), 구글 행아웃(Hangouts), 마이크로소프트 스카이프(Skype), 어도비 어도비커넥트(AdobeConnect), 줌 줌(Zoom).

3 재택 또는 외부에서 원격근무가 가능하도록 업무용 컴퓨터에 접근하기 위한 솔루션. 예: 마이크로소프트의 마이크로소프트 리모트 데스크톱(Microsoft Remote Desktop), 구글의 크롬 리모트 데스크톱(Chrome Remote Desktop), 애플의 애플 스크린 셰어링(Apple Screen Sharing).

그림 21-2 인텔리전트 콘택트 센터(Intelligent Contact Center)

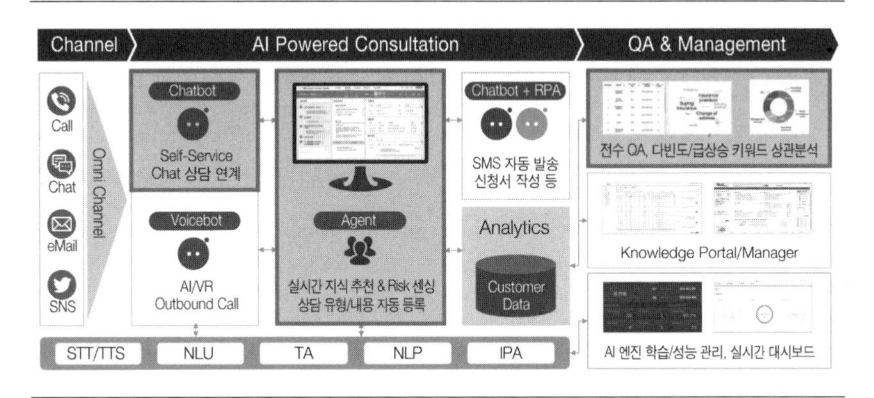

자료: 삼성SDS(2020b).

티윅스는 쉬운 사용법과 빠른 업무 처리 속도가 특징이다. 대화형 챗봇 기능이 포함되어 있어 원격으로 문자메시지 보내듯 업무를 지시할 수 있으며 프로그래밍 지식 없이 순서도를 만들 듯 마우스로 원하는 기능을 연결하고 조정해 업무 자동화 봇을 만드는 것이 가능하다.

브리티웍스는 다음과 같은 특징이 있다.

① 똑똑한 자연어 이해

- 우수한 NLUNatural Language Understanding(자연어 이해) 엔진
- 정확한 업무 범위 지시 및 실행을 위한 입력 포맷 지원
- 의도 파악 정확도 제고를 위한 다양한 학습 지원 제공

② 쉽고 빠른 프로세스 자동화

- 쉽고 편리한 프로세스 디자인
- 설계된 단위 업무 프로세스를 하나의 메가 프로세스 플로로 설계

- 포털과 개발 툴 연계로 쉽게 실행하고 공통 기능은 재활용 모듈로 제공

③ 우수한 운영 안정성

- 기업향 운영 안정성
- 오류 프로세스에 대한 빠른 복구와 조치를 위한 관리 포털에서의 원격관리 기능 제공
- 강력한 보안 기능

쉬어가기 자연어 처리(Natural Language Processing: NLP)

엄청난 정보와 지식이 책이나 문서, 뉴스, SNS나 사람들의 이야기 등 자연어 형태로 존재하기 때문에 자연어 처리가 중요하다. 자연어란 인간이 사용하는 자연스러운 언어를 의미하며, 자연어 처리란 컴퓨터가 자연어를 해독하고 그 의미를 이해하는 기술을 말한다. 자연어 처리는 음성인식·내용 요약·번역·텍스트 분류 작업(스팸메일 분류, 뉴스 기사 카테고리 분류)·질의응답 시스템, 챗봇과 같은 곳에서 사용되는 분야다.
기존의 자연어 처리 기술은 크게 규칙/지식 기반과 확률/통계 기반의 두 가지 접근 방법을 사용했다. 현재 현업에서도 많이 사용하는 규칙/지식에 기반한 접근법(Symbolic approach)은 사용자가 발화하는 것을 규칙으로 매핑하여 패턴을 만들어놓는 방식이다. 확률/통계 기반 접근법(Statistical approach)으로는 대표적으로 TF-IDF를 이용한 키워드 추출 방식을 들 수 있다. 하지만 최근에는 딥러닝과 딥러닝 기반의 자연어 처리가 방대한 텍스트로부터 의미 있는 정보를 추출하고 활용하기 위해서 전 세계적으로 활발히 진행되고 있다.
글로벌 NLP 솔루션으로는, 인공지능 언어 모델인 구글 버트(BERT)를 한 시간 내에 학습하고(기존 며칠 소요), 2ms 만에 AI 추론을 완료한 엔비디아 '언어이해기술'을 꼽을 수 있다. 엔비디아는 AI 플랫폼에 핵심 최적화 기능을 추가해 AI 학습과 추론을 기록적인 속도로 수행하는, 현재까지 가장 방대한 언어 모델을 구축하고 있다. 자연어 처리에 기반을 둔 AI 서비스는 향후 몇 년 동안 기하급수적으로 성장할 것으로 예상된다. 가트너는 2021년까지 모든 고객 서비스 상호작용의 15%가 AI로 완전히 처리될 것이라고 예측했다. 이처럼 NLP 기술은 인간의 대부분 지식이 언어로 표현되어 있기

에 대량의 비정형화된 언어로부터 세상의 지식을 추출하고 가공할 수 있는 언어정보 처리기술로, 차세대 초연결·초지능 사회 구축을 위해 매우 중요한 요소다.

RPA 기술의 한계와 발전 방향

기술의 성숙도를 표현하기 위한 시각적 도구인 하이프 사이클은 크게 다섯 단계로 구분된다. ① 기술이 새롭게 등장하여 관심을 받기 시작하는 "태동기Technology Trigger", ② 기술을 선도하는 기업들을 통해 성공과 실패 스토리가 나오기 시작하는 "거품기The Peak of Inflated Expectations", ③ 대부분의 도전들이 실패하고, 많은 기업들이 사업화를 포기하기 시작하는 "거품제거기Trough of Disillusionment", ④ 시장에서 새롭게 등장한 기술이 수익을 내기 시작하는 사례가 발견되면서 시장이 기술에 대해 반응을 보이기 시작하는 "재조명기Slope of Enlightenment", 마지막으로 ⑤ 기술이 시장에서 완전하게 자리를 잡기 시작하는 "안정기Plateau of Productivity"가 그것이다. 챗봇과 RPA 기술은 하이프 사이클의 여론 관심도가 높아진(거품기) 후 실패 사례가 등장하는 시기(거품제거기)로 5~10년 내에 시장 안정기에 진입할 전망이지만 지금은 명확한 한계가 있다.

RPA 도입 시 어려움을 묻는 조사에서 응답자의 26%는 자동화할 대상을 찾고 가시화하는 프로세스 표준화가 가장 어렵다고 대답했다. 업무 분석부터 RPA 코드로 옮기는 데까지는 기술적인 이슈가 없어 보이나, 대상 업무 탐색 단계에서 업무 자동화 영역을 발굴하고 선정하기가 쉽지 않다. 지금까지는 사용자가 직접 업무를 선정하여 녹화하도록 요청하는 식으로 해결하고 있지만, 기업 내 자동화 대상 업무를 분석하고 우선순위를 평가

그림 21-3 지능형 가상비서 관련 하이프 사이클

① 태동기	② 거품기	③ 거품제거기	④ 재조명기	⑤ 안정기
기술 촉발 시기	기술에 대한 관심의 거품 시기	관심의 제거 시기	기술의 재조명 시기	기술 상용화의 안정 시기
· 잠재적 기술이 관심을 받기 시작하는 시기 · 초기 단계의 개념적 모델과 미디어의 관심이 대중의 관심을 불러일으킴 · 상용화 제품이 없고 상업적 가치도 증명되지 않은 상태 · 프로토타입이 존재하고 개념 증명을 하는 시연이 가능하나 기업의 입장에서 보면 대부분 매출은 거의 없는 상태임	· 초기의 부풀려진 기대로 시장에 알려지게 되어 다수의 실패 사례와 일부의 성공 사례가 양산됨 · 일부 기업은 사업에 착수하지만 대부분의 기업은 관망 상태에 있으며, 얼리어답터를 위한 제품이 주류를 이룸	· 실험과 구현의 결과가 좋지 않아 대중의 관심이 쇠퇴함 · 제품화를 추진했던 기업들은 포기하거나 실패 · 초기의 제1세대 제품들의 실패 사례가 알려지면서 시장의 반응은 급격히 냉각됨 · 살아남은 기업들은 소비자가 만족할 수 있는 제품 및 향상에 성공한 경우에만 투자를 지속함	· 기술의 가능성을 알게 된 기업들은 지속적인 투자와 개선으로 수익 모델을 나타내는 좋은 사례들이 증가하고 성공 모델에 대한 이해가 증가하기 시작함 · 제2세대 제품과 부가 서비스들이 출시되고 더 많은 기업이 투자하기 시작하나 보수적 기업은 여전히 관망(유보)적 상태를 유지함	· 제3세대 제품 및 서비스가 출현하고 시장과 대중이 본격적으로 수용하기 시작하면서 시장이 급격히 열리고 매출은 급증하여 성과를 거둠 · 기업의 생존 가능성 평가에 대한 기준이 명확해지며, 기술은 시장에서 주류로 자리 잡기 시작함

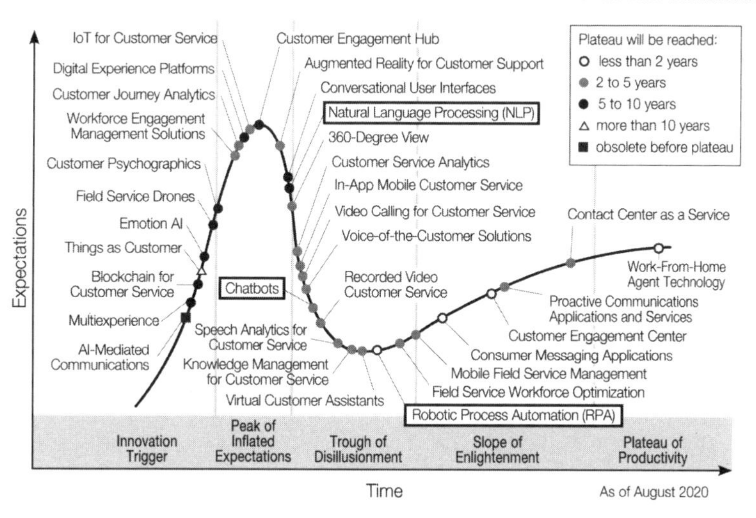

자료: Gartner(2020).

하는 것은 많은 시간과 노력이 필요하다. 업무 프로세스를 설계하는 일 또한 쉽지가 않다. 동일 업무라도 사람마다 우선순위와 처리 방식이 다르고 어느 방식이 가장 효과적인지 알기가 어렵기 때문이다.

그림 21-4 RPA 도입 추진 시 애로사항

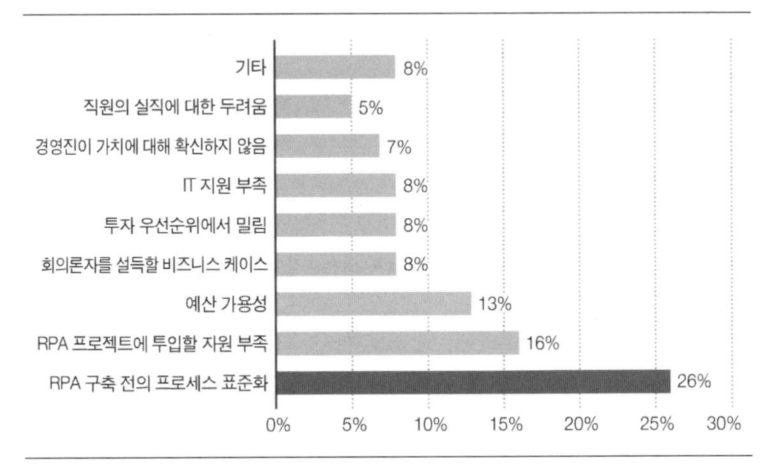

자료: 강송희(2019)에서 재인용.

글로벌 RPA 기업은 이러한 어려움을 해결하기 위해 RPA에 프로세스 마이닝을 접목하는 다양한 시도를 하고 있다. 프로세스 마이닝은 프로세스를 시각화하고 비효율/규정 위반 등을 발견하여, 기존 프로세스와 비교 및 개선을 돕는 기술이다. 이 중 RPDRobotic Process Discovery 기술은 사용자가 평소와 같이 PC를 이용하여 자신의 업무를 수행하는 동안 에이전트가 이벤트 로그를 저장한다. 수집된 로그로부터 중복된 시퀀스 패턴을 추출하고 연관성이 높은 패턴끼리 그룹화하여 업무를 발굴하고 발굴된 업무는 프로세스 마이닝 엔진에 입력되어 분석 알고리즘을 통해 업무 프로세스 모델로 변환된다. 독일의 셀로니스Celonis 같은 선두 업체들이 초기 버전의 RPD 솔루션을 공개하는 수준이지만, RPA에 프로세스 마이닝이 도입되면 기업들은 업무 프로세스를 효과적으로 분석하고 자동화/최적화 기회를 파악하며 효과를 측정할 수 있게 될 것이다. 수기로 작성되거나 스캔된 문서의 경우, 로봇이 정확히 인식할 수 있는 수준의 데이터 품질을 확보하기 어렵다. 최신의 광학인식기술OCR을 적용하더라도 데이터 인식에 실패하거나 잘못 인식하는 경우가 발생할 수 있다. 따라서 은행의 대출 심사 또는 보험사의 보험금 지급과 같은 핵심 업무에 RPA를 적용하는 데는 어려움이 있다. 더 나아가 비즈니스 현장에서 상시 발생하는 음성, 텍스트, 영상과 같은 비구조적 데이터는 현재 RPA 기술로는 그 의미를 인식하고 처리할 수 없다. 이상과 같은 한계점들을 극복하기 위해서 RPA 기술과 머신러닝, 자연어 처리, 빅데이터 분석, 페이퍼리스 솔루션 등 다양한 디지털 기술의 결합이 시도되고 있다. 이러한 디지털 기술과의 결합을 통해 RPA는 보다 '똑똑한' 기술로 발전할 것이며, 단순 반복적인 업무에서 벗어나 보다 넓은 업무 영역에서 사람을 대체해 나갈 것이다.

22

산업용 사물인터넷

4차 산업혁명을 통해 현실 세계와 가상 세계가 상호작용하는 초연결 지능 사회가 도래할 것으로 기대되고 있으며, 4차 산업혁명을 실현하기 위한 핵심 기술로 사물인터넷이 부각되고 있다. USN, M2M에서 발전한 사물인터넷은 4차 산업혁명을 현실화하는 수단으로서 5G, 클라우드, 엣지 등의 IoT 연계 기술과 인공지능, AR/VR, 디지털 트윈, 드론 등의 IoT 활용 기술에 힘입어 실체화 단계에 들어섰다. 이제 IoT는 제조, 건설, 빌딩, 도시, 물류 등 다양한 산업에 적용되어 운영 효율화나 비용 절감 등 실질적인 성과를 입증하고 있다. 글로벌 IT 리서치 업체인 IDC의 보고서에 따르면 전체 사물인터넷 시장의 32%가 설비를 직접 운영하는 대규모 제조사들로 파악되고 있다. 이는 IoT를 활용한 플랫폼 구축 및 수집 데이터 분석, 인공지능을 연계한 디지털 전환이 자동화 시스템을 넘어서고 있다는 신호로 볼 수 있다. 정보통신기획평가원IITP의 2018년 보고서에 따르면, 사물인터넷을 "인터넷을 기반으로 다양한 사물, 공간 및 사람을 유기적으로 연결하고, 상황을 분석·예측·판단하여 지능화된 서비스를 자율적으로 제공하는 제반 인프라 및 융복합 기술"로 정의하고, 기술 발전 단계를, 1단계 연결형Connectivity, 2단계 지능형Intelligence, 3단계 자율형Autonomy으로 규정하고 있다(정보통신기획평가원, 2018). 연결형 사물인터넷은 사물이 인터넷에 연결되어 주변 환경을 센싱하고 그 결과를 전송할 수 있으며 모니터링한 정보를 통해 원격으로 사물이 제어되는 단계이고, 지능형 사물인터넷은 센싱된 데이터를 분석 및 예측하는 지능적 행위를 취할 수 있는 단계이며, 자율형 사물인터넷은 사물 간 분산 협업 지능을 기반으로 상호 소통하며 공간, 상황, 사물 데이터의 복합 처리를 통해 스스로 의사결정을 하고 물리 세계를 자율적으로 제어할 수 있는 단계다. 특히 자율형 사물인터넷은 예측-계획-전달-실행의 가상 세계에서 실세계로의 대응 자율화 기술이 핵심이며 실세계와 가상 세계의 지속적인 상호작용 사이클이 완성되는 단계다.

IoT의 구성요소

아무리 복잡한 IoT 서비스도 그 구조를 단순화하면 '디바이스-네트워크-엣지 플랫폼-서비스'로 정리할 수 있다.

일반적인 IoT 통신망의 특성은 소량의 데이터 크기와 낮은 전력 소모, 저렴한 네트워크와 디바이스 비용을 들 수 있다. IoT 통신망은 사용 방식에 따라 근거리 통신, 원거리 통신으로 구분할 수 있는데, 근거리 통신망은 와이파이, 블루투스, 지웨이브Z-Wave, 지그비ZigBee 등과 같이 1Mbps 이하의 낮은 속도와 100m 정도의 거리에서 사용된다. 원거리 통신망은 NB-IoT, eMTC, 로라LoRa, 시그폭스Sigfox, LTE-M 등과 같이 10km 내외의 거리와 낮

그림 22-1 IoT 서비스 구성요소 및 무선 네트워크 주요 사용 범위

IoT 디바이스	IoT 무선 네트워크	IoT 플랫폼	IoT 서비스
스마트밴드	3G, 4G, 5G (WCDMA, LTE, LTE-Advanced)	탐색(Discovery)	헬스/의료
생산기계	와이파이, IEEE 802.11xx	보안(Security)	제조
자동차	IEEE 802.15.x., 블루투스, 지그비, 지웨이브, Thread	데이터 전송(Data Transmission/ Network): HTTP, CoAP, MQTT, TLS, DTLS, OPC-UA, Thread 등	자동차/교통
온도조절기	NB-IoT, 로라, 시그폭스	기기 관리(Device Management): OMA DM, OMA LWM2M, BBF TR-069 등	에너지
세탁기	NFC, RFID	데이터 관리(Data Management)	홈
감시카메라		서비스 플랫폼 표준화 단체: OneM2M, OCF, OMG, Thread, OASIS, IEEE P2413, ISO/IEC JTC1 등	도시/안전

IoT 무선 네트워크 주요 사용 범위

Gbps
Mbps
kbps
전송 속도
와이파이, IEEE 802.11xx (a/b/g/n/ac)
3G, 4G, 5G (WCDMA, LTE, LTE-Advanced)
IEEE 802.15.x (블루투스, 지그비), Thread, 지웨이브
NFC
NB-IoT, 로라, 시그폭스
RFID
서비스 반경 » 1m 10m 100m 1km 10km 100km

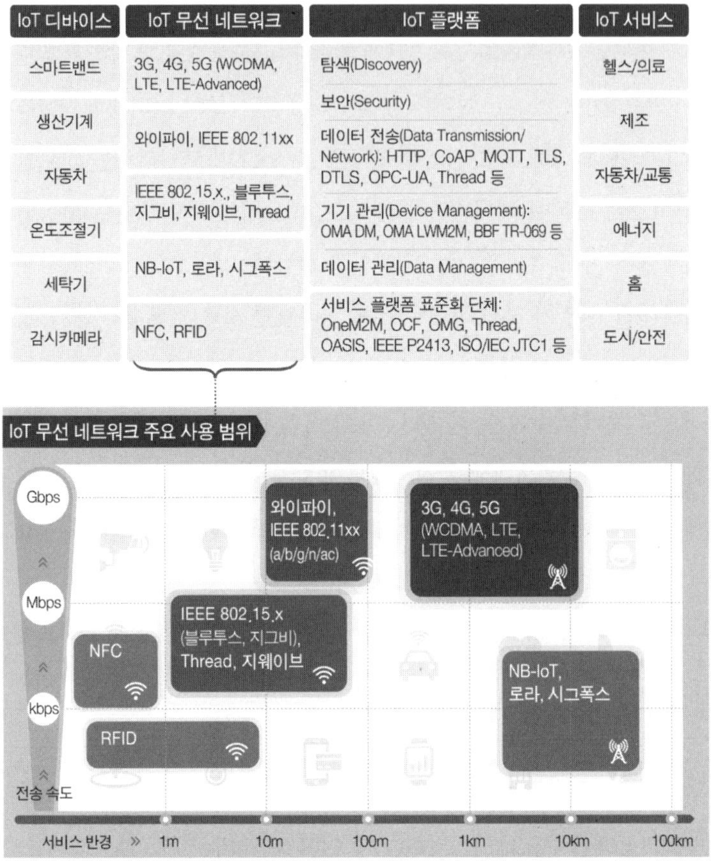

자료: TTA(2021).

은 속도를 사용하는 IoT 전용망과 그 외 일반 이동통신망으로 구분된다. 현재 시장에서 로라와 NB-IoT 등이 주목을 받고 있지만, 5G 확산과 더불어 IoT 전용망에 대한 관심은 점점 줄어들고 있다. 2019년부터 확산이 시작된 5G는 기존 이동통신망에 IoT 전용망을 포함한 이동통신 기술 방식으

로 IoT와 AI를 가능하게 하는 기폭제Enabler 역할을 할 전망이다.

많은 기업들은 IoT 기술 도입을 검토하는 과정에서 여러 난관에 부딪힌다. 손쉬운 IoT 서비스를 개발할 수 있는 환경을 통하여 비즈니스에 대한 접근성을 높이고자 한다. 즉, 심플한 비즈니스 아이디어만으로도 IoT 서비스가 가능한 방법을 고민한다.

① 다양한 디바이스에서 요구하는 프로토콜을 직접 구현할 것인가?
② 허가되지 않는 디바이스가 접근하는 것을 어떻게 방지할 것인가?
③ 디바이스의 이상 상태를 어떻게 감지할 것인가?
④ 수집한 데이터를 기존 또는 신규 애플리케이션과 통합하여 처리할 수 있는가?
⑤ 디바이스가 폭발적으로 늘어났을 때 그것을 어떻게 감당할 것인가?

대부분의 기업에서는 IoT 플랫폼을 사용함으로써 이러한 고민을 해결하려고 한다. 따라서 IoT 플랫폼의 선택은 성공적인 IoT 도입을 위한 핵심 요소가 되었으며, 소프트웨어의 주요 경쟁 시장으로 떠올랐다. IoT 플랫폼은 데이터의 수집·운영·관리 체계를 최적화하며, IoT 디바이스를 빅데이터 솔루션 및 레거시 시스템과 연결해 준다. 또한 웹 및 로컬 환경에서 표준 통신 프로토콜 기반의 지능형 애플리케이션을 쉽게 개발할 수 있게 해준다. 센서 기술과 다양한 연결 기술의 발달로 공장 내 다양한 곳에서 데이터 수집이나 활용 수요가 커지고 있는 상황에서 IoT에 여러 기능들이 요구되고 있다.

표준화 기반 디바이스 연계 커버리지 확장

- 서비스 플랫폼 표준화 단체인 OneM2M/OCF 표준 적용(신규 단말 도입 시 시스템 준비·연동 및 개발에 평균 3개월 소요)
- MQTT, CoAP, 웹소켓Web Socket 등 데이터 전송 프로토콜 지원
- 커스텀 어댑터Custom Adaptor를 통한 비표준 단말 수용 가능
- 다양한 데이터 형식(JSON, XML, CSV, Binary, Delimiter) 지원
- 다양한 개발 환경용 SDK 제공(C, C++, C#, .NET, JAVA, JavaScript) 수집

내용에 대한 손쉬운 시각화 제공

- 수집 정보 대시보드 시각화 제공, 멀티 디바이스 센서 데이터 실시간 시각화

편리한 데이터 수집/연계

- 수집 데이터 실시간 연산 지원 및 다양한 이벤트, 룰 처리 가능
- 다양한 단말 수집 데이터 간 연계 분석 제공
- 다양한 소스 데이터 타입 지원: SFTP, FTP, REST API, Hadoop, S3, Local File, Kafka, Postgre, Mysql, Oracle 등
- 다양한 타깃 데이터 타입 지원: Hadoop, Elasticsearch, OpenTSDB, MySQL 등

분석 모델에 대한 관리 편리

- 분석 모델과 절차 룰을 생성·저장·관리하는 기능 제공
- 분석 룰 재활용을 위한 import/export 기능 제공

개발 편의성

- 비즈니스 로직 개발과 외부 애플리케이션과의 통합을 할 수 있도록 기능 제공[REST API, 이벤트 룰 모델링 툴(Event Rule Modeling Tool), 스크립트 엔진(Script Engine) 등]
- 단말 에뮬레이터 기능/성능 개발 검증 툴 제공
- 서비스 개발을 위한 SDK, Open API 제공
- 로컬 개발 환경 제공으로 커스텀 서비스 개발 용이

시스템 운영/단말 운영

- 시스템 확장의 편리성, 안정적인 운영을 위한 고성능, 고가용성 지원
- 단말 원격제어 및 오토 프로비저닝Auto Provisioning 제공
- 단말 펌웨어 원격 업데이트 기능 및 대량 단말 대상 분산처리 기능 제공

보안

- 키 발급, 키 교환, 인증서 발급 등 디바이스 인증 방식 제공과 암호화와 같은 필수적인 연결 보안 제공
- 연결된 모든 IoT 디바이스는 SEAL, OAuth, DH 기반 키 교환, SSL 등 다양한 인증 방식으로 보안 체계 적용

현재 IoT 비즈니스를 선점하고자 하는 많은 글로벌 기업들은 개방형 IoT 플랫폼 제품을 개발하여 시장에 출시하고 있다. 다음은 국내외 대표적인 개방형 IoT 플랫폼들이다.

① 삼성SDS: Brightics IoT Edge

② LG CNS: 인피오티INFioT (https://www.lgcns.com/Platform/IoT-INFioT)

③ PTC: ThingWorx(https://developer.thingworx.com/)

④ IBM: Watson(https://quickstart.internetofthings.ibmcloud.com)

⑤ SKT: ThingPlug(https://sandbox.sktiot.com)

⑥ Daliworks: Thing+(https://thingplus.net/)

⑦ GE: Predix(https://www.predix.io/)

⑧ Thethings.Io: thethingsio(https://thethings.io/)

IoT 표준화 동향

사물인터넷의 다양한 기술과 제품 서비스가 생겨나면서 상호 호환성과 생태계 조성을 위한 표준의 중요성이 강조되었으며 유럽의 ETSI를 필두로 북미의 ATIS, 3GPP, ISO/JTC1 등의 다양한 단체에서 사물인터넷 및 M2M 관련 국제표준 개발을 진행해 오고 있다. 대표적인 국제표준화 단체인 ITU-T, oneM2M, IETF에서 진행하고 있는 표준화 동향은 다음과 같다.

ITU-T

ITU-TInternational Telecommunications Union Telecommunication는 사물인터넷 관련 기술의 국제표준화에 있어 가장 앞서 나가고 있다. 이미 2005년도에 "ITU Internet Reports 2005: The Internet of Things"를 통해 사물인터넷의 중요성을 강조했으며 2011년부터 JCA-IoT 및 IoT-GSI를 구성하여 사물인터넷 관련 표준화 활동의 조율 및 표준화를 추진해 오고 있다. 이를 통해 2012년 국제표준화기구 최초로 사물인터넷 관련 국제표준인 Y.2060을 제정한 바 있다.

oneM2M

oneM2M은 2012년 한국의 TTA와 북미의 ATIS, TIA, 유럽의 ETSI, 일본의 ARIB, TTC, 중국의 CCSA 등 7개 표준 개발 기관 주도로 표준 협의체를 설립하여 표준화 활동을 시작했다. M2M 서비스 계층의 공통 아키텍처 및 인터페이스 프로토콜 관련 국제표준을 개발하여 서비스 플랫폼 간 상호 연동 및 운용이 가능한 M2M/IoT 서비스 개발을 가능하게 했다.

IETF

IETFInternet Engineering Task Force는 사물인터넷의 특성에 따른 요구사항을 만족시키기 위하여 2013년부터 새로운 워킹그룹을 만들면서 표준화 활동을 본격적으로 시작했다.

쉬어가기 사물인터넷의 주요 기술과 표준

분류	항목	관련 국제표준	관련 단체 / 기술 내용
무선 네트워크	2G/3G/4G/5G 이동통신망	3GPP TS 36.101, 3GPP TS 23.003 등 (2990여 개)	3GPP 이동통신 국제표준화 단체 · GSM, GPRS, EGPRS, CDMA, WCDMA, HSDPA, HSUPA, HSPA+, LTE, LTE-Advanced 등
	로라 (LoRa)	LoRaWAN R1.0 등	LoRa Alliance · 저전력 광대역, 비면허 sub-GHz 대역, CSS(Chirp Spread Spectrum) 방식
	NB-IoT (협대역 IoT)	3GPP Release 13 등	3GPP · stand-alone, guard band, in-band 운용모드 지원
	와이파이	IEEE 802.11a/b/g/n/ac, IEEE 802.11ah 등	Wi-Fi Alliance · 저전력 장거리 전송, 고효율
	블루투스	Bluetooth spec., IEEE 802.15.1, IETF RFC7668 등	Bluetooth SIG · IPv6, 6LowPAN 기반, A2DP, AVRCP, DI, HFP, HID, HOGP, HSP, MAP, OPP, PAN, PBAP · 블루투스 5.0, 400m까지 지원

분류	항목	관련 국제표준	관련 단체 / 기술 내용
	지그비	ZigBee PRO specification 등	ZigBee Alliance · IEEE 802.15.4 PHY & MAC 기반 저전력, 저비용
	지웨이브	Z-Wave specification	Z-Wave Alliance · ITU-T G.9959 기반, Sub 1GHz, 저전력 양방향, 무선 메시, GFSK(가우시안 주파수 편이 방식) 사용
	NFC(근거리 무선통신)	NFC Forum tech spec., ISO/IEC 18092 등	NFC(Near Field Communication) forum · NFC 기반 사물인터넷
IoT 플랫폼	OCF	OIC core spec. 등	OCF(Open Connectivity Foundation) · 개방형 IoT 플랫폼 표준화, OIC 핵심 구조, 인터페이스, 프로토콜, 서비스 등 정의
	OMG	OMG data distribution service spec. 등	OMG(Object Management Group) · 데이터 통신, 보안, IFML(상호작용 흐름 모델링 언어) 등 정의
	oneM2M	oneM2M technical spec. (0001, 0003, 0004, 0008, 0009, 0010 등)	oneM2M · 프레임워크, 보안, 메시지 프로토콜(CoAP, HTTP, MQTT)
	OASIS	MQTT ver 3.1.1 등	OASIS MQTT 기술위원회 · 클라이언트·서버 게시/구독형 경량 프로토콜
	Thread	Thread specification	Thread Group · 6LoWPAN 기반 네트워크 프로토콜, AES(고급암호표준) 적용
	IEEE P2413	IEEE P2413 standard	IEEE P2413 워킹그룹 · IoT 아키텍처 프레임워크, 참조 모델 등 정의
IoT 서비스	감시/안전	FIDO 2.0 등	OCF, oneM2M, FIDO Alliance · 원격접속 필요 사항, 인증, 보안 등
	홈	ITU-T X.1111, OIC smart home device 등	ITU-T, OCF, Thread Group, HomeGrid forum 등 · 스마트 홈 기기 호환, 보안 등 정의
	제조	IEC 62541(OPC UA) 등	OPC foundation, IIC(OMG 산하) · 기기 간 공통 아키텍처, 상호운용성 등
	자동차	AUTOSAR R4.2, CCC MirrorLink, GENIVI 등	AUTOSAR, CCC, GENIVI alliance · 차량용 인포테인먼트 표준화

자료: TTA(2021).

23

VR·AR·MR를 통한 실감경험

가상현실Virtual Reality: VR과 증강현실Augmented Reality: AR 기술은 차세대 컴퓨팅 플랫폼 기술로서 향후 기존 ICT 시장을 크게 변화시키고 신규 시장을 창출할 수 있는 파괴적 기술이다. PC, 스마트폰에 이어 제3의 플랫폼 시장을 형성할 것으로 기대된다. 가상현실은 실제 현실의 특정 환경, 상황 또는 가상의 시나리오를 컴퓨터 모델링을 통해 구축하고 이러한 가상 환경에서 사용자가 상호작용할 수 있도록 돕는 시스템이나 관련 기술을 말한다. 사용자의 시야각 전체를 가상 영상으로 채울 수 있는 HMDHead-Mounted Display를 주로 활용하며, 이 외에도 프로젝션 기술을 활용한 CAVECave Automatic Virtual Environment가 있다. 가상현실 속 몰입감 향상을 위해서는 자율성, 상호작용, 현존감이 중요하다.

증강현실은 실제 환경에 컴퓨터 모델링을 통해 생성한 가상의 오브젝트(예: 물체, 텍스트, 비디오)를 겹쳐 보이게 하여 공간과 상황에 대한 가상 정보를 제공하는 시스템 및 관련 기술이다. HMD 이외에도 다양한 기기

표 23-1 AR, VR, MR 기술 장단점

구분	증강현실(AR)	가상현실(VR)	혼합현실(MR)
장점	· 외부 HMD 등 별도의 디바이스 불필요 · 현실에서 여럿이 동시에 가능	· 현실에서 체험하기에 제한된 다양한 상황 간접 체험 가능 · 몰입도가 가장 좋음	· 몰입도 및 현실도가 적절하게 조합
단점	· 상대적으로 몰입도가 떨어짐	· HMD 기기의 착용이 필수적 · 현실 세계와 완전히 차단되어 현실감이 떨어짐 · 시야각은 96도	· 아직 기술적 완성도가 높지 않음
응용	· 내비게이션, 음식점 메뉴판, 서적, 도로 안내, 관광 등	· 교육 훈련, 게임, 테마파크, 엔터테인먼트 등	· AR 및 VR 전 분야 · 사무 공간, 가정 내 전자제품 등
대표 장비	스마트폰, 구글 글라스	오큘러스, HTC 바이브, 삼성 기어 VR	홀로렌즈

(예: 스마트폰, 프로젝션 기술 등)를 활용하며, 현실과 가상의 연속된 프레임의 어느 중간 단계를 구현하는 기술을 통해 사용자의 현실 환경에 실시간으로 가상 정보를 제공한다.

혼합현실Mixed Reality: MR은 가상현실과 증강현실의 요소를 혼합하고 사용자와의 상호작용을 강화한 기술이다. VR의 가상성과 AR의 낮은 몰입도를 보완함으로써 현실-가상 간 상호작용성과 사용자 경험의 균일성을 향상시켰다.

VR/AR/MR의 잠재력

VR/AR 기술은 사람-컴퓨터 간 인터페이스의 혁신을 촉발시킬 것으로 관측되며, 글로벌 시장조사기관인 가트너는 2019년에 실감경험Immersive Experience을 톱 10 전략 기술로 선정했다. 사람들이 새로운 디지털 세계와 상호작용하는 방법을 배우고 있고 가상·증강·혼합 현실을 통해 디지털 세

그림 23-1 가상·증강 현실 위치

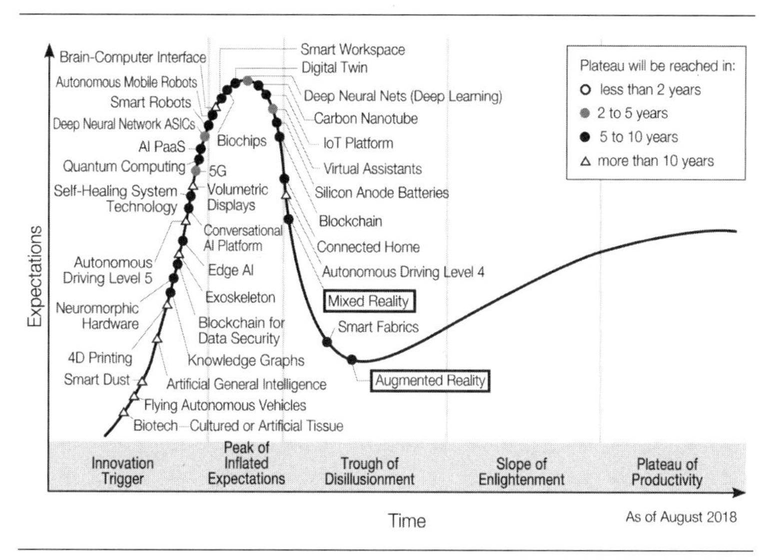

자료: Gatner(2018).

계를 인식하는 방식이 바뀌어 이것이 실감경험으로 이어질 것이라고 전망했다(Gartner, 2019).

실감경제는 VR 등의 실감기술을 적용하여 산업·사회·문화적 가치를 창출하는 경제를 의미한다. 과거 10년 동안의 각 기술에 대한 하이프 사이클을 살펴보면(〈그림 23-1〉), 증강현실은 2008~2009년 태동기 단계를 지나 2018년까지 거품제거기 단계에 머물러 있었으며, 가상현실은 거품제거기 단계를 지나 재조명기 단계를 지나고 있음을 알 수 있다. 물론, 하이프 사이클의 각 단계를 기술적·정량적으로 구분할 수는 없지만, 현재까지 VR/AR 기술은 생산성 안정 단계에 진입하지 못한 상태로 확인된다. 한편, 혼합현실은 2018년 하이프 사이클의 거품제거기 단계에 처음 등장했으며, 향후 혼합현실이 가상현실, 증강현실을 이른 시일 내에 추월할 것으로 예

그림 23-2 플랜트 지능화에 VR/AR 활용

Process	설계(E)			시공(P/C)			운영(O)	
Service	· Intelligent P&ID 기반 ELM 체계 구축 서비스 · Private BIM Cloud 서비스 · 설계사무소-현장 간 원격 협업 지원 서비스			· 건설장비 생산성 분석 & 통합 모니터링 서비스 · 건설자재 Tracking & Scheduling 서비스 · 드론 기반 건설 현장 진도 관리 서비스			· AR 기반 스마트 O&M 서비스 · 인프라 운영 품질보증 서비스 · SOC 시설물 유지관리 모니터링 서비스	
Solution	E-PLAN (P&ID)	Autodesk (BIM, CAD)	ACONEX (건설 PJT 관리)	Trimble (설계/시공 협업)	Tekla (철골 구조해석)	Pix4D (드론 진도 관리)	MidasIT (구조해석)	Bentley (철도)
Platform	Nexplant 3Dx Platform: 3D 형상/속성 ETL / 3D 속성 유효성 검증 / 3D Polygon Optimizer / 3D Visualization / 3D To VR/AR 변환기							
	Data Catalog / API Catalog							
	Brightics AI / Brightics IoT							
	Samsung SDS Cloud							

자료: 삼성SDS(2019).

상된다.

이제 VR/AR는 5G 상용화를 계기로 방송·광고, 영상, 게임뿐만 아니라 교육, 의료, 제조 등 다양한 분야에서 킬러 콘텐츠로 부상할 수 있는 여건이 조성되고 있다. 특히, 플랜트 영역에서 전 생애 주기 동안 P&ID, BIM (3D) 등의 설계정보 최적 관리를 통하여 재시공을 최소화하고 공기 단축 등을 실현할 수 있다. 또한 제조 품질의 연계 관리 및 사고 방지를 위한 환경 안전 니즈가 높아지면서, 클라우드 기반으로 이기종 CAD 데이터를 모바일, AR/VR 등의 다양한 기기로 전송하여 제조 공정별 3D 매뉴얼을 작성하고, 설비 레이아웃/배관 경로 최적화나 SOC 시설물 유지관리 모니터링 등에도 활용하려는 노력이 시도되고 있다.

실감 콘텐츠 산업이 부상하면서 다양한 플랫폼들이 시장 주도권 확보를 위해 경쟁 중이다. VR 포털부터 특화 분야까지 다양한 형태의 플랫폼이 운영되고 있는 상황이다. 일본의 오야나기 건설은 리얼리티 기술인 MS의

홀로렌즈HoloLens를 이용한 홀로스트럭션Holostruction 프로젝트를 추진하여 건축계획의 설계, 시공, 수선까지의 계획을 가시화함으로써 업무의 투명성과 효율성을 추구하고 있다. 홀로렌즈를 사용해 계획, 공사, 검사의 효율화를 추구하고 있으며 건축 후에도 건축물에 관한 정보를 일괄 관리하고 다양한 이해당사자 간의 커뮤니케이션도 공유하고 있다.

산업용 AR 플랫폼 시장의 업스킬Upskill은 스카이라이트Skylight 플랫폼을 통해 다양한 AR 헤드셋과 호환되는 커스텀 AR 애플리케이션을 개발하고, 기존에 기업이 보유한 IT 인프라에 통합 가능하도록 지원하고 있다. 현재, GE의 거의 모든 사업부는 스카이라이트 플랫폼을 사용 중이고, 보잉은 다양한 AR 헤드셋과 호환되는 스카이라이트를 활용하여 개발된 동영상을 배선 엔지니어에게 지원하고 있다.

산업용 XR의 적용 사례

캡제미니 리서치 인스티튜트Capgemini Research Institute가 진행한 연구 결과에 따르면, 현재 VR, AR, MR를 모두 포함하는 XR(확장현실)를 시행 중인 기업의 82%는 XR 시행에 따른 혜택이 기대치를 충족하거나 넘어섰다고 응답했으며, XR의 광범위한 비즈니스 채택을 위한 긍정적인 기반을 마련하고 있는 것으로 보인다고 밝혔다(이범진, 2019). 직원 교육 프로그램에서는 VR 기반 프로그램이 기존 교육과 비교해 직원 성과를 70% 향상시켰으며, 교육 시간을 40% 단축할 수 있었고, VR 훈련을 통해 고가 또는 어렵거나 불가능해 보이는 시나리오나 시뮬레이션 교육이 가능했다.

기업 운영 프로그램에서도 VR, AR, MR와 같은 몰입형 기술의 사용은 기업의 워크플로를 간소화하고 효율성과 안전성을 개선하며, 복잡한 작업을 수행하는 데 도움을 준다. 특히 제조업에서는 설비, 공간을 디지털 트윈으로 구현하고 XR 기술로 시각화하여 실시간 상태 모니터링, 원격 협업, 가상 시뮬레이션 등을 수행할 수 있어 XR 기술에 대한 관심이 나날이 높아지고 있다.

인텔

반도체 제조기업 인텔은 전기 안전에 관한 규제 교육용 VR 트레이닝 시나리오를 작성하기 위해 관련 솔루션을 제공하는 스킬리얼SkillReal과 파트너십을 맺고 해당 시나리오를 제조 공장에 적용했다. 인텔은 VR 트레이닝 과정에서 300% 투자회수율ROI을 보였으며, 교육생의 94%는 더 많은 VR 교육 과정을 요청했다.

매직리프(Magic Leap)

가상 객체를 현실 공간에 구현하는 증강현실 장비 개발사다. 제조 분야에서는 조립, 수리, 작업 시뮬레이션 등, 사무 현장에서는 문서의 3D 영상 재현, 디자인, 설계, 원격 화상회의 등에서 활용되고 있다.

BAE 시스템즈

배터리 제조기업 BAE와 PTC는 싱웍스 스튜디오ThingWorx Studio를 통해 홀로렌즈를 활용한 배터리 조립 방법을 직원에게 가르치기 위한 단계별 교육 솔루션을 구축했다. 이를 통해 10분의 1의 비용으로 단 몇 시간 안에 일선 근로자가 배울 수 있는 안내서를 제작했다.

보잉사

보잉은 구글 글라스를 사용해 와이어하네스Wire Harness 작업자 조립 시간을 25% 단축했으며, MR 및 핸즈프리 인터랙티브 3D 배선을 도입해 오류 발생률을 거의 제로로 감소시켰다.

슈나이더 일렉트릭

슈나이더 일렉트릭의 운전자 훈련 시뮬레이터Operator Training Simulator: OTS는 플랜트 공정 시뮬레이션과 3D 모델을 이용한 모의운전 시스템이다. 실제 플랜트와 동일하게 모사된 3D 시뮬레이션 환경에서 내부 시설 점검, 안전 교육, 사고 발생 시 대처 방법 등의 교육훈련을 제공해 플랜트의 시운전, 정상상태 운전, 가동 중지 및 비정상적인 공정 상황에 대처하는 운전 능력의 향상을 지원한다. 시뮬레이션 및 공정 최적화 SW 전문 기업 심싸이SimSci 인수를 통해 플랜트 공정에 최적화된 VR 시뮬레이터 아이심EYESIM을 개발했다.

앞의 사례를 통해 XR는 비즈니스 운영을 개선하고 비용을 절감하는 긍정적인 영향을 미치고 있음을 알 수 있다. 캡제미니 리서치 인스티튜트는 조사 기업의 46%는 XR 기술이 향후 3년 안에, 36%는 앞으로 3~5년 내에 조직의 주류가 될 것이라 예상했다고 밝혔다. 그러나 XR 채택에 있어 사내 전문 지식의 부족 및 백엔드 인프라의 부족은 극복해야 할 장애물로 지적했다.

24

3D프린팅(적층가공)

시제품 생산, 디자인 산업 분야에 가장 많은 영향을 미치고 있는 3D프린팅 기술은 보다 빠른 속도로 제품 출시가 가능하고, 중소·중견 기업의 시제품 테스트가 용이해졌다는 점에서 각광을 받고 있다. 제품을 제조하는 방식은 크게 세 가지로 분류할 수 있는데, 첫 번째는 주조를 하거나 금형을 제작해서 대량으로 만드는 방식이고, 두 번째는 봉이나 판재류 등의 원소재를 범용 공작기계나 CNC 장비로 절삭가공Subtractive Manufacturing하여 후처리하는 방식이 있으며, 마지막으로 3D프린팅이 있는데 정식 명칭은 적층가공Additive Layer Manufacturing: ALM, 줄여서 Additive ManufacturingAM 또는 Additive FabricationAF이라고 부른다. 입체물을 기계가공 등을 통해 자르거나 깎는 절삭가공 제조 방식과 반대되는 개념이다. 제품 생산을 위해 별도의 금형이 필요하지 않으며, 설계도면대로 제품을 생산할 수 있어 기존 제조 산업에서는 불가능했던 다품종 소량생산이 가능하다.

제조업체들의 공장에는 주로 구멍을 뚫는 데 사용하는 드릴링머신, 평면이나 홈을 절삭가공하는 밀링머신 및 정밀가공에 필요한 CNC머신, 연삭 작업을 하는 그라인딩 머신 등의 범용 공작기계들이 있다. 반면에 3D프린팅 제작 방식은 절삭가공 시 발생하는 칩Chip과 같이 버려지는 재료의 낭비가 거의 없이 소재를 한 층 한 층씩 적층해 가며 제작하는 조형 기술로, 지금까지 알고 있던 가공 방식과는 다른 새로운 개념의 제조 프로세스라고 할 수 있다. 비록 현재는 절삭가공에 비해 치수 정밀도나 표면 거칠기, 강도 등이 떨어지지만 사용 가능한 소재가 지속적으로 개발되고 3D프린팅 기술도 날로 발전해 가고 있으므로 앞으로 이러한 문제들도 빠르게 개선될 것이라고 본다. 흔히 말하는 3D프린터는 컴퓨터로 모델링한 데이터를, 사용하는 프린터의 종류에 따라 파일을 변환하여 제품을 제작하는 디지털 장비 중 하나다.

3D프린팅 방식은 조형기술에 따라 차이가 있지만 크게 분류한다면, ABS나 PLA와 같은 고체 상태의 플라스틱 소재를 녹여 압출하면서 한 층씩 적층하는 방식이 있고, 빛에 민감하게 반응하는 액체 상태의 소재를 자외선이나 UV, 산업용 레이저와 같은 광원으로 경화시켜 가면서 적층하는 방식이 있다. 또는 플라스틱 분말이나 금속 분말 등의 사용되는 소재에 따라 분류도 가능하지만, 어느 방식이나 기본적인 개념은 3D CAD 프로그램에서 생성한 모델링 데이터를 변환하여 층층이 쌓아올리는 유사한 원리의 제작 방식이다.

제조 현장에서 3D프린팅 기술은 크게 네 가지의 활용 사례로 분류할 수 있는데, 시제품 제작에 주력하던 사례에서 벗어나 현재는 일부 공장의 생산용 지그 또는 실제 일회성으로 사용할 용도의 부품 제작까지 아주 다양한 분야에서 활용되고 있다.

① 콘셉트 모델링Concept Modeling

시제품을 제작하여 부품 간 조립 시 발생할 디자인 오류를 사전에 찾아내어 검토 기간을 단축하거나 전시용 축소 모델이나 금형을 제작하기 전에 설계 검증을 실시

② 기능성 테스트Functional Test

실제 크기의 부품을 제작하여 조립 테스트, 기능성 테스트를 통해 신속한 확인 및 수정 작업으로 비용 절감과 개발 기간의 단축 효과

③ 생산에 필요한 툴 제작Manufacturing Tools

양산을 하는 공장에서 실제 지그를 제작하여 사용하거나, 시제품 또는 금형의 성능을 개선하고 검증하기 위한 방식으로 활용

④ 다품종 소량생산End-Use Products

개인 맞춤형 또는 고객 주문형 제품의 종류가 다양해지면서 다품종 소량생산 방식의 수요가 증가하고, 또한 기존에 사용하던 부품의 일부분을 대체하는 데 활용

3D프린팅 기술

3D프린팅 기술이 지금처럼 대중화될 수 있었던 이유는 미국의 스트라타시스사가 보유하고 있던 융용적층모델링Fused Deposition Modeling: FDM 기술의 기본 특허가 2009년에 만료됨에 따라 3D프린팅의 요람이던 '렙랩 프로젝트'에 의한 저가형 3D프린터가 공개되었기 때문이다. 렙랩 프로젝트(RepRap.org)는 영국에서 시작된 3D프린터 개발과 공유를 위한 커뮤니티로, 3D프린터 대중화에 지대한 공헌을 한 오픈소스 프로젝트다. 2004년 에이드리

언 보어Adrian Bowyer 교수가 3D프린터 아이디어에 대한 논문을 발표한 이후 2005년 시작된 렙랩은 FDM 용어에 대한 상표권 사용 문제가 발생할 소지가 있어 FFFFused Filament Fabrication로 부르고 있다.

일반적으로 3D프린팅은 총 다섯 단계의 프로세스로 제작되는데, 맨 처음 단계는 3D CAD를 이용해 모델링 작업을 한 다음, 파일을 stl 포맷 등으로 저장하고 슬라이서Slicer에서 불러들여 G-Code로 변환시키고, 3D프린터에 데이터를 입력하여 출력을 실시한 후 출력물의 표면을 매끄럽게 마무리하는 등의 후처리 과정을 거치는 것이 보통이다.

- 1단계: 3D CAD에서 3D 모델링 작업(캐디안3D, 스케치업, 123D 등 3D 모델러 활용) 또는 3D스캐너로 스캔하여 데이터 생성(역설계)
- 2단계: 3D CAD에서 데이터를 stl, obj 등의 파일 포맷으로 전환
- 3단계: 변환된 stl 파일의 오류 체크[메시믹서(Meshmixer), 넷팹(NetFabb) 등 오류 검출 소프트웨어 사용]
- 4단계: 슬라이서에서 stl, obj 파일을 G-Code로 변환 저장
- 5단계: G-Code를 3D프린터에 입력하여 출력

미국재료시험협회ASTM에서 규정하고 있는 대표적인 일곱 가지 3D프린팅 기술 방식은 〈그림 24-1〉과 같다. 2016년 기준으로 세계에서 가장 많이 사용하는 3D프린팅 방식은 FDM으로 전체의 63.9%를 차지하고, SLA+DLP 방식과 SLS 방식이 각각 18.1%와 11.1%로 그 뒤를 이었다.

가장 많이 쓰고 있는 FDMFused Deposition Modeling 방식은 1988년 미국의 스콧 크럼프Scott Crump가 개발한 것으로, 뜨거운 노즐을 통해 원료를 녹여 압출Extrusion하는 방식이다. 이후 조형판이 수직으로 이동하여 다음 층을

표 24-1 3D프린팅 기술 방식

분류	기준	조형 원리	특징	기술명
고체 방식	Material Extrusion		· 필라멘트 형상의 플라스틱 소재를 고온으로 인가된 압출 헤드(Head)에 통과시켜 용융된 상태로 설계 단면 형상에 선택적으로 토출 · 1차원 형상을 수직 방향으로 적층하여 3차원 형상으로 조형	FDM
	Sheet Lamination		· 필름 형상의 조형 소재를 차례로 적층하고 필름 사이를 접착시켜 3차원 형상을 조형 · 2차원 평면을 수직으로 적층하여 3차원 형상으로 조형	LOM
액체 방식	Vat Photo Polymerization		· 액상의 광경화성 수지가 담긴 수조에 조형을 위한 기판을 위치시키고 수지의 경화를 위한 광에너지를 선택적으로 인가하여 조형 · 조형 단면을 2차원 레이저 스캐닝으로 경화시켜 형상을 조형	SLA, DLP
	Material Jetting		· 잉크젯 헤드로 미소 액적(droplet)의 광경화 액상 수지를 선택적으로 분사하고 이후에 광에너지를 조사하여 수지를 경화하여 조형 · 조형 단면을 잉크젯 프린터와 같이 인쇄된 점(dot)의 형상을 통해 얻으며 인쇄 후 UV 광원을 이용해 해당 층(layer)을 동시에 경화	Polyjet Ink-jetting
분말 방식	Binder Jetting		· 분말 상태의 소재에 액상의 접착제를 잉크젯 헤드를 통해 선택적으로 분사하여 접착 · 접착된 분말을 통해 3차원 형상을 조형	3DP, Ink-jetting MJF
	Powder Bed Fusion		· 분말 상태의 소재에 선택적으로 고에너지의 레이저를 인가해 분말 소재 표면을 용융 접착시키고 향후 소결을 통해 3차원 형상을 조형	SLS, SLM, DMLS, EBM
	Directed Energy Deposition		· 분말 소재에 선택적으로 고에너지의 레이저를 인가해 분말 소재를 용융하여 3차원 형상을 조형 · 분말 표면만 용융해 입자 간 접착하는 Powder Bed Fusion 방식과 달리, 분말 입자 전체를 용융해 액상의 상태로 조형하는 방식	DMD, DMT

자료: Core77(2018).

형성하고 반복적인 동작을 통해 3차원 형상을 조형하고, 내부 공간은 상부 구조물 지지를 위해 서포트 재질을 사용하여 만든 후 제거하거나 조형 소재를 최소한으로 조형한 후 작업 완료한 다음 제거한다.

3D프린팅 기술의 진화

3D프린팅 기술은 출력 속도 향상, 결과물의 대형화, 적용 소재의 다양화 및 융복합화, 다양한 적용 분야 등으로 기술 발전이 이루어지고 있으며, 최근 금속 3D프린팅의 활용이 급속히 성장하고 있다. 또한 3D프린팅 혁신 설계기술인 DfAM에 필수적으로 필요한 적층해석(시뮬레이션) SW의 개발 출시가 가속화되고 있다.

산업용 3D프린팅의 경우, 유리나 모래 등의 소재뿐 아니라 4D프린팅이라 일컫는 형상기억 소재, 전문 생산 영역의 핵심인 바이오 소재와 같은 차세대 소재가 활발하게 개발되고 있다. 가장 주목받고 있는 바이오 프린팅의 경우, 정교하고 복잡한 구조적 특성과 건강에 대한 직접적인 영향 때문에 연구 개발의 난이도가 높지만, 공공 중심으로 연구 개발과 상업화가 빠르게 진행되고 있다.

일반 소비자용 3D프린팅 분야의 경우, 소프트웨어와 플랫폼 등 서비스

표 24-2 3D프린팅 기술 적용 수준

수준	주요 내용		한국	독일	미국
레벨 0	Rapid Prototype, Tooling 제품 테스트를 위한 시제품 제작이나 제조·개발을 위한 도구 생산에 활용				
레벨 1	Production Parts 출고 중인 생산 부품을 직접 대체하는 데 활용	⬅			
레벨 2	Parts Consolidation & Optimization 여러 부품을 단일 출력 생산 단위로 결합				
레벨 3	System Optimization 3D프린팅의 설계 자유도를 극대화하여 부품 및 최종 제품의 성능까지 향상				

자료: 서미란(2019)에서 재인용.

분야 주도로 발전하고 있다. 보급형 3D프린팅 기기의 경우, 제품의 완성도와 보급에 한계가 있기 때문에 개인 제작에 필요한 쉬운 소프트웨어나 디자인 공유 플랫폼의 활성화를 중심으로 성장할 가능성이 높다. 즉, 개인이 설계하고 전문 3D프린팅 출력소에 사용료를 지불하고 출력하는 형태의 확산이 유력해 보인다. 현재 3D프린팅 설계 관련 오픈소스들이 다수 출시되고 있지만 아직까지 정교한 디자인 설계에는 한계가 있어, 향후 보다 높은 전문성을 지닌 3D프린팅 설계 및 플랫폼이 필요할 것으로 보인다.

25

공장, 디지털 트윈을 입다

디지털 트윈Digital Twin은 4차 산업혁명의 핵심 개념인 사이버물리 시스템을 실현하기 위한 기술로서, 실제 물리적 자산이나 프로세스를 디지털로 복제(모델링)하여 시뮬레이션함으로써 실제 자산의 상태, 생산성, 동작 시나리오 등에 대한 정확한 정보를 얻을 수 있게 해준다. 단순히 데이터를 일대일로 저장하는 디지털화 및 가상 모델과 달리, 디지털 트윈은 *N*개의 지식과 솔루션을 만들고 자산의 최적화를 위해 실시간으로 피드백까지 하는 동적인 모델이다. 디지털 트윈은 GE가 제창한 것으로, 에너지, 항공, 헬스케어, 자동차, 국방 등 여러 산업 분야에서 설계부터 제조, 서비스에 이르는 모든 과정의 효율성을 향상시켜 자산 최적화, 돌발 사고 최소화, 생산성 증가 등의 효과를 얻고 있다.

디지털 트윈의 실행은 크게 세 단계로 구성되는데, 첫 번째 단계는 실제 정보를 수집해 가상의 쌍둥이 모델에 반영하는 것으로, 여기서는 센서 및 센서 데이터를 수집하기 위한 IoT 기술이 사용된다. 다음 두 번째 단계는

그림 25-1 현실 세계와 가상 세계의 융합 개념도

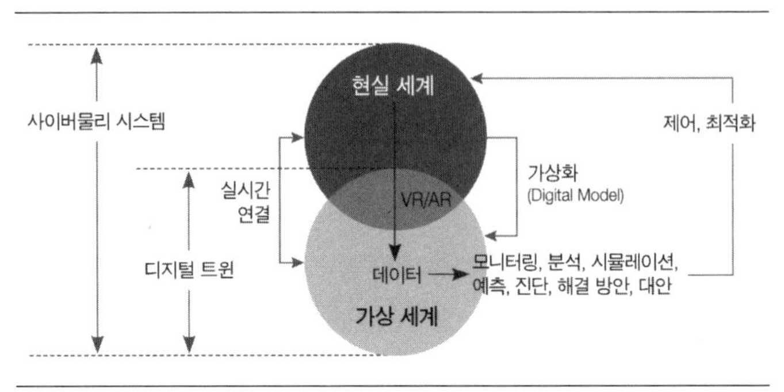

자료: 사공호상·임시영(2018).

디지털 세계의 쌍둥이를 분석하는 단계로, 여기서는 컴퓨터를 활용한 수치 시뮬레이션, 빅데이터 분석, AI 등의 기술이 중요하다. 마지막 세 번째 단계는 분석 결과를 장비와 생산 설비의 각종 매개변수, 유지보수 일정 등을 결정하는 판단 자료로 생성하여 현실 세계에서 활용하는 것인데, 이때 분석 결과를 사람에게 알기 쉬운 형태로 표시하는 VR/AR/MR 기술이 사용된다.

가트너는 디지털 트윈의 혜택은 명백하여 비용 절감 효과를 주기도 하지만, 반대로 비용과 복잡성을 증가시킬 수 있기 때문에 도입 여부를 신중히 결정할 필요가 있다고 권고하고 있다(Shaw and Fruhlinger, 2019.1.31). 석유 대기업 셰브론Chevron은 유전과 정유 공장에 디지털 트윈 기술을 도입하며 수백만 달러 규모의 비용 절감을 기대하고 있고, 지멘스는 제조 전의 상품 모델화나 프로토타입 제작에 디지털 트윈을 이용함으로써 제품의 결함을 줄이고 시장 출시 기간을 단축할 수 있다는 점을 마케팅 포인트로 내세우고 있다. 하지만 디지털 트윈은 모두에게 필요한 것은 아니며 쓸데없이 복잡성을 높일 위험이 있다는 점을 가트너는 환기시키고 있다.

디지털 트윈 플랫폼과 도구

디지털 트윈은 향후 일어날 수 있는 상황을 디지털 환경에서 분석하는 시뮬레이션 시나리오와 비슷하기 때문에 IoT 디바이스가 진화하면서 현실의 물체와 똑같아질수록 효율화 등의 이점을 얻기가 쉬워진다. 가령 제조업의 경우, 장치에 대한 측정이 정교해질수록 장치 간의 성능 기록을 디지털 트윈으로 정밀하게 시뮬레이션할 수 있으며 향후 퍼포먼스 및 장애 가능성을 예측하기가 쉬워진다. GE, 지멘스, IBM, 오라클, MS 등, 디지털 트윈의 상용 솔루션이나 구축 서비스를 제공하고 있는 솔루션 기업들은 디지털 트윈 플랫폼이 갖춰야 할 기본적인 기능으로 디지털 트윈 라이프사이클 관리, 단일한 정보 소스Single Source of Truth, 오픈 API, 시각화와 분석Visualization and Analysis, 이벤트와 프로세스 관리, 고객과 사용자 관점, 이 여섯 가지를 꼽고 있다(〈표 25-1〉).

디지털 트윈 구축을 위한 플랫폼의 필요성과 그 플랫폼의 기능 및 구성 요소에 대한 논의가 이루어지고 있지만, 아직은 플랫폼 경쟁에서 주도권을 확보하기 위한 경쟁의 단계다. 오라클의 경우 IoT 전용 클라우드 서비스에서 디지털 트윈 기능을 제공하고 있는데, 이 기능은 '디지털 트윈'과 '예측 트윈'이라는 두 가지 모듈로 구성된다. 디지털 트윈 모듈에는 대상 디바이스에 대한 설명 및 3D 렌더링 외에 디바이스가 구비하고 있는 모든 센서의 세부사항이 포함되며, 센서의 측정 결과를 지속적으로 생성하고 실제로 벌어질 수 있는 시나리오들을 시뮬레이션한다. 예측 트윈은 그 디바이스의 미래 상태와 작동을 모델화하는데, 다른 디바이스의 과거 데이터를 기반으로 고장 등 주의가 필요한 상황을 시뮬레이션할 수 있다. 한편, 애저Azure 브랜드로 자체적인 디지털 트윈 플랫폼을 제공하고 있는 마이크

표 25-1 디지털 트윈 플랫폼이 갖춰야 할 기능

기본(핵심) 기능	제공 기능의 설명
디지털 트윈 라이프사이클 관리	· 디지털 트윈의 설계, 구축, 테스트, 배포, 유지 기능 · 개별 물리적 장치의 엔지니어링 다이어그램, 부품 명세표, 소프트웨어 버전 및 기타 구조물을 추상화하여 표현하는 '디지털 마스터(또는 디지털 스레드)'를 생성하기 위한 모든 정보를 취합하고, 디지털 마스터에 발생하는 변화를 관리할 수 있는 도구를 제공 · 관리 도구들은 디지털 마스터에 기반을 둔 개별 디지털 트윈들을 테스트, 배포, 유지하기 위해 사용 · 관리 도구는 보통 수백 개의 디지털 마스터와 수천 개의 디지털 트윈을 처리해야 함
단일한 정보 소스	· 디지털 트윈은 물리적 자산과 자산에서 나오는 데이터의 정확한 복제가 되어야 하나, 디지털 자산은 유지보수 과정에서 물리적 상태가 변화하기도 함 · 부품 교체 및 다른 버전의 펌웨어 설치가 발생하면 디지털 트윈 플랫폼은 단일한 정보 소스를 생성하기 위해 각 디지털 트윈의 정확한 상태를 업데이트하여 제공해야 함
오픈 API	· 잘 정의된 디지털 트윈은 산업용 IoT 솔루션에 인터페이스와 연계 포인트가 되어야 하며, 이를 위해 개방형 API를 제공해야 함 · 특히 최근에는 기계학습과 분석 서비스들이 API를 통해 디지털 트윈과 상호작용하는 것이 중요해지고 있으며, 각 기업들은 디지털 트윈을 ERP, SCM 등 기간 시스템과 통합해야 하는 상황이 되고 있음
시각화와 분석	· 기업들이 디지털 트윈에서 나오는 라이브 데이터를 시각화·대시보드화하고 심층 분석을 할 수 있는 도구를 제공해야 함 · 라이브 데이터는 디지털 마스터와 연결되어야 하며, 이를 통해 디지털 마스터의 디자인 문서와 여타 컴포넌트들에 대한 드릴다운 분석을 제공해야 함
이벤트와 프로세스 관리	· 이벤트와 비즈니스 프로세스를 구성하고 디지털 트윈 데이터에 근거해 실행될 수 있는 기능을 제공해야 함 · 라이브 데이터에 근거한 유지보수 요청의 일정을 짜는 이벤트나 물리적 자산의 현재 관리 상태를 정확히 보여주기 위한 이벤트 생성 기능 등이 기본으로 제공되어야 함
고객과 사용자 관점	· 디지털 트윈을 운영하는 기업, 디지털 트윈과 연관된 데이터와 정보에 접속할 수 있는 이용자의 속성을 고려한 인터페이스를 제공해야 함 · 디지털 트윈의 이해관계자들 사이의 협업과 정보 공유를 용이하게 하는 기능의 제공

자료: 박종훈(2019)에서 재인용.

로소프트는 물리적인 제품뿐만 아니라 프로세스에도 트윈 개념을 도입해, 공장을 넘어 공급망까지 통합하는 고도의 제조 시나리오에 초점을 맞추고 있다.

디지털 트윈 시장의 확대 추세에도 불구하고 디지털 트윈의 개념과 활용 등에 대한 인식의 차이가 존재한다. 모델링 및 시뮬레이션M&S의 기본 개념에 대한 이해 없이 디지털 트윈이 IoT, 빅데이터 및 인공지능 기술로만 실현되는 것으로 인식되고 있는 것도 현실이다. 세계적으로 여러 국가의 많은 기업들이 디지털 트윈 시장을 공략하기 위한 다양한 플랫폼과 솔루션을 출시하여 응용 사례들을 만들어가고 있다. 기계, 장비, 설비 등 하드웨어 부문의 선도 업체들이 정보통신 기술을 접목하여 디지털 변혁의 선도 업체로 변신하고 있으며, 3D CAD/CAE 부문의 선도 업체들도 IoT, 시뮬레이션 기술 등의 융합을 통해 디지털 트윈 솔루션 시장에서 경쟁하고 있다.

주요 기업들의 솔루션 현황

PLM 영역에서는 오래전부터 CAD의 가상 목업Virtual Mock-up과 CAE의 가상 프로토타입Virtual Prototype이라는 용어로 실제 현상을 재현해 내는 가상의 모델Virtual Product을 만들고 이를 시뮬레이션하여 그 결과를 활용했다. 대부분의 CAE는 실제 제품Physical Product과는 직접 연결되지 않고 측정 데이터를 오프라인으로 받아서 모델을 수정하고 시뮬레이션 결과는 다른 형태로 정리되어 제품 개발이나 유지보수에 활용되는 구조였다. 하지만 디지털 트윈에서는 물리적 자산에 부착된 센서를 통해 측정된 데이터가 디지털 트윈으로 직접 연결된다는 큰 차이점이 있다. 실제 시스템 운전 시 생성되는 센서 데이터를 CEPComplex Event Processing(복합 이벤트 처리) 엔진을 통해 실시간으로 빅데이터 분석 처리하여 시스템의 운전 상태 및 고장 발생을 예측한다. 필요시 디지털 트윈 모델이 한 개가 아니라 수십, 수천 개가 되거나 시뮬레이션 횟수도 수만 번을 넘어 이러한 빅데이터를 분석하고 가시화하는 기술도 필수적이다. 빅데이터를 분석할 때는 시뮬레이션 결과만 사용하는 것이 아니라, 과거 제품의 수리 이력이나 운용 이력을 비롯해 다양한 데이터를 함께 활용할 수 있다. 해양 석유 굴착 장치의 센서 3만 개가 생성한 데이터 중 현재의 의사결정에 사용되는 비율은 1% 미만에 불과하다고 한다.

3D CAD/CAE 전문 기업들은 3D 모델링 기능에 디지털 정보 관리 및 시뮬레이션 기능을 확장하여 PLM 기반의 디지털 트윈 소프트웨어 시장을 선도하고 있다. 미국 앤시스Ansys, 독일 지멘스, 프랑스 다쏘Dassault는 CAD/CAE/시뮬레이션 솔루션들을 망라하는 제품 수명주기 관리PLM 솔루션 포트폴리오를 보유하고 있으며, 미국 PTC사는 3D CAD/CAE 기반의 PLM 소프트웨어 제품 및 서비스, IoT 플랫폼 솔루션을 판매하고 있다. 미국의 다국적 소프트웨어 회사인 오토데스크AutoDesk는 건축, 엔지니어링, 건설, 제도 등 다양한 분야의 소프트웨어를 제공하며 CAD 기반의 3D 솔루션을 보유하고 있다. 미국의 의료장비 제조사인 아이캐드iCAD는 실제 물리적 장치를 가상 3D 모델로 구성하여 예상 동작을 검증하고 다른 제조 기계들과 통합한 대규모 제조라인 구축을 지원하고 있다.

항공기 엔진 및 발전기 제조 분야의 세계적인 선도 업체들이 자사 제품에 대한 디지털 트윈 제작 경험과 노하우를 바탕으로 디지털 트윈 관련 기술 및 플랫폼 솔루션 분야에서도 시장을 확대하고 있다. 미국 GE사의 프레딕스Predix, 독일 지멘스의 마인드스피어MindSphere는 발전기 중심의 디지털 트윈 플랫폼으로 시장을 확대 중이고, 정유/석유화학 플랜트의 디지털 트윈을 위해 GE, 지멘스 외에도 미국 허니웰Honeywell의 유니퍼먼스Uniformance, 프랑스 토털Total의 트렌드마이너TrendMiner 제품이 출시되었다. 노르웨이 DNV-GL사의 베라시티Veracity 플랫폼은 선박 및 해양 플랜트 중심의 디지털 트윈 구축에 적용 중이다.

표 25-2 세계 디지털 트윈 주요 기업

기업	진행 현황
GE (미국)	· 디지털 트윈을 선구적으로 도입한 기업이고, 2017년 말 기준, 산업 인터넷 플랫폼인 프레딕스*상에서 실행되는 80만 개의 디지털 트윈을 개발함 · 이미 55만 개 이상의 자사 제품에 디지털 트윈 기술을 도입했고, 대표적인 사례로 나이아가라폭포의 수력발전소 터빈을 디지털 트윈으로 설계 후 가동해 전력 효율성을 높이고 가동 중지 시간을 줄였음
다쏘시스템 (프랑스)	· 3차원(3D) 디자인 소프트웨어 전문 업체로, 디지털 트윈 기술을 도입해 인도네시아 파당파리아만시, 중국 광저우시 등 세계 각국 도시에 디지털 트윈 도시화 사업을 진행하고 있음 · 2015년부터 싱가포르에서 '버추얼 싱가포르' 프로젝트를 진행해 도시 디지털화를 완료하고 현재는 지하철, 배수관, 케이블선 등을 포함한 지하 디지털화 프로젝트를 추진 중임
지멘스 (독일)	· 공장자동화 IoT 플랫폼인 마인드스피어**를 개발해 디지털 트윈에 주력하고 있음 · 디지털 트윈 기술 도입으로 생산 제조 현장의 장비 관리, 부품 업그레이드, 유지보수 사정을 파악해 재작업률을 약 20% 감소시킴
PTC (미국)	· 2018년 실시간 생산성 기능을 강화한 3D CAD 소프트웨어 크레오 5.0***을 출시함 · 실시간 시뮬레이션 기술을 통해 디지털 검증을 프런트 로딩****하여 제품 품질을 초기에 확보할 수 있게 해줌

* 프레딕스: 산업용 중대형 장비나 부품에 부착된 센서로 축적되는 데이터를 분석해 현장에서 발생하는 각종 문제들을 해결할 수 있는 소프트웨어 플랫폼.
** 마인드스피어: 공장 내 각 설비에 부착된 센서를 통해 데이터를 받아들이고 공장의 설비가 실시간으로 디지털 트윈과 연결, 피드백 후 생산성을 높이는 플랫폼.
*** 3D CAD 소프트웨어 크레오 5.0: 디지털 트윈 솔루션을 현실화한 세계 최초이자 유일한 기술로, 제품 면면에 증강현실(AR)을 적용해 물리적 세계와 디지털 세계를 연결함.
**** 프런트 로딩(Front Loading): 연구 개발과 제품 생산의 문제점을 선제적으로 해결해 제품 개발의 기간, 비용, 품질을 개선하고 기업의 경쟁력을 높이는 디지털 엔지니어링의 핵심 개념.

프랑스 다쏘시스템의 3D익스피어리언스3DEXPERIENCE 플랫폼은 3D 설계 및 엔지니어링 부문의 포트폴리오를 제공한다. 제품에 대한 3D CAD, 3D 모델링, 유한요소 해석 및 다중 물리 시뮬레이션 기능을 제공하는 카티아CATIA, 시뮬리아SIMULIA 등의 솔루션을 제공한다. 제품 영역의 가상화를 제조로 확대하여 물리적 플랜트나 생산 라인이 구축되기 전에 제조 프로세스를 시뮬레이션할 수 있도록 지원하여, 실시간 생산 활동 추적, 일정 변경 수행, 새로운 프로그램 시작, 모델 전환 도입, 유지보수 작업 일정 등을 처리할 수 있는 델미아DELMIA 솔루션을 제공한다.

독일 지멘스의 마인드스피어는 클라우드 기반 개방형 IoT 솔루션으로, 전사적 정보의 취합, 처리·저장 및 분석을 지원하는 플랫폼이다. IoT를 활용하여 장치 혹은 시스템 데이터의 가시화 및 해석을 수행하며 다양한 분석 툴을 통한 최적의 운전 및 자산운용 방안 제시가 가능하다. 공장 설비들에 대한 디지털 트윈을 생성하고 현실에 대응되는 가상 세계를 구현하는 기술과 획득된 데이터 처리 및 분석, 분석 결과의 활용을 지원하는 플랫폼이며, 사용자 맞춤형 제품 개발이 가능하도록 개방형 인터페이스를 제공한다. 또 다른 PLM 소프트웨어인 심센터SimCenter 포트폴리오는 제품의 설계부터 운영관리까지 제품 단위(물리/역학 중심) 디지털 트윈을 위한 솔루션들을 제공한다. 설계, 시뮬레이션, 테스트 및 데이터 관리 기능과 연계된 성능 및 기능 확장이 가능한 개방형 통합 3D CAE 환경인 심센터 3D를 포함하고 있다. 구조, 음향, 유동, 열, 모션 및 복합소재 해석뿐만 아니라 최적화 및 다중 물리 시뮬레이션을 포함하는 통합형 시뮬레이션 솔루션을 제공한다.

미국 앤시스는 3D 설계, 공학 분야의 구조/물리 해석 및 시스템 모델링 시뮬레이션을 제공하는 앤시스 솔루션을 다수 보유하고 있다. 전자기학, 유체, 반도체, 구조 및 임베디드 소프트웨어 분야의 엔지니어링을 지원하는 다양한 제품과 구성품 수준의 여러 물리 모델들을 연계하여 시스템 단위의 디지털 트윈 제작 및 서비스를 지원하는 앤시스 트윈빌더ANSYS Twin Builder 제품도 보유하고 있다. 트윈빌더는 PTC 및 GE의 산업용 IoT 플랫폼, SAP의 지능형 응용 솔루션인 레오나르도Leonardo와의 인터페이스를 제공함으로써 기술 협력을 통한 디지털 트윈 환경의 구축 가속화를 가능하게 한다.

마케츠앤드마케츠Markets and Markets는 2016년 18억 달러 규모인 세계 디

그림 25-2 세계 디지털 트윈 시장 전망

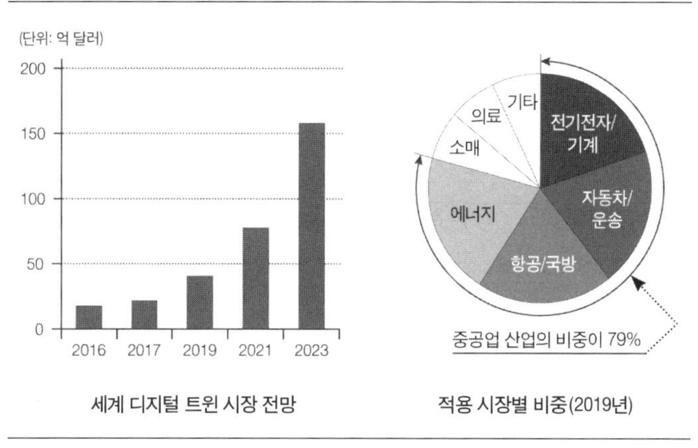

자료: Markets and Market(2016).

지털 트윈 시장이 연평균 38%씩 성장하여 2023년 156억 달러까지 성장할 것으로 전망했다. 디지털 트윈은 주로 중공업 관련 산업에서 활발하게 적용된다(Markets and Markets, 2016).

최근 디지털 트윈 시장에서 전기전자/기계, 항공/국방, 자동차, 에너지 등 이른바 중공업 관련 산업의 비중이 80%에 달하는데, △ 단가가 비싸고, △ 구조/설계가 복잡하며, △ 사용 기간이 길고, △ 운용 중 점검이 어려우며, △ 지속적인 유지보수가 필요한 제품을 생산하는 산업에서 디지털 트윈 수요가 상대적으로 높게 나타나는 것이 특징이다. 가트너는 2021년까지 산업용 제품을 생산하는 대기업의 절반 정도가 디지털 트윈을 도입할 것으로 전망했다. 제조업뿐만 아니라 스마트시티, 의료 등 다양한 분야로 디지털 트윈 적용이 확산될 전망이다.

26

산업용 로봇과 협동로봇

제조업 전반에 생산 증대와 비용 절감 등을 위해 산업용 로봇 도입이 확산되고 있는 추세다. 자동차 산업에서 용접 공정의 로봇 비용(시급 환산 시)은 8달러대, 인건비는 23달러대다. 자동차 공장에서 많은 로봇이 사용되고 있는 이유다. 포드의 미국 미시간주 변속기 공장에서는 로봇을 활용하여 작업자들이 닿기 힘든 곳을 레이저로 스캔하고 고화질 사진을 촬영하고 데이터를 수집하여 설비 개조 작업을 하고 있다. 기존에는 작업자들이 직접 삼각대를 들고 다니며 특정 구간마다 스캔 작업을 진행하던 곳이다. 직원이 공장 한 동을 스캔하는 데 약 2주가 걸리던 것과 비교하여, 기존 소요 시간의 절반인 1주일 만에 더 적은 비용으로 작업을 수행하고 있다. 보스턴 컨설팅그룹BCG에 따르면, 제조용 로봇은 2020년 현재 전체 제조업 공정의 10% 수준이지만 2025년까지 25%로 올라갈 것으로 예상하고 있다. 산업용 로봇은 내장 프로그램을 통해 주로 용접, 페인팅, 들기Picking 및 자리 배치Placing 등 반복적이고 단순한 공정을 대체한다. 최근에는 센서, 머신러닝 같은 첨단기술 발전으로 수행 가능한 작업의 범위가 확대되어 스폿용접, 드릴, 절단 등 기존 숙련공의 반복적 수작업 업무에도 투입되는 추세다.

로봇 산업 동향

산업용 로봇은 고정 또는 움직이는 것으로서, 산업자동화 분야에 사용되며 자동제어가 가능하고 재프로그램이 가능한 다목적 3축 이상의 다축을 가진 자동 조정 장치로 정의된다(International Federation of Robotics: IFR). 세계적으로 제조로봇의 적용 분야는 자동차 및 전기전자 분야가 70~95%를 차지하며, 제조용 로봇은 크게 조립용 로봇과 가공용 로봇으로 구분되고, 사용 용도에 따라 이적재용, 부품 핸들링, 공작물 착탈용, 용접용, 표면처리용, 조립·분해용, 가공용, 공정용, 시험·검사용 등으로 구분된다.

산업용 로봇인 첨단 제조로봇은 스마트공장 보급·확산을 위해 기존 로봇이 적용되지 못했던 맞춤 유연생산 환경에 적용 가능한 협업로봇과 양팔로봇을 중심으로 수요 확대가 전망된다. 5대 전문 서비스 로봇 중 무인이송로봇은 각종 이송·물류 작업의 스마트화를 통해 물류 효율화 및 제조업 경쟁력 강화를 위해 제조공장·유통·빌딩 등에서 많이 사용될 것으로 전망된다.

현재 제조업에 활용되는 산업용 로봇 대부분은 사전 프로그램에 따라 작동하도록 제작되는데, 향후 빅데이터, 사물인터넷, 클라우드 컴퓨팅 기술을 기반으로 인공지능을 갖춘 상태에서 자가 학습, 자동 수정 등의 기능을 수행하는 한편, 보다 저렴한 비용으로 더 많은 작업을 신속·정확하게 처리할 전망이다. BCG는 향후 10년간 로봇 시스템 비용이 20% 하락하는

그림 26-1 로봇의 분류

산업용 로봇	서비스용 로봇
자동차, 전기전자 등 제조 현장에서 활용	전문 서비스(의료·국방·물류 등) 및 개인 서비스(청소 등)로 구분
인간이 수행하기 힘들거나 유해한 작업, 단순 반복 작업 수행	인간 노동력을 보완·대체하거나, 고위험·고정밀 작업 수행
수직다관절 로봇(용접, 도색, 운반 등), 수평다관절 로봇(고속 조립 및 이송, 적재 등), 병렬형 로봇(정밀 운반, 조립 공정 등), 직교좌표 로봇(제품 조립, 검사 부착 등)	의료로봇, 청소로봇, 국방로봇, 필드로봇

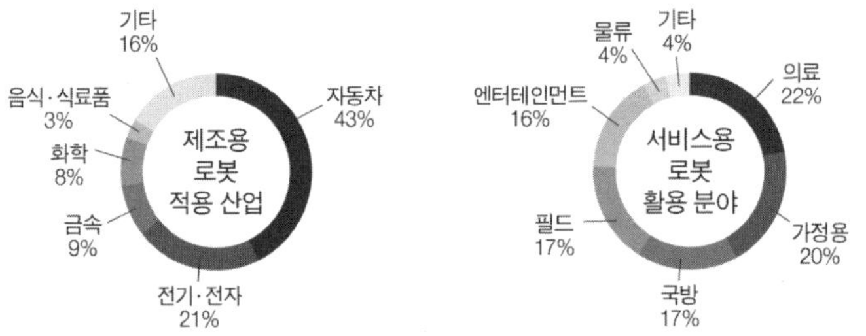

제조용 로봇 적용 산업
자동차 43%
전기·전자 21%
금속 9%
화학 8%
음식·식료품 3%
기타 16%

서비스용 로봇 활용 분야
의료 22%
가정용 20%
국방 17%
필드 17%
엔터테인먼트 16%
물류 4%
기타 4%

자료: 계중읍(2018).

반면, 성능은 매년 5% 정도 향상할 것으로 예측하고 있다.

로봇 산업 분야는 산업용 로봇인 첨단 제조로봇과 전문 서비스 로봇인 의료로봇, 무인이송로봇, 소셜로봇, 안전로봇 및 농업로봇 등이 있다. ICT 및 컴퓨팅 기술의 발전에 따라 산업용 로봇의 활용 범위가 확대되고 있는 가운데 OECD 회원국을 비롯한 개발도상국들도 노동비용 절감, 국제경쟁력 강화 등을 위해 산업용 로봇 도입을 확대하고 있다. 주요국들은 로봇기술을 미래 핵심 경제성장 동인으로 인식하고 관련 정책을 적극적으로 시행 중이다. 미국 로보틱스 이니셔티브NRI 2.0, EU SPARC, 일본 신로봇 전략, 중국 로봇산업발전계획, 대만 생산성 4.0 등이 대표적이다.

한국은 반도체·자동차·디스플레이·철강·조선 등 제조업 분야의 세계적인 강국이다. 이렇다 보니 세계에서 산업용 로봇을 가장 많이 쓰는 국가이기도 하다. 국제로봇연맹IFR에 따르면, 한국은 근로자 1만 명당 산업용 로봇 대수가 710대(2017년 기준)로, 독일 322대, 일본 308대와 비교해서 세계에서 로봇 밀집도가 가장 높은 나라다. 세계 평균 로봇 밀집도(85대)보다 8배 이상 높은 수준이다. 연간 산업용 로봇 구매 대수도 중국, 일본에 이은 3위다.

공급 측면에서 산업용 로봇은 일본과 유럽 기업인 화낙Fanuc(일본), 쿠카KUKA(독일), ABB(스위스), 가와사키Kawasaki(일본), 야스카와Yaskawa(일본) 등 5개 기업이 세계 시장의 50~60%를 차지하며 시장을 선도하고 있다. 로봇·자동화 분야 인수 합병도 활발하다. 특히 중국 기업들의 로봇 기업 사냥이 두드러지는데, 메이디Midea의 쿠카 인수 등이 대표적이다. 세계 로봇 산업의 최강자 화낙은 스마트폰 금속 케이스를 가공하는 드릴로봇을 비롯해 공장 자동화에 필수인 NC 공작기계, 첨단산업용 로봇에서 모두 세계 톱이다. 한국 기업들이 일본 산업용 로봇에 의존하는 추세는 앞으로 심화될 가능성이 크다. 최고 제품을 만들려면 최고의 산업용 로봇이 필요하기 때문이다. 예컨대 삼성전자는 스마트폰 갤럭시S 시리즈의 매끄러운 곡면 처리를 구현하기 위해 일본 화낙에 의존한다. 스마트폰 테두리를 보호하는 철판을 곡선으로 매끄럽게 깎아주는 기술은 일본 화낙의 절삭기기만 갖고 있기 때문이다.

최근에는 산업용 로봇 도입이 제조업 글로벌 가치사슬Global Value Chain: GVC과 생산 구조에도 영향을 미친다는 주장이 제기되고 있다. 개도국 아웃소싱만으로는 소비자 수요 변화에 민감하게 반응하는 데 한계가 따르기 때문에 제품 맞춤화의 중요성이 부각되는 단계에서 로봇을 도입할 경우 저렴한 비용으로 다양한 제품을 신속하게 생산하는 시스템 구축이 가능하게 된

표 26-1 미국·일본 기업의 리쇼어링 사례

기업	주요 내용
GE	· 중국과 멕시코에서 미국 켄터키주 루이빌로 공장 이전 · 총 9억 9400만 달러 투자 · 세제 지원과 기술 유출, 멕시코 인건비 상승이 주 이전 이유
보잉	· 일본에서 미국 워싱턴으로 비행기 날개 생산라인 이전 · 2만여 개의 직간접적 일자리 창출 예상 · 주 정부의 87억 달러에 달하는 세제 지원과 숙련인력 확보가 이전 이유
혼다	· 도쿄 인근 사이타마현에 300억 엔을 투자, 30년 안에 일본 내 공장 증설 · 베트남과 홍콩에 있는 오토바이 생산 기지 일부를 일본으로 재이전 계획
파나소닉	· 중국에서 전량을 생산하는 전자레인지는 일본 고베에서, 50~60%를 중국에서 생산하는 세탁기와 에어컨은 각각 시즈오카와 시가현에서 생산 추진
소니	· 중국에서 생산하던 대미 수출용 비디오카메라를 2002년 이후 일본 전량 생산으로 전환 · 해외 수출 제품의 부품 40% 이상을 국내 조달, 일본 내 생산 결정

자료: 김용기(2017)에서 재인용.

다. 또한 저렴한 노동력을 찾아 생산시설을 해외로 이전한 선진국 기업이 본국으로 회귀하는 리쇼어링 계기로도 작용하게 된다.

로봇기술의 현실

로봇의 공통 기술 분야는 지능, 부품, 플랫폼으로 나뉜다. 여기에서 지능 부분은 인식, 판단, 행동 분야로 세분화할 수 있다. 로봇화 기술은 로봇의 요소기술이 타 산업에 적용되어 자동차의 자동주차기능, 지능형 CCTV 등 타 제품의 혁신을 가져오기도 한다.

미국 국방고등연구계획국DARPA은 현재의 로봇기술 수준을 제조용, 원격제어 그리고 단위 작업별 자율로봇으로 나누어 설명하고 있다. 제조용 로봇은 힘이 세지만 제조공장과 같이 정해진 환경과 작업에 대해 프로그램된 대로 반복하여 작업하는 수준이다. 그러나 복잡한 작업환경에서 다양한 임무를 수행하기에는 로봇의 지능이 아직 부족하고 사람의 지능에 의지해야 한다. 원격제어는 매 순간, 매 작업을 인간이 조종하는 형태로 로봇은 단지 수동적으로 작동할 뿐이다. 한편, 단위 작업에 대해서는 로봇이 보다 많은 자율성을 갖고 수행할 수 있다. 사람이 상황 판단을 하고 필요한 작업 지시를 내리면 주어진 단위 작업에 대해서 로봇이 자율적으로 수행한다.

인공지능은 로봇기술 발전에 큰 영향을 미친다. AI 기술의 발전으로 인공지능 스피커는 사람의 말을 알아듣고 대화가 가능해졌다. 이러한 기술의 발전은 로봇 동작과 작업 분야로 확산 중이다. 시장 경쟁에 앞서기 위해 로봇 제조사와 통신 및 소프트웨어 공급자의 다양한 협력이 진행 중이다. GM은 공장 내 설치된 화낙 산업용 로봇의 12개월 무고장을 구현하기 위해 시스코 클라우드 데이터센터와 연계하여 사전 장애 감시를 통해 유지보수 일정을 수립하는 프로젝트를 추진 중이다. 쿠카와 화웨이는 쿠카의 로봇을 전 세계 공장에 연결하는 협력으로, 인공지능과 딥러닝을 시스템에 통합하여 제조업에 필요한 솔루션을 제공하는 프로젝트를 추진 중이다. ABB사는 MS 애저 클라우드 플랫폼을 활용하여 로봇 성능 데이터를 지속적으로 모니터링하고 분석하여 클라우드로 전송한 후 고객에게 향상된 서비스를 제공하는 프로젝트를 추진 중이다.

협동로봇의 등장

코봇Cobot이라고도 부르는 협동로봇은 인간과 로봇이 같은 공간에서 함께 작업하기 위해 설계된 로봇이다.

협동로봇은 인간을 대체하기 위한 로봇이 아닌, 인간과 함께 일하면서

표 26-2 협동로봇과 산업용 로봇의 특징

	협동로봇	산업용 로봇
특징	설치, 운영이 쉬우며 안전함	빠른 속도, 복잡한 운영, 위험
용도	단순 조립, Pick & Place	용접, 도장, 팔레타이징
적용 분야	전자/반도체, 식품/의약품	자동차/기계, 전자/반도체
주요 업체	유니버설 로봇	화낙, 쿠카, ABB, 가와사키

자료: 정용복(2017).

작업 효율과 생산성을 극대화할 수 있는 로봇과 인간의 협력 모델을 의미한다. 기존 산업용 로봇은 로봇이 동작하는 동안 작업자의 안전을 고려해 안전펜스 등을 설치하여 로봇의 작업 영역에 인간 작업자의 접근을 철저하게 통제하는 로봇(ISO 10218)이었다. 반면 협동로봇은 산업용 로봇과는 달리, 인간과 공존할 뿐만 아니라 작업 혹은 임무 기획 및 수행 시 파트너로서 공생 관계를 형성하는 로봇(ISO/TS 15066)이다.

협동로봇을 구현하기 위해서는 사물인터넷, 빅데이터, 센서·인지, 액추에이터 기술 분야의 융합이 필요하다. 이를 통해 협동로봇은 비교적 설치와 운영이 용이하지만 정확도의 오차가 다소 용인되는 작업들, 예를 들어 이송, 머신텐딩, 조립, 적재, 포장, 몰드 핸들링, 투여, 연마, 검사와 같은 작업에 주로 사용되고 있다. 반면 산업용 로봇은 빠르고 정확할 뿐만 아니라 복잡한 운영이 필요한, 위험한 작업 등에 주로 사용되고 있다.

협동로봇은 협동 방식에 따라 크게 네 가지 카테고리로 분류할 수 있다.

① 안전 등급에 따른 관찰 및 정지Safety-rated Monitored Stop: 일반 산업용 로봇처럼 작업 영역에 사람이 없을 경우에만 동작하는 로봇
② 로봇손 제어Hand Guiding: 사람이 수작업 장치를 사용해 제어하는 로봇
③ 속도 및 거리 제어Speed & Separation Monitoring: 로봇과 사람 사이의 거리

를 모니터링하여 안전거리를 확보하며 작업하는 로봇

④ 전원 및 힘 제어Power & Force Limiting: 일정 값의 동력 또는 힘이 감지되면 로봇이 즉각 작동을 멈춤으로써 사람의 상해를 방지하는 로봇

2008년 UR 시리즈를 처음으로 판매하기 시작한 협동로봇 분야의 선두주자인 유니버설 로봇Universal Robot은 자신들의 협동로봇 플랫폼인 UR 시리즈의 확산·보급을 위하여 다양한 회사들과의 협업을 통해 엔드-이펙터End-Effector(로봇팔 말단 장비), 비전 솔루션, 소프트웨어 솔루션, 다양한 액세서리 등을 개발하고 있다. 국제로봇연맹은 「2020년 세계 로봇 시장-산업용 로봇World Robotics Industrial Robots 2020」 보고서를 발표했는데, 2019년 산업용 로봇 누적 설치 대수는 270만 대로 나타났다. 협동로봇 시장의 점유율은 2019년 판매된 전체 산업용 로봇 37만 3000대의 4.8%로 빠르게 성장하고 있지만 아직은 초기 단계로 전망된다(IFR, 2020).

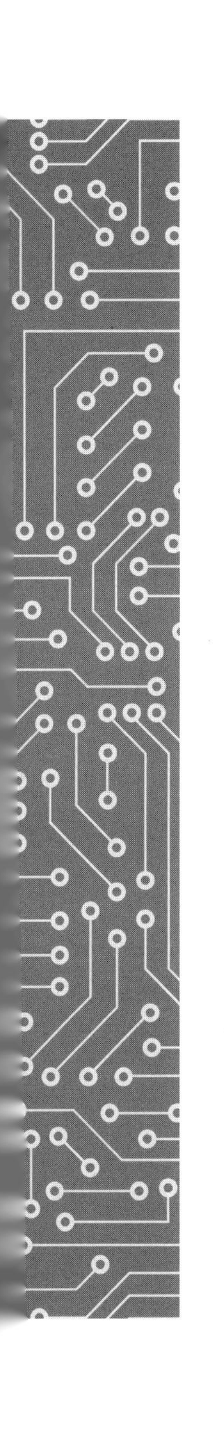

부록

1. 주요 산업 업종 지식
2. 스마트제조 R&D 로드맵

부록 1_ 주요 산업 업종 지식

: 스마트공장 참조 모델(Ver. 3.1)을 중심으로

미국은 2013년 '스마트 아메리카 챌린지'라는 프로그램을 만들어 제조업, 교통, 의료 등 8개 분야의 실증 사업을 추진했으며, 독일은 'It's OWL' 프로젝트, 중국은 '중국제조 2025 전략'으로 추격해 오는 인도에 대응하고 있다. 일본도 '일본 산업재흥 플랜'을 수립하고 첨단 설비투자 촉진과 과학기술 혁신을 강력하게 추진하고 있다. 스마트공장 도입은 글로벌 경쟁에서 살아남기 위해 필수불가결하다. 중소 제조업체 67%가 스마트공장 도입이 필요하며, 응답자의 91%가 스마트공장을 필수로 인식하고 있다는 중소기업중앙회 조사 결과도 이를 뒷받침한다. 우리나라의 경우, 대기업을 중심으로 반도체, 디스플레이, 철강, 기계, 조선, 통신장비, 석유화학 등 주력 산업은 이미 상당한 수준의 스마트공장을 구축·운영함으로써 세계시장을 선도하고 있으나, 전체 기업의 95% 이상을 차지하는 중소·중견 기업은 스마트공장을 구축하는 데 어려움을 겪고 있다. 2015년 스마트제조혁신추진단을 중심으로 다음의 주요 업종 11개를 대상으로 목표 수준 가이드를 제시하고 스마트공장 보급 확산을 위한 지도 활동을 수행하고 있다.

뿌리산업(주조, 금형, 소성가공, 용접, 열처리, 표면처리), 정밀가공, 사출성

형, 기계부품 조립, 전자부품 조립, PCB 제작, 화학, 제약·바이오, 화장품, 패션·의류, 식음료

중소벤처기업진흥공단에서도 2017년부터 중소기업기술정보진흥원에 스마트제조 데모공장 '넥스트스퀘어(스마트공장 배움터)'를 만들어 전문인력을 양성하고 있는 중이다. 추진단의 참조 모델은 스마트공장을 도입하고자 하는 중소·중견 기업에 세부 업종별 특성을 고려한 구축 가이드라인을 제시하는 데 목적을 두고 있다.

여기서는 11개 주요 업종에 덧붙여, 반도체와 플랜트 엔지니어링(정유/석유화학, 발전) 산업 등을 추가하여 설명했다.

제조 분야에서의 4차 산업혁명 추진과 관련하여 정부는 2015년 8대 스마트제조 기술을 발표한 바 있다. 국내에서 추진 중인 대표적 뿌리기술 개발 과제 일부와 스마트제조 혁신기술과의 관계를 나타내는데, 뿌리기술은 '4차 산업혁명' 혁신기술을 촉진하는 기술임과 동시에 활용하는 기술임을 알 수 있다(〈그림 A1-1〉).

뿌리산업 또는 뿌리기술은 부품과 장비를 제조하기 위해 소재를 가공하는 기술로, 크게 제품의 형상제조 공정(주조, 금형, 소성가공, 용접)과 소재에 특수 기능을 부여하는 공정(열처리, 표면처리) 두 가지로 구분된다.

그러나 신소재, 경량화, 친환경화 등 산업 트렌드가 빠르게 변화함에 따라 제조 근간이 되는 기술공정도 다양화되고 있어, 2020년 산자부에서는 뿌리소재 범위를 금속을 포함해 플라스틱·고무·세라믹·탄소·펄프 등 6개로 늘렸다. 뿌리기술 범위도 사출·프레스, 3D프린팅, 정밀가공, 엔지니어링 설계, 산업 지능형 소프트웨어SW, 로봇, 센서, 산업용 필름·지류를 추가해 기존 6개에서 14개로 확대했다.

그림 A1-1 4차 산업혁명 촉진 및 활용 기술로서의 뿌리기술

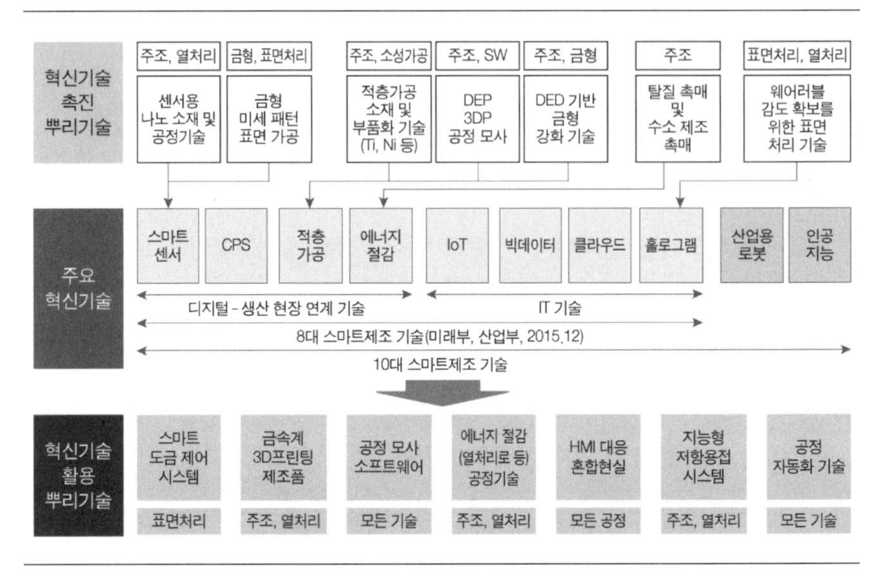

자료: 김상훈(2017).

표 A1-1 6대 뿌리기술 정의

특징	구분	정의
제품의 형상제조 공정	주조	고체 금속재료를 노(爐)에서 액체 상태로 녹인 후 틀 속에 주입 냉각하여 일정 형태의 금속 제품을 만드는 기술
	금형	동일 형태·사이즈의 제품을 대량으로 생산하기 위하여 금속재료로 된 틀을 제작하는 기술
	소성가공	재료에 외부적인 힘을 가하여 영구적인 변형을 일으킴으로써 원재료를 일정 형태의 제품으로 가공하는 기술
	용접	금속과 비금속으로 제조된 소재 부품을 열 또는 압력을 이용하여 결합시키는 기술
소재에 특수 기능 부여 공정	열처리	금속 소재·부품에 가열 및 냉각 공정을 반복적으로 적용하여 금속 조직을 제어함으로써 물성을 향상시키는 기술
	표면처리	소재·부품의 표면에 금속(또는 비금속)을 물리·화학적으로 부착시켜 미관이나 내구성을 개선하고, 표면 기능성을 부여하는 기술

자료: 홍순파(2014).

중소·중견 11개(뿌리산업, 정밀가공, 사출성형 등)

1-1) 뿌리산업: 주조

주조는 액체 상태의 재료를 형틀에 부어 넣고 굳힌 후 원하는 모양을 만드는 가공법으로, 용해로, 출탕설비, 다수의 래들Laddle로 구성된 장치산업이며, 동일 성분의 용해물을 생산하는 공정으로 로트Lot를 구성하는 일괄생산 업종이다. 주형은 제품의 제조 물량과 요구되는 치수 정밀도, 제품의 모양 등을 고려해 선정하는데, 반제품의 형태가 물성으로 존재하기 때문에 성분 시험 등의 실험실 관리가 중요하다. 정밀주조 업종은 수주 방식으로 생산하며, 대물 및 일반 소재 주물 업종은 수주와 계획에 따라 생산하는 방식을 택하고 있다. 용해로에서 배치Batch에 의해 생성된 차지Charge가 래들이라는 물류 단위로 이동(출탕)하여 주조 작업이 진행되므로, 차지와 차지 간 로트의 혼입Merge이 발생한다. 주형은 사형과 금속 세라믹을 쓰는 금형 형태로 구성되며, 사형은 1회밖에 사용할 수 없기에 대량생산에는 부적합하다. 금형 주조 중 다이캐스팅은 생산 자동화율이 높고 생산 속도가 빠르기에 양산에 적합하다. 공정 간 이송과 제품 로딩/언로딩이 생산성에 영향을 주며, 다른 업종에 비해 분진, 소음, 가스 등이 많아 작업환경이 열악한 경우가 많다.

1-2) 뿌리산업: 금형

금형 산업은 정밀가공기술에 컴퓨터를 이용한 설계기술이 접목된 첨단산업 분야이며 금형 종류는 다음과 같다.

- 프레스 금형Press Die: 직선 왕복 운동하는 프레스 기계에 금형이라는

그림 A1-2 주조 산업의 주요 공정 및 주요 설비별 관리 항목

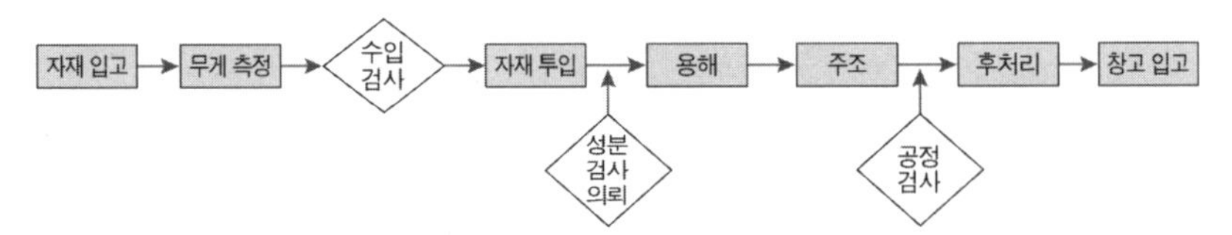

설비명	관리 항목	관련 공정	관리 방식
중량저울	무게(kg)	용해, 주조	상하한 오차 한계/투입량/실시간 그래프
용해로	온도, 투입량	용해	실시간 온도 모니터링/투입량/실시간 그래프
다이캐스팅	온도, 무게, 실적, 이형제, GAS	주조	실시간 온도 모니터링/상하한 오차 한계/불량 수/불량 유형/실시간 그래프
보온로	온도	주조	실시간 온도 모니터링/실시간 그래프
펀칭기	Burr	트리밍	불량 관리/불량 유형 관리
디버링기 샌드브러싱기	속도, 압력, 입방수	사상	Rework/실시간 그래프
열처리로	온도, 시간	열처리	실시간 온도 모니터링/실시간 그래프
성분분석기	성분 검사	검사	Xbar-R 관리도, C_{pk}
3차원 측정기	외관 검사	검사	Xbar-R 관리도, C_{pk}

특수 공구를 설치해 주로 금속 제품을 성형하는 금형

- 사출 금형Injection Mold : 플라스틱 합성수지 재료를, 가열 용융 또는 반용융 상태에서 강한 압력을 가해 코어와 캐비티 사이의 빈 공간에 주입·냉각시켜 성형품을 만드는 금형
- 다이캐스팅 금형Diecasting Mold : 저용융 금속인 알루미늄Al, 아연Zn, 마그네슘Mg 합금 등을 정밀한 형상의 금형에 고압으로 주입하여 제품을 생산하는 방법으로, 사출 금형의 원리와 유사함
- 그 외 고무 금형Rubber Mold, 소성가공 금형Forging Die, 유리 금형Glass Mold, 주조 금형Casting Mold 등이 있음

생산 단계는 설계와 가공으로 구분된다.

- 설계는 수주를 받은 제품을 CAD/CAM을 이용하여 실제 가공이 가능한 수준으로 정밀설계를 하는 과정(한 세트당 평균 4~10일)
- 가공은 고성능 NC공작기계 등을 이용하여 정밀설계된 설계도에 따라 금형을 실제 생산하는 과정

1-3) 뿌리산업: 소성가공

소성가공 산업은 재료를 상온이나 가열한 소성 영역에서 외력을 가해 희망하는 형태로 제작하는 가공법으로, 성형되는 치수가 정확하고 원하는 금속의 조직을 생산할 수 있어 기계 산업을 위한 부품 생산 등에 많이 사용된다. 소성가공의 대표 격인 열간가공은 크게 원자재 입고 및 절단, 가열, 가공, 쇼트, 후처리(정밀가공, 열처리, 표면처리), 검사 및 포장의 공정으로 구성된다. 소성가공은 재료를 재결정 온도 이상으로 가열하는 열간가공과 가열하지 않고 상온 전후에서 실시하는 온간가공 및 냉간가공이 있으며, 이 중 열간가공이 제품의 정밀도는 떨어지지만 제작비가 저렴하고 형상에 의한 제약이 적어 가장 많이 사용된다. 품질 측정의 기본 사항은 규격이며, 품질에 영향을 주는 주요 관리 대상은 금형과 프레스 설비다. 소성가공은 주로 배치 생산 방식이며, 재질에 따라 속도와 온도, 가압의 정도 관리가 중요하다. 소성가공은 복잡한 형상 부품을 성형하는 과정에서 정밀도 확보, 설비의 대형화 및 고속화에 의한 작업 속도의 향상, 소음과 진동에 의한 작업환경의 개선이 요구된다.

1-4) 뿌리산업: 용접

용접·접합Welding & Joining은 레이저 용접, 초미세 접합 등 첨단 공정기술로, 전방 산업인 자동차, 조선, 전자 산업의 글로벌 경쟁력을 향상시키는 기반 기술로서 중요하다. 제조 프로세스는 모재 입고, 용접, 후가공, 외관 검사, 포장, 출하 검사, 출하 순으로 진행되며, 후가공은 생산품 특성에 따라 드릴, 연마, 도금 등이 있다(〈표 A1-2〉).

1-5) 뿌리산업: 열처리

열처리는 제조, 성형, 가공 등의 공정을 거쳐 생산된 제품의 성능 향상

표 A1-2 용접기술의 종류

구분	정의	특징
아크용접	용가재와 모재 사이의 전기 방전에 의해 발생하는 아크열을 이용해 모재를 용융시키는 용접	용접 자동화가 가능하며, 생산성 향상 및 생산단가 저감에 효과가 큼
저항용접	전극으로 둘 이상의 판재를 가압하고 전류를 통전시켜 발생한 저항열을 이용해 모재를 용융시키는 용접	통전 시간이 매우 짧아 생산성이 높음
특수용접	고에너지밀도 전자빔 및 레이저 용접, 액상 출현이 없는 마찰용접, 마찰교반용접, 초음파용접 등 특수 에너지원을 사용하여 모재 간 직접 결합을 형성하는 용접	레이저 용접은 좁고 깊은 용접부를 얻을 수 있고 고속 용접이 가능하며, 고상용접은 금속 간 화합물 형성이 적고 열변형이 적음
브레이징	구조용 접합의 일종으로 모재의 용융 없이 융점 450℃ 이상인 삽입 금속을 용융시켜 접합을 형성하는 공정	이종 금속 접합이 가능하고 솔더링이나 접착 등 다른 구조용 접합에 비해 접합 강도가 강함
칩레벨 접합	반도체 소자를 고집적·고내구 특성을 갖도록 전기적·기계적으로 접속하는 접합 기술	신수요 산업에서 높은 기계적·열적·전기적 접합 특성 및 신뢰성을 요구하고 있어 다양한 열원, 기판, 접합 소재 등의 개발이 요구되고 있음
보드레벨 접합	금속 기반의 솔더 소재를 사용하여 각종 전자부품 등을 다양한 소재와 형태의 PCB에 고집적·고내구 특성을 갖도록 실장하는 접합 기술	모바일 기기에서의 부품의 소형화, 고집적화에 따른 고밀도 실장기술 및 자동차 전장품용 고신뢰성 보드레벨 접합기술의 개발
구조용 접합	접착 소재, 기계적 체결 및 하이브리드 공정을 통해 접합부에 기계구조적인 성능을 부여하는 접합 공정	접착, 기계적 체결 등이 해당되며, 금속 간의 용융접합이 아니기 때문에 비철 소재, 이종 소재 등의 접합에 매우 유용한 공정

을 위한 공정으로, 높은 품질 수준을 요구하는 수주형 산업이다. 일반적으로 자재 입고, 세정, 가열, 냉각, 후처리(샌딩, 쇼트, 연마 등), 검사 등을 거쳐 생산되는데, 가열 방식 및 냉각 방식에 따라 다수의 작업 방법 및 설비가 소요된다. 전 공정의 생산 능력과 품질을 작업자의 숙련도에 의존하던 산업에서, 제조 기술의 발전으로 생산설비가 중요한 역할을 하는 장치산업으로 변하고 있다. 열처리는 대량의 에너지를 소비하는 산업으로, 친환경적인 고부가가치 에너지의 사용으로 전환하여 에너지 소모량을 개선하는 기술이 필요하다. 열처리는 값싼 소재의 성능을 향상시켜 값비싼 고급 재료에 상응하는 기능을 발휘시킬 수 있으므로, 제품의 원가를 절감하는 효과를 얻을 수 있으며, 기계 산업과는 매우 밀접한 관계가 있다.

1-6) 뿌리산업: 표면처리

표면처리 기술은 모재의 특성을 변화시키지 않고, 재료의 표면을 처리하여 내구성 향상, 기능성 부여, 미관 향상 등의 특성을 얻는 기술이다. 표면처리는 자동차, 공구, 건축 및 장식 산업 그리고 첨단산업 분야인 반도체, 광학, 디스플레이, 우주항공 및 의료 분야까지 다양하게 적용되는 산업으로, 향후 첨단산업과 융합되어 다양한 분야에 적용될 것이다. 표면처리 종류로는 도금, 도장/세정, 증착 등이 있으며, 처리 방법에 따라 습식 표면처리, 건식 표면처리 및 도장/세정 분야로 나눌 수 있고, 응용 분야에 따라서는 반도체·디스플레이용, 광학·필름용, 자동차용, 인체·의료용 표면처리로 분류할 수 있다. 도금은 어떤 물체의 표면 상태를 본 재료의 성질보다 더 유용하게 하기 위해 다른 물질을 물체의 표면에 얇게 입히는 것으로, 보통 금속 제품에 다른 금속재료를 입히는 행위 및 특수 환경에서 반응성이 매우 느리게 금속 표면을 처리하는 행위다. 도장/세정은 물체의 표면을 보호하고 아름답게 하기 위해 페인트, 에나멜과 같은 유동성 물질인 도료를 물체에 칠하여 도막을 만드는 행위다. 증착은 진공 중에서 은, 알루미늄, 금 등의 금속 혹은 산화마그네슘, 산화아연 등의 금속화합물을 가열하여 증기로 만들어 다른 물체에 부착시키는 행위로, 반사 방지막, 간섭 필터 등이 주로 증착으로 만들어진다.

2) 정밀가공

정밀가공 산업은 CNC 밀링, 연마기, 각종 검사장비들로 구성된 장비 지향형 산업이다. 생산하고자 하는 부품에 따라서 가공장비를 중심으로 공정별로 다양한 전용 장비들을 운영하여 가공하고 있다. 가공장비의 수준에 따라 생산성 및 품질이 좌우되는 산업이다. 정밀가공은 CAD/CAM 시스템 의존도가 높으며 NC가공을 하는 경우가 많고, 공작물을 체결하는 지그의 제작 정도 및 표준화에 따라 생산능력을 향상시킬 수 있다. 주로 기계 및 자동차 부품을 생산하고 있으며, 기업에 따라 조립 공정과 연계되어 종합적으로 운영되기도 한다.

3) 사출성형

사출성형은 금형으로 플라스틱 제품을 연속적으로 생산하며, 사출기를 주축으로 사출품에 대한 검사나 조립 혹은 도장까지의 후공정으로 이루어진다. 사출품(특히 플라스틱)은 모든 제조 산업의 주요 부품으로 전기/전자를 비롯하여 자동차, 건축자재에 방대하게 사용되어 산업적 연계 고리와 파급효과가 매우 크다. 사출품의 가장 중요한 품질 요소는 금형 온도, 사출 속도, 소재 배합 등에 영향을 받는 외관, 중량, 연성, 강도 등이다. 품질 추적을 위한 로트 관리는 랙Rack 및 박스 단위로 하고, 대물일 경우 개별로 시리얼 관리를 하는 경우도 있다.

4) 기계부품 조립

기계부품 조립 산업은 원재료나 부품을 조립하고 검사하는 노동집약적 산업이다. 수주 방식은 발주자의 제품 규격에 따라 공급자가 제품을 제작/공급하는 도급과, 원재료를 발주자가 구매하여 공급자에게 공급하고 제품을 제작/공급하는 사급으로 구분된다. 자재를 부착/조립하여 검사하는 공정이 중요하며, 부착/조립 시 발생하는 공정 데이터와 검사 시 수집되는 검사 데이터를 연계하여 품질 분석을 실시해야 한다. 제품 불량 시 불량 원인을 확인하며, 불량 원인별로 현장 개선을 수행한다. 품질 추적은 시간대별 추적과 제품 일련번호의 추적이 병존하며, 추적의 최상위 수준은 사용된 자재 품질까지도 요구한다. 고객 요구 대응을 위해 안전 재고, 때로는 선행 생산으로 인한 재고도 존재한다.

5) 전자부품 조립

전자부품 조립 산업은 기계부품 조립 산업과 특성이 비슷하다. 제품 불량 시 원자재 불량과 작업 불량을 확인하는 것이 중요하며, 구분에 따라 원자재 업체나 작업 현장의 개선이 중요하여 로트 추적성은 물론 자재에 대한 추적성도 중요하다. 고객 요구 대응을 위해 안전 재고 및 선행 생산으로 인한 재고도 존재한다. 컨베이어와 바코드를 이용한 자동화가 비교적 용이하다.

6) PCB 제작

PCB는 주문자가 제품을 설계하면 이를 주문받아 생산하는 수주형 산업으로, 높은 품질과 정확한 납기가 요구되는 주문형 산업이다. 일반적으로 자재 입고, 재단, 드릴링, 노광, 현상, 도금, PSR 인쇄, 마킹, 표면처리, 외형 가공, 검사 등을 거쳐 생산되는데, 다층 PCB의 경우 40여 개 정도의 세부 공정으로 생산이 이루어지고 있다. 전 공정의 제조 능력과 품질을 설비가 좌우하는 경우가 많은 장치산업이며, 소재, 설비, 약품 등 다양한 핵심 요소기술들이 집약되어 있다. PCB 종류는 적층 수에 따라 단층·양면·다층 PCB로 나뉘고, 원자재별로 경성RPCB과 연성FPCB으로 구분되며, 완제품의 소형화·경량화 추세에 따라 경박 단소화, 고기능화 경향이 가속되고 있다. 중소업체의 경우, 수십에서 수백 개 정도의 소량 주문생산으로 1모델=1로트로 운영되며, 최근에는 SMT 공정을 포함한 최종 제품 생산도 한다.

7) 화학

화학 업종은 업체별로 매출 규모의 편차가 매우 크고, 공정 구조가 다양하다. 공급망 내 위치에 따라 개별 업체가 복수 개의 공정을 운영하는 경우도 있으나, 단일 공정을 운영하는 업체가 대다수를 차지한다. 업종 표준 기능은 다음과 같다.

- 계획 기능, 자원 할당 및 현황 모니터링, 작업 지시
- 작업 방법(레시피), 표준 작업 절차, 배치 기록, 변경점 관리
- 제품 추적, 성과 분석, 노무관리, 공정관리, 품질관리 등의 모니터링
- 설비 유지보수 관리, 설비 정보 관리

설비 운영 또는 조작 시 수작업 처리에 따른 저효율을 인식하고 있으며, 품질 수준 및 생산성 향상을 위해 설비 정보 활용을 위한 투자를 우선시한다.

8) 제약·바이오

제약 산업은 인간의 생명과 보건에 관련된 의약품을 생산하는 정밀화학 산업이며, 국민의 건강과 생명에 직결된 산업으로 정부 규제가 강한 분야다. 의약품은 합성, 발효, 추출 등으로 제조된 원료 의약품과 원료 의약품을 사용하여 최종적으로 인체에 투여할 수 있는 완제 의약품으로 구분된다. 완제 의약품은 처방전 없이 구입이 가능한 일반 의약품과 처방전이 필요한 전문 의약품으로 구분된다.

의약품 제조 가이드라인인 HACCP, GMP를 준수해야 하며, 의약품 생산에 있어 제조 과정의 검증Validation이 중요하다. 제조지시서인 SOP 준수가 중요하며, 설비 데이터, 검사 데이터 등 공정별 모든 정보가 제조기록서에 포함되어야 한다. 품질보증이 다른 산업보다 철저하나, 대부분 제약사가 제조 과정을 수기로 관리하고 있어 문서 분실, 누락/오기입, 변조 등의 가능성이 있다. 정부 규제 강화와 해외 수출 지향으로 ICT 도입이 활발할 것으로 예상된다.

9) 화장품

화장품 업종은 시장 변화에 민감하고 기호와 유행에 따라 빠르게 변하여 제품의 사이클이 매우 짧고 소량 다품종인 특징이 있다. 일반 소비제품과 달리, 인간의 미와 신체에 관련된 소비자의 욕구를 충족시켜 주는 특수한 가치 및 고부가가치 창출이 가능한 선진형 미래 산업이다. 한류 영향으로 해외시장에서 K-뷰티 열풍이 불고 있으며, 고용 부가가치가 높은 국내 수출산업으로 지속적인 성장이 이루어지고 있다. 화장품의 제형은 크게 유화제(크림, 로션), 가용화제(화장수, 향수, 에센스), 분산제(마스카라, 파운데이션 등)로 나뉜다. 기능성 화장품의 기능은 미백, 주름 개선, 자외선 차단이 있다. '화장품법' 및 우수화장품 제조 및 품질관리 기준Cosmetic Good Manufacturing Practice: CGMP에 따라 생산 및 관리한다.

10) 패션·의류

제조업 가운데 패션 산업은 섬유 제품을 응용하여 의복, 의복 액세서리 및 가죽·모피 제품을 만드는 의류가공 산업Apparel Industry으로서, 제직·편직 등의 공법에 따라 재단, 봉제, 염색 등 후공정으로 이루어지는 업종이다. 특히 의류 사이클의 역동성을 감안했을 때, 원사에서 원단 제직과 의류 제조 및 공급에 이르기까지의 소요 기간은 시장의 기대치보다 길므로 가공뿐만 아니라 발주, 보관 등에 있어 낭비적 요소의 제거가 필요하다. 공법 및 제품 용도에 따른 주요 설비로는 제직기(편직기), 검단기, 텐터기Tenter, 염색기, 재단기, 재봉기, 다수의 측정기 및 계측기가 있다. 가죽·모피 생산은 의류 제품 생산을 위해 동물의 원피를 물리·화학적으로 가공하여 원단을 제조하고 그 원단으로 가죽·모피 의류 제품을 생산하는 일이다. 패션 소품 생산은 제직 원단, 편직 원단, 가죽, 기타 재료로 생산된 패션 제품 중 의류를 제외한 가방, 벨트, 모자, 장갑, 스카프, 넥타이, 양말 등 패션의 완성도를 높여주는 아이템을 생산하기 위한 디자인·개발·제조에 이르는 일련의 과정을 수행하는 일이다. 한복 생산은 한복의 소재와 디자인을 기획하고 개발하여 본뜨기, 마름질, 바느질하는 일련의 과정을 수행하는 일이다.

11) 식음료

가공식품은 식품 원료(농·임·축·수산물 등)에 식품 또는 식품첨가물을 가하거나, 그 원형을 알아볼 수 없이 변형하거나(분쇄, 절단 등), 변형한 것을 서로 혼합하거나 이 혼합물에 식품 또는 식품첨가물을 사용하여 가공·포장한 식품이다. 도축·육류와 수산물 및 과실·채소의 가공 및 저장 처리업, 작물 재배 및 축산 관련 서비스업, 낙농제품 및 식용빙과류 제조업, 곡물가공품·전분 및 전분제품 제조업, 기타 식품 제조업, 알코올음료와 비알코올음료 및 얼음 제조업 등으로 구분할 수 있다. 가공식품은 원료처리실·제조가공실·포장실 및 그 밖에 식품의 제조·가공에 필요한 작업장을 독립된 건물에 두거나 그 외의 용도로 사용되는 시설과 분리해야 하며, 제조 공정은 미생물 오염 발생 방지를 위해 가장 높은 수준의 위생 기준 및 최고 품질의 원료를 보장해야 한다. 제조 프로세스는 식품 종류에 따라 다양하나 일반적으로 원재료 입고, 보관, 칭량, 세절, 배합, 숙성, 성형, 후처리, 내포장, 금속 검출 및 검사, 외포장, 보관, 출하 순으로 진행되며, 후처리는 제품에 따라 훈증·증숙·냉동 등이 있다.

반도체

비메모리 비중이 30 대 70으로 더 높은 세계 반도체 산업에서 우리나라는 설비투자와 노하우 축적이 중요한 메모리(D램, 랜드플래시) 분야에서는 61.9%(삼성전자 40%, 하이닉스 21.9%)의 점유율을 차지하지만, 기술력과 창의력이 필요한, 로직 칩(CPU, 모바일 AP, 이미지 센서 등)으로도 불리는 시스템 반도체 영역에서는 점유율이 3%에 불과하다(한국반도체산업협회, 2019). 시스템 반도체는 비메모리 반도체 시장 중 대부분을 차지하고 있으며, 기술적·산업적 중요도가 높기 때문에 비메모리 반도체를 대체하는 명칭으로 활용되고 있다. 해외에서는 반도체를 메모리 반도체, 시스템 반도체, 광개별소자 등으로 구분하고 있으며, 한국에서 사용하는 용어인 비메모리 반도체는 시스템 반도체와 광개별소자(센서)로 세분화된다. 미국에 이어 한국은 반도체 세계 2위 국가이지만 산업구조는 메모리 중심으로 성장해 팹리스Fabless나 파운드리Foundry 등 시스템 반도체 기반은 미약하다. 비메모리 반도체는 종합 반도체기업IDM도 생산하고 있으나, 설계 전문 기업(팹리스) 등 분업화된 구조가 일반적이다. 비메모리 반도체 최고 기술력을 보유하고 있는 미국 대비 우리나라의 기술 수준은 80.8%, 기술 격차는 1.8년으로 국내 비메모리 반도체 분야의 설계·생산 기술이 미흡한 것으로 조사되고 있다(김정언 외, 2018: 37). 미국은 컴퓨터 및 서버 CPU로 유명한 인텔(IDM)과 무선통신 및 모바일 프로세서로 위상을 높인 퀄컴(팹리스)을 선두로 다수의 기업이 경쟁하고 있다.

전 세계 반도체 장비 산업은 미국(44.7%)이 가장 높은 점유율을 보이며 그 뒤로 일본(28.2%), 네덜란드(14.1%)가 있으며, 한국은 3.6% 수준이다(박광현, 2019.11.14). 현재 반도체 생태계를 지원하는 전문 회사는 첫째, 반도체 설계 SW인 EDA(전자설계자동화)를 제공하는 EDA 공급기업, 둘째, 제조·조립·테스트 및 포장을 위한 특수장비 및 공작기계를 생산하는 장비 제조업체, 셋째, 웨이퍼 제조, 각종 케미컬, 패키징 재료 등을 제공하는 원재료 공급기업 등이 존재한다. 마지막으로 반도체 회사가 자체 칩을 설계할 때, 외부에서 사전에 디자인된 설계 블록을 사용할 수 있도록 이를 개발하고 라이선스를 부여하는 IP 기업 등이 존재한다.

EDA를 제공하는 공급기업의 경우, 인공지능 반도체를 설계할 수 있는 솔루션을 제공하기 시작했다. 현재 EDA 시장은 시놉시스Synopsys, 케이던스Cadence, 멘토Mentor 등의 기업이 시장을 과점하고 있는 상황이다. 이러한 공급기업은 AI 반도체를 구현할 수 있도록 새로운 설계 방법론과 설계 툴을 팹리스와 파운드리에게 제공하고 있다. 예를 들어, 엣지 디바이스용 AI

그림 A1-3 반도체 산업구조 및 기업 유형

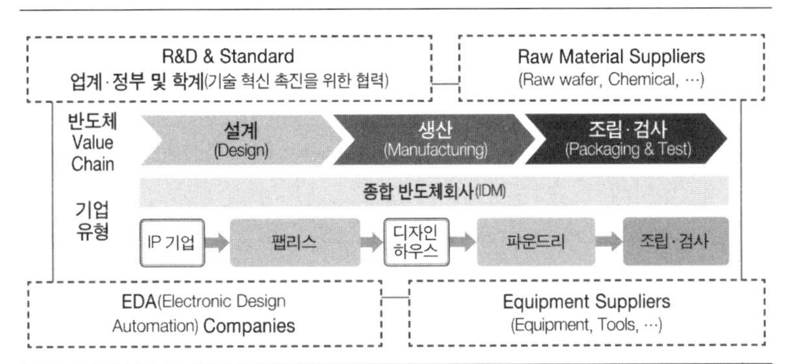

유형	내용
종합 반도체회사	설계부터 제조·판매까지 모든 분야를 자체 운영하는 종합 반도체기업
IP 기업	반도체 설계자산(IP)만 전문으로 개발하는 IP 업체
팹리스	반도체 생산라인을 보유하지 않고 설계가 전문화되어 있는 회사로, 제조설비를 뜻하는 패브리케이션(fabrication)과 리스(less)를 합성한 말
디자인 하우스	팹리스가 설계한 칩 코드를 받은 후 파운드리 공정에 맞춰 웨이퍼 마스크 제작과 테스트 등 백엔드 작업을 담당
파운드리	반도체 제조를 전담하는 생산 전문 기업

반도체에 최적화된 AI 액셀러레이터(가속기)를 만들 수 있는 새로운 설계 기술을 제공하고 있다.

둘째, 전문적인 표준화된 설계자산IP을 개발하여 제공하는 대표적인 IP 기업인 ARM, 시놉시스, 케이던스의 경우, AI 반도체를 위한 IP를 제공하고 있다. 주로 AI 작업만을 담당하는 단독형보다는 AI 처리 기능이 시스템 반도체에 내장된 형태인 통합형을 위한 IP 코어를 제공한다. 기존 반도체 업체(IDM, 팹리스)가 이러한 AI용 IP 코어를 라이선스하여 AI 반도체를 구현할 수 있도록 지원하고 있다. 특히 최근에는 설계자산을 공개하여, 기존의 상용 IP와는 달리 오픈소스처럼 무료로 사용할 수 있고 수정할 수 있는 개방형 IP인 리스크파이브RISC-V가 영역을 확장하고 있다. 또한 이러한 리스크파이브를 활용하여, 시스템 반도체 또는 AI 반도체를 더 쉽고 빠르게 낮은 비용으로 만들 수 있도록 지원하여 수익을 창출하는 스타트업도 탄생하고 있다. 특히 이들 기업들은 파운드리와의 협업을 통해 보다 쉽게 리스크파이브라는 개방형 IP를 활용할 수 있는 기반도 제공하고 있다.

셋째, 기존 대형 클라우드 서비스를 제공하는 인터넷 기업들도 직접 AI 반도체 개발에 참여하고 있다. 대형 데이터센터를 보유하고 있는 구글, 마이크로소프트, 아마존 같은 기업들이 AI 서비스를 위한 빅데이터 및 연산 처리와 더불어 차별화를 위해 직접 AI 반도체 개발에 착수하고 있다.

반도체 공정은 실리콘 위에 트랜지스터 등의 집적회로를 만들어나가는 과정이다. 지름 300mm 크기의 원형 웨이퍼 한 장이 공장에 들어가 두 달 동안(D램: 104일, 랜드플래시: 59일, LCD: 6.25일) 깎고, 찍고, 갈고, 다듬고, 씻는 600여 종의 공정을 거치면 가로·세로 5mm 크기의 메모리 반도체 수천 개로 변신한다. 팹FAB 공정은 자본집약적이고 복잡하여 반도체 생산성과 수율에 가장 큰 영향을 미치는 매우 중요한 공정이다. 반도체가 만들어지는 과정은 가장 중요한 팹의 8대 공정(확산, 노광, 식각, 세정, 이온 주입, 금속배선, 증착, 연마)을 포함하여 다음과 같은 여러 단계를 거쳐서 이루어진다.

1) 웨이퍼 제조 및 회로 설계

① 단결정 성장: 고순도로 정제된 실리콘(규소) 용액을 주물에 넣어 회전시키면서 실리콘 기둥(봉)을 만든다.

② 실리콘 기둥 절단: 실리콘 기둥을 똑같은 두께의 얇은 웨이퍼로 잘라낸다.

그림 A1-4 반도체 제조 공정

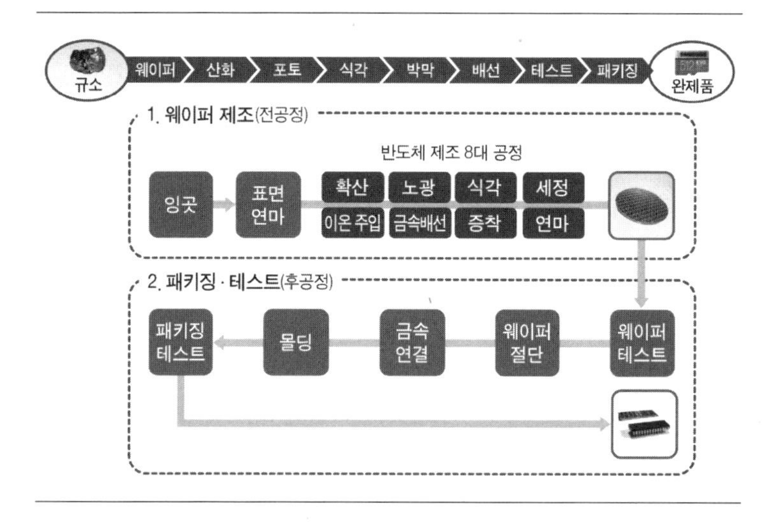

③ 웨이퍼 표면 연마: 웨이퍼의 한쪽 면을 닦아 거울처럼 반질거리게 만든다. 이 연마된 표면에 전자회로의 패턴을 그려 넣게 된다.

④ 회로 설계: 컴퓨터 시스템CAD을 이용해 전자회로 패턴을 설계한다. 보통 반도체의 회로 도면은 50~100m 정도의 크기다.

⑤ 마스크 제작: 설계된 회로 패턴은 순도가 높은 석영Quartz을 가공해서 만든 기판 위에 크롬Cr으로 미세회로를 형상화해 포토마스크Photo Mask로 재탄생한다. 마스크는 레티클Reticle이라고도 부르는데, 이것은 회로 패턴을 고스란히 담은 필름으로, 사진 원판의 기능을 한다. 마스크는 보다 세밀한 패터닝을 위해 반도체 회로보다 크게 제작되며, 렌즈를 이용하여 빛을 축소해 조사한다.

2) 웨이퍼 가공(팹 공정)

① 확산Diffusion: 산화막 형성

순수한 실리콘(규소)으로만 구성된 웨이퍼는 전기가 통하지 않는 부不도체다. 물속에 불순물이 있어야 전기가 통하듯 웨이퍼도 붕소·인과 같은 이온을 넣어 전기가 통하게 하는 공정이 필요하다. 이온 확산 공정이라고 하는데, 이를 통해 전기가 통하는 도체와 통하지 않는 부도체의 성질을 동시에 갖는 반半도체를 구현하는 것이다.

② 노광Photo: 사진

노광은 사진을 찍듯이 웨이퍼에 빛을 쏘아 원하는 모양의 회로 모양을 그리는 공정이다. 회로를 그린 마스크를 웨이퍼 위에 씌우고 빛을 쏘면 회로 모양을 제외한 나머지 부분은 빛을 받아 사라지고 회로 패턴만 남는다. 반도체 기업 간 최대 기술 격전지는 노광 공정에서 선폭을 줄이기 위한 미세 공정 경쟁이다. 최근에는 네덜란드의 ASML이 개발한 EUV(극자외선) 노광장비를 이용해 7nm 이하를 실현하는 초미세 공정도 상용화되었다. 이 노광장비는 한 대당 1500억 원이 넘는다. 현재 노광 공정에 쓰이는 감광액의 90%를 신에츠화학, JSR, 스미토모화학 등 일본 기업들이 생산한다.

③ 식각Etch: 패턴 완성

조각칼로 판화를 새기듯이 웨이퍼 위에 회로 모양만 남겨두고 나머지 부분을 없앤다. 이때 필요한 소재가 순도 99.999% 이상의 고순도 불화수소HF다. 불화수소는 금·백금을 제외한 나머지 물질을 모두 녹일 수 있다. 미세 공정 수준이 올라가면서 기체 상태의 가스를 주로 쓴다. 에칭Etching 가스라고 불리는 이유다. 불화수소 가스는 순도도 높고 입자 크기도 훨씬 작아 정밀하게 원하는 모양대로 깎아낼 수 있다. 99.999% 이상의 고순도 불화수소는 스텔라케미파, 모리타 등 일본 기업의 제품이 세계 생산량의 70%를 차지한다.

④ 세정Cleaning

반도체는 클린룸에서 만들지만 공정을 오가는 과정에서 웨이퍼가 먼지에 노출될 수 있다. 노광·식각 공정 후 감광액, 산화막 등 찌꺼기가 남는 경우도 있다. 불순물을 말끔하게 없애는 작업이 세정이다. 주로 쓰는 세정 물질이 고순도 불화수소다. 식각 공정엔 순도 99.999%의 가스 상태 불화수소를 쓰지만 세정 공정에는 순도가 그보다 조금 낮은 액화 불화수소도 쓴다.

⑤ 이온 주입IMP: 불순물 주입

실리콘 웨이퍼에 반도체의 생명을 불어넣는 작업이다. 순수한 반도체는 실리콘으로 되어 있어 전기가 통하지 않으나 불순물을 넣음으로써 전류가 흐르는 전도성을 갖게 된다. 이때 불순물을 이온ION이라고 하는데, 이온을 미세한 가스 입자로 만들어 원하는 깊이만큼 웨이퍼 전면에 균일하게 넣어준다.

⑥ 금속배선Metal: 금속 장착

웨이퍼 표면에 형성된 각각의 회로를 금, 은, 알루미늄 선으로 연결하는 공정으로, 금속에 전기적 충격을 주면 금속이 물방울처럼 증발하는데 여기에 웨이퍼를 넣어 회로를 연결한다.

⑦ 증착CVD, PVD, ALD: 박막 증착

확산 공정을 마치면 웨이퍼에 그려진 선線은 전기가 통하는 회로로 변신한다. 이때 손톱만 한 반도체 위에 미세한 회로가 수없이 놓이면서 자칫 회로 간 전기 간섭현상이 발생할 수 있다. 박막Thin Film 증착은 전기 간섭에서 회로를 보호하기 위해 얇은 막을 씌우는 공정이다.

동시에 회로에는 알루미늄·구리 등 금속 물질을 입혀 전기를 더 빨리 전달하도록 만든다. 이 같은 증착을 하는 장비는 미국 어플라이드 머티어리얼즈, 노벨러스 등에서 주로 제조한다.

⑧ 연마CMP: 평탄화

미세한 회로를 차곡차곡 쌓아 올리는 과정에서 웨이퍼에 높낮이 차이가 있으면 반도체 품질에 치명적인 결함이 생긴다. 이를 해결하는 공정이 화학·기계적 연마Chemical Mechanical Polishing: CMP다. 연마 공정은 주로 박막 증착 이후에 한다. 웨이퍼 위에 얇은 막을 씌운 상황에서 이를 평탄하게 만들고, 그 위에 다시 회로를 그리고, 깎고, 증착하기 때문이다. 슬러리 용액이라고 부르는 화학물질도 웨이퍼에 분사한다.

3) 조립 및 검사

① 웨이퍼 자동 선별: 칩의 불량 여부를 컴퓨터로 검사하여 불량품을 골라낸다.

② 웨이퍼 절단: 웨이퍼에 그려진 칩들을 떼어내기 위해 웨이퍼를 손톱만 한 크기로 계속 잘라낸다. 절단에는 다이아몬드 톱이 사용된다.

③ 칩 접착: 낱개로 분리된 칩 가운데 제대로 작동하는 것만을 골라내어 리드프레임 위에 올려놓는다. 리드프레임이란 반도체에서 지네발처럼 튀어나온 다리 부분인데 반도체가 전자제품에 연결되는 소켓 구실을 한다.

④ 금선 연결: 칩의 외부 연결 단자와 리드프레임을 가느다란 금선으로 연결해 준다. 머리카락보다 가는 순금을 사용한다.

⑤ 성형Molding: 외형 만들기 작업이다. 이 과정을 거쳐 우리가 흔히 보는

검은색 지네발 모양이 된다. 칩과 연결된 고유번호, 제조회사의 마크 등을 이때 인쇄한다.

⑥ 최종 검사: 전기적 특성이나 기능 등을 컴퓨터로 최종 검사한다.

플랜트 엔지니어링(정유/석유화학, 발전)

엔지니어링은 건설·플랜트·제조 등 15개 기술 부문에서 기획, 설계, 프로젝트 관리, 구매/조달, 운영/유지O&M 등의 엔지니어링 활동을 통해 부가가치를 창출하는 산업이다. 제조 분야는 자동차·가전 등 단속공정 중심이며, 플랜트는 연속공정에 초점을 맞추고 있다. 연속공정 중심의 플랜트란, 발전소나 정유공장같이 일련의 기계와 장치들이 연계되어 정상적인 운전조건하에서 원료로부터 중간재 혹은 최종 제품의 연속적 제조를 시현하는 생산설비 및 관련 시스템을 말한다. 일반적으로 플랜트를 대상으로 하는 엔지니어링 업무 영역은 플랜트의 기획, 설계, 시공, 운영 및 폐기에 이르는 전 주기(설계, PM, O&M)에 걸쳐 생산성·성능·품질에 직접적인 영향을 미치는 기술 분야다. 고부가가치의 창의적 기술과 축적된 경험이 산업 경쟁력의 핵심으로, 타 업종에 미치는 전방 연쇄효과가 높아 건설, 플랜트, 제조 등 전 산업 경쟁력 향상에 기여하고 있다.

① 기획 및 설계: 프로젝트 기획, 개념 설계, 기본 설계, FEEDFront End Engineering & Design, 상세 설계

② 프로젝트 관리Project Management: PM: 설계에 따라 필요한 자재 및 설비의 구매·조달과 시공 관리

표 A1-3 플랜트 엔지니어링 대상 분야

<table>
<tr><th colspan="4">구분</th><th>발전</th><th>수처리</th><th>오일/가스</th></tr>
<tr><td rowspan="2">산업 기반</td><td colspan="3">관련 산업</td><td>복합/분산 발전, 하이브리드 발전, 신재생에너지</td><td>정수/공정수, 하폐수 처리, 폐기물 처리</td><td>시추 및 생산, 전처리/전환/고도화</td></tr>
<tr><td colspan="3">요소기술</td><td>신공정/모듈화 기술, 연료 다변화 대응, 고성능 분산 발전, 신재생에너지 활용</td><td>신공정/모듈화 기술, 산업용수 확보, 난분해성 폐수 처리, 초순수 제조</td><td>신공정/모듈화 기술, 오일/가스 개발, 비전통 자원 활용(중질유 분해, 셰일 가스)</td></tr>
<tr><td rowspan="16">엔지니어링 공통 기반</td><td colspan="2" rowspan="4">PP (프로젝트 기획)</td><td>시장 분석</td><td colspan="3">시장 조사, 시장 예측, 경쟁 분석</td></tr>
<tr><td>기술 분석</td><td colspan="3">기술 조사, 기술 예측</td></tr>
<tr><td rowspan="2">투자 타당성 분석</td><td colspan="3">비용 산정, 기술-경제성 분석, 수익성 분석</td></tr>
<tr><td colspan="3">재무 분석, 환경영향 분석, 운전/유지보수 분석</td></tr>
<tr><td rowspan="8">EPC</td><td rowspan="6">E(설계)</td><td rowspan="6">설계/해석</td><td colspan="3">개념 설계: Conceptual Design Package</td></tr>
<tr><td colspan="3">기본 설계: Basic Design Package(BDP)</td></tr>
<tr><td colspan="3">FEED: FEED Package</td></tr>
<tr><td colspan="3">상세 설계(3D, 4D, 5D), 시공서, 시공성 분석</td></tr>
<tr><td colspan="3">공정 해석, 정적 해석, 동적 해석, 시뮬레이션</td></tr>
<tr><td colspan="3">RAM 분석, 위험 분석, 안전성 분석</td></tr>
<tr><td>P(조달)</td><td>조달</td><td colspan="3">구매, 자재관리, 발주, 계약, 검사, Expediting</td></tr>
<tr><td>C(시공)</td><td>시공</td><td colspan="3">시공, 제작, 시운전, 감리</td></tr>
<tr><td colspan="2">PM (관리)</td><td>관리</td><td colspan="3">프로젝트 관리(PM), 건설관리(CM), 설계관리(EM), 위험관리(RM), 정보관리</td></tr>
<tr><td colspan="2" rowspan="3">O&M (운영관리)</td><td>운영</td><td colspan="3">운전, 관제, HSES(Health, Safety, Environment, Security)</td></tr>
<tr><td>유지보수</td><td colspan="3">유지보수, 공정 감시</td></tr>
<tr><td>해체</td><td colspan="3">해체</td></tr>
</table>

자료: 김진국 외(2018).

③ 플랜트 운영Operation & Maintenance: O&M: 준공 이후 운영사가 인수하여 생산성 제고, 에너지 효율 향상, 안전 등을 위하여 행하는 시설 운전 및 유지·보수

플랜트의 설계, 특히 기본 설계는 후속 구매, 시공, 검수와 플랜트 운영,

유지보수, 폐기에 이르기까지 플랜트 생애 전 주기에 걸쳐 가장 큰 영향을 미치는 기반 기술 분야다. 국내는 상세 설계·시공 등 저부가 영역 위주로 성장하여, 기본 설계, PM, O&M 등 고부가 영역 핵심 기술 개발 노력은 부족한 편이다.

1) 정유/석유화학

산지로부터 유조선으로 운송되어 원유 탱크에 저장된 원유Crude Oil는 정제 공정으로 투입되기 전에 불순물을 제거하고 상압증류탑CDU에서 분리 및 분해 공정을 거친다. 원유가 분리되어 연료유(LPG, 가솔린, 항공유, 경유, B-C유)가 되고, 그중 일부 중질 나프타Naphtha는 개질 공정을 거쳐 방향족(벤젠, 톨루엔, 자일렌 이성체)이 되고, 경질 나프타는 석유화학 공장으로 보내져 나프타분해설비에서 분해되어 석유화학 기초 원료인 올레핀(에틸렌, 프로필렌, 부타디엔)이 된다. 현재 가동 중인 대부분의 공정은 나프타를 이용해 올레핀과 방향족을 생산한다. 이들 기초 원료를 합성 및 중합하여 플라스틱, 섬유, 고무, 정밀화학, 바이오 제품 등을 만든다. 석유를 기반으로 이루어지는 정유 산업과 석유화학 산업은 결과물에서 큰 차이를 보이는데, 정유 산업은 주로 에너지 연료를 생산하는 반면, 석유화학 산업에서는 실생활에서 쓰이는 제품의 소재들을 생산한다. 석유정제 공정은 크게 원유를 단순히 분리만 하는 토핑Topping, 중질유를 열/촉매/수소를 이용해 깨는 분해Cracking, 탄화수소의 개질/중합/이성화 반응을 이용하는 조합 및 재배열, 수소/촉매를 이용하는 탈황 및 기타 윤활유 공정으로 분류한다. 석유화학 산업은 탄소화합물의 탄소 고리를 분해하는 공장을 모체로 하는 산업이다. 이때 원료로 사용되는 것이 나프타이며, 나프타를 분해하는 설비를 나프타분해설비Naphtha Cracking Center: NCC라고 한다. 나프타분해설비에서 생

그림 A1-5 국내 복합생산단지 석유화학제품 계통도(총괄)

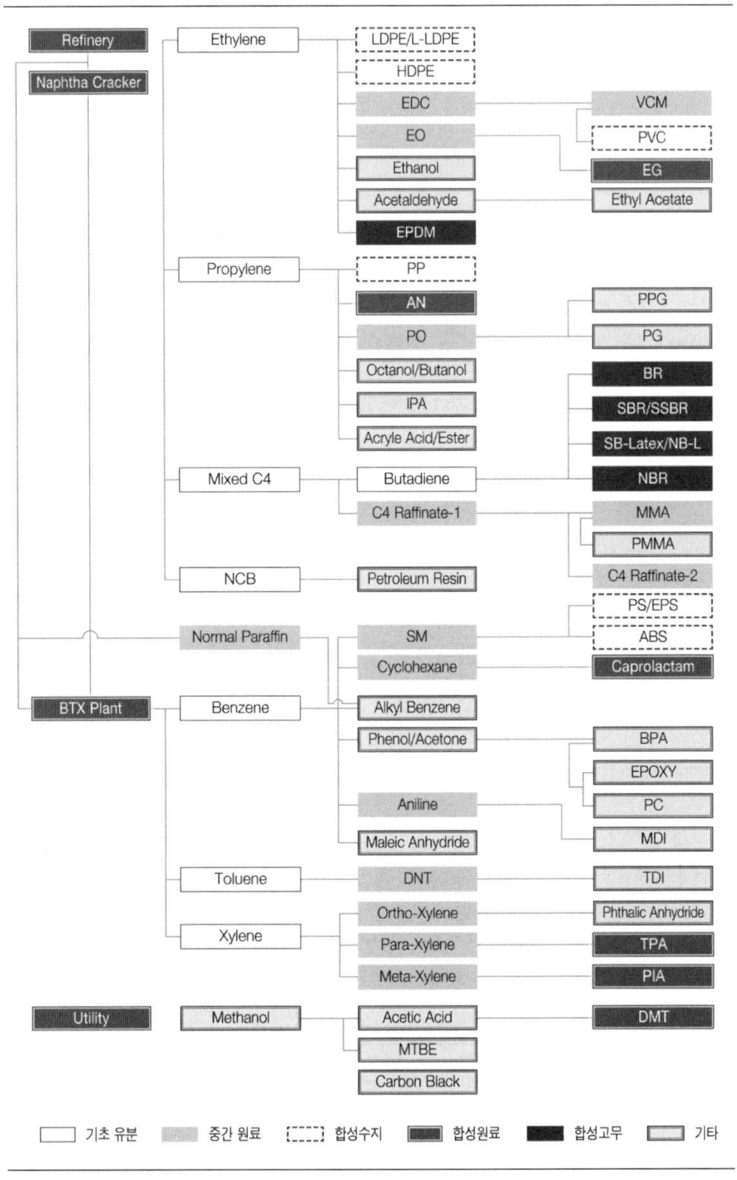

자료: 한국석유화학협회(2015).

산되는 제품은 투입되는 나프타의 물성에 따라 다르지만, 보통 에틸렌, 프로필렌, C4유분, 열분해가솔린, 메탄·수소·액화석유가스 등이다. 석유화학제품 생산의 기본이 되는 나프타 분해는 분해 공정 → 급랭 공정 → 압축 공정 → 냉동 공정 → 분리정제 공정 단계를 거쳐 이루어진다.

① 분해 공정: 분해 공정에서는 나프타에 열을 가해 탄소 수가 적은 탄화수소로 분해한다. 액상 원료인 나프타와 순환 에탄은 희석 증기와 혼합된 후, 분해로 안에서 약 800~850℃의 고온으로 분해된다.

② 급랭 공정: 분해로에서 나오는 물질은 열교환기를 거치면서 약 400℃로 급랭되며, 열교환기를 나오는 물질은 냉각유로 약 200℃까지 급랭된 뒤 가솔린정류탑으로 이동한다. 급랭 공정에서는 분해된 탄화수소끼리 서로 반응하지 못하도록 온도를 낮춘다.

③ 압축 공정: 경제적인 분리를 위해 분해가스를 압축하여 부피를 줄이는 공정이다. 급랭탑 꼭대기에서 나온 경질유분은 분해가스압축기에서 약 36기압까지 압축된다.

④ 냉동 공정: 압축기에서 나온 가스는 건조기에서 수분이 제거된 뒤 저온 회수 공정으로 들어간다. 수분이 제거된 기체는 프로필렌 냉매, 에틸렌 냉매를 통해 단계적으로 냉각되어 응축물이 분리된다.

⑤ 분리정제 공정: 마지막으로 분리정제 공정을 거쳐 생산되는 에틸렌과 프로필렌은 바로 유도품 생산 공정으로 가고, C4유분과 열분해가솔린은 추가로 추출·정제 공정을 거쳐 부타디엔과 벤젠, 톨루엔, 자일렌 등 석유화학 기초 유분의 원료가 된다.

2) 발전

발전 산업은 석탄, 가스, 원자력 등의 연료를 사용하여 증기 생산 공정을 거친 후 최종 출력으로 전기를 생산하는 구조다. 전기 생산은 연속공정으로 입력과 동시에 출력이 발생하며, 항상 양질의 전기를 소비자가 원하는 만큼 사용할 수 있도록 발전설비를 유지해야 한다. 발전 산업은 공적 성격이 강하고 사고나 고장 발생 시 사회에 미치는 영향이 크기 때문에, 효율성, 자동화보다는 설비의 안정성과 신뢰성이 최우선으로 고려된다. 따라서 생산설비의 신뢰성을 높이기 위해서는 설비의 상태를 실시간으로 감시하고 진단하며 문제 발생 전에 조치할 수 있는 체제를 갖추는 것이 가장 중요한 목표다.

발전 산업은 다양한 설비 종류, 기술 등이 혼합된 첨단 종합 장치산업으로, 최고 수준의 자동화 공장 시스템을 보유하고 있다. 세계적인 발전 시스템 제조사인 GE, ABB, 에머슨, 지멘스의 최신 기종 DCS(분산제어시스템)를 사용하고, 실시간 운전 감시 시스템을 포함하여 성능 감시, 조기경보, 진동 감시, 보일러 튜브 누설 감시BILI 등 50여 종의 보조 감시 시스템을 운영하고 있다. 현장 대부분의 밸브, 기기는 자동화되어 중앙제어실에서 조작이 가능하며, 보일러, 터빈 등의 핵심 설비는 마스터 컨트롤 알고리즘에 의해 자동 조정 운전된다.

화력발전소의 경우, 보일러에서 생성된 증기가 터빈을 회전시키고 터빈에 붙어 있는 발전기가 회전하면서 전기가 발생한다. 발전하는 매체는 터빈의 증기로, 증기를 만드는 데 필요한 것은 물, 연료, 공기다.

첫째, 발전소에서 사용되는 물에는 터빈 회전에 필요한 계통수와 복수기의 증기를 응축시키기 위한 순환수 등 두 가지가 있다. 터빈 회전에 필요한 증기는 랭킨 사이클Rankine Cycle에 의해 생성되는데, 복수기 → 급수펌프

→ 보일러 → 터빈을 순환하면서 터빈 조건에 맞는 증기를 만든다. 순환수는 복수기를 통과하면서 증기를 물로 응축시키는데, 사용되는 소요 수량이 많아 다량의 바닷물을 사용하기 때문에 우리나라의 경우 대용량 화력발전소가 바닷가에 위치하고 있다.

둘째, 연료는 석탄, 기름, 가스 등으로 주로 외국에서 배로 수입하여 발전소 내에서 공정을 거쳐 보일러에 공급한다. 연료는 공기와 혼합되어 연소된 후 연돌Stack(일명 굴뚝)을 통해 외부로 배출되며, 보일러에서 연소된 재의 일부는 회 처리장으로 운반되고 일부는 처리 공정을 거쳐 비회 운반 차량을 통해 재활용되고 있다. 연소가스에 포함된 황 및 질소를 제거하는 탈질 및 탈황설비가 있으며, 탈황설비는 석회석을 주입해 석고를 생성하여 산업 부산물로 재활용되고 있다.

셋째, 공기는 연소용과 연료 이송용 공기가 있는데, 연료와 함께 보일러 내부에서 연소되면서 계통수인 물을 증기로 만드는 데 사용된다. 보일러에서 공기의 흐름을 보면, 공기는 연소용 공기를 흡입하는 압입송풍기FDF와 석탄을 이송하는 1차 공기 송풍기PAF에 의해 보일러에서 연소된 후 연소가스를 배출시키는 유인송풍기IDF를 통해 연돌로 보내진다. 보일러 부속설비인 공기예열기GAH는 보일러에 공급하는 공기 온도를 상승시켜 연소효율을 높이는 역할을 하며, 전기집진기EP는 연소가스 속의 먼지를 제거한다. 보일러에서 만들어진 고온·고압의 증기가 통과하면서 터빈이 고속 회전(3600rpm)을 하면 이 회전축에 연결된 발전기도 같은 속도로 회전하면서 전기를 발생시킨다.

기술 및 경험, 금융 지원 등이 중요한 요소로 작용하는 세계 플랜트 엔지니어링 시장은 상위 20개 선진 업체가 전체 시장의 60%를 차지하고 있으며, 국내 기업의 시장점유율은 0.5%로 매우 낮은 수준이다. 세계의 플랜트 엔지니어링 시장은 발전 부문에서는 미국의 벡텔Bechtel과 이탈리아의 에넬파워Enelpower가, 원유 및 가스 부문에서는 벡텔과 이탈리아의 스남프로게티Snamprogetti 등이, 석유화학 부문에서는 프랑스의 테크닙Technip과 일본의 JGC가 선도하고 있다. 해외 선진 플랜트 엔지니어링 기업은 수익성이 높고 사업 리스크가 비교적 낮은 FEED(기본 설계)와 PMC(프로젝트 사업관리) 등 고부가가치 엔지니어링 영역에 집중하고 있으며, 중국 및 인도 등의 후발 EPCEngineering, Procurement & Construction 기업은 낮은 인건비를 기반으로 한 가격경쟁력과 풍부한 자국 플랜트 수요를 기반으로 시장점유율을 높여가고 있는 상태다. 또한 현지의 발주자들은 기자재 및 시공 부문의 자국화와 엔지니어링 기술의 자국화를 위해 기술 전수 및 인력 양성을 추가로 요구하고 있어 국내 플랜트 엔지니어링 기업은 여러 가지 측면에서 어려움에 직면해 있다.

부록 2_ 스마트제조 R&D 로드맵*

스마트제조란 주력 산업의 고부가가치화, 신산업에 대한 과감한 도전, 생산시스템의 혁신, 선제적 산업구조 고도화를 체계적으로 추진하기 위한 스마트제조 혁신 생태계의 수직적 통합(HW/SW, IT/OT, 설비/데이터) 및 수평적 통합(제품 전 주기, 가치사슬)과 도전적 기술 개발을 의미한다. 스마트제조의 메가트렌드는 생산성 향상, 맞춤형·혼류 생산(고유연화), 품질 예측, 에너지 저감을 위한 ① 장비·디바이스, ② 첨단기술-시스템 융합, ③ 수직-수평 통합 표준·인증을 통한 신新제조 생태계의 성공적 구축이다(〈그림 A2-1〉). 자동차·반도체·디스플레이 등 주력 산업에서는 고생산성·고품질 요구사항에 부합하는 기존 장비 연계형 장비~시스템 패키지 생태계를 구축하고, 화장품·제약 등 신소비재 산업에서는 개인 맞춤형 유연생산에 맞는 장비~시스템 및 소비자 연계형 산업 생태계를 구축하는 일이다.

스마트제조의 핵심 요소기술 영역은 크게 애플리케이션, 플랫폼, 장비·디바이스로 구분되어 전개되고 있으며, 이들 간의 통합화가 표준화로 추진 중에 있다. 애플리케이션은 스마트제조 IT 솔루션의 최상위 소프트

* 산업통상자원부, 「스마트제조 R&D 로드맵」(2019) 참조.

그림 A2-1 스마트제조 기술의 핵심 구성요소

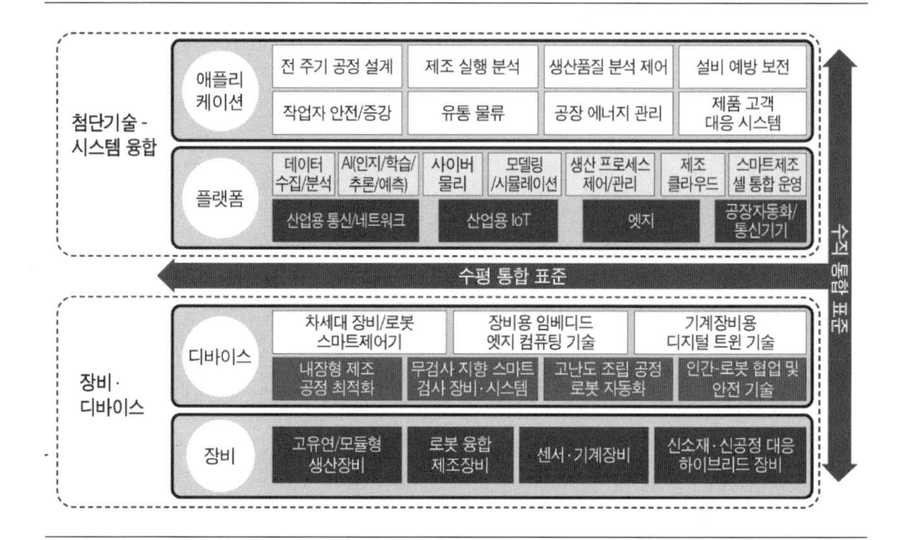

웨어 시스템으로, MES, ERP, PLM, SCM 등 플랫폼상에서 각종 제조 실행을 수행하는 애플리케이션으로는 공정 설계, 제조 실행 분석, 품질 분석, 설비 보전, 유통/조달/고객 대응 등이 있다. 플랫폼은 하위 장비·디바이스에서 수집한 표준화된 정보를 최상위 애플리케이션에 전달하는 역할을 하는 미들웨어 수준의 기술들로 정보 실시간 취합·처리·분류 등을 포함한 상위 애플리케이션과 연계할 수 있는 빅데이터 애널리틱스, 사이버물리 기술, 클라우드 기술 등이 있다. 장비·디바이스는 최하위 하드웨어 중심의 시스템으로 주력 산업, 신산업과 관련된 공정·장비를 위한 컴포넌트인 제어기, 로봇, 센서 등 다양한 요소로 구성되어 있으며, 장비에 내장되는 지능형 임베디드 소프트웨어 영역을 포함하고 있다.

스마트제조 기술은 국가 제조업 경쟁력을 높이는 주요 성장 동력이다.

미국, 독일, 일본 등 주요 제조 선진국뿐만 아니라 중국 등 신흥 제조국도 제조업의 중요성에 주목하여 ICT를 활용한 제조업 경쟁력 강화 정책을 수립하고 추진 중이다. 스마트제조 기술의 발전은 제조 경쟁력과 선순환 관계로, 고도화된 스마트제조 솔루션은 제조업의 기술 경쟁력 강화에 큰 영향을 미친다. 스마트제조 기술이 고도화될수록 구성요소(애플리케이션, 플랫폼, 장비·디바이스 등) 간 표준, 통신 등 연결성 문제로 소수 기업의 지배력이 강화되고 제조기업 입장에서는 한번 구축된 시스템에 대한 공급사 변경이 어려워, 초기 구축 기업에 대한 높은 종속Lock-in 효과가 있다. 예를 들면, PLC를 생산하는 해외 벤더는 이와 연결되는 기기 및 솔루션을 자사 제품만 호환되도록 설계·공급하는 등의 사업 전략을 추진하고 있다. 공급기업은 제조기업의 생산 정보 및 노하우를 획득할 수 있어(빅브러더화 현상) 기업 및 산업 경쟁력에 강력한 영향력을 행사한다. 후발 주자 기업은 기존에 형성되어 있는 시장의 진입 장벽이 높아 새롭게 진출하기 어렵고 계속 배제되는 구조다. 선도 기업을 중심으로 M&A, 기술 개발 등을 통한 수직적(SW-HW)·수평적(기획 설계-생산-물류-경영) 통합이 가속화 중이다. IoT·CPS 기반 SW-HW 간 연동의 중요성이 강조됨에 따라 각 분야 글로벌 기업들이 사업 영역을 확장하는 추세이고(수직적 통합), 고유의 개별 솔루션을 제공하는 것을 넘어, 전 제조 과정을 연동하고 실시간 관리할 수 있는 통합 솔루션을 개발·보급 중이다(가치사슬 간 수평적 통합).

한국의 전반적인 기술 수준은 최고 기술 수준 보유국(미국) 대비 72.3%이며, 국가별 기술 수준은 미국(100.0%) > 독일(93.4%) > 일본(79.9%) > EU(79.6%) > 한국(72.3%) > 중국(66.0%) 순이다. 미국은 생산 현장, IoT, 통신, 공장 운영 시스템, 비즈니스, 플랫폼에서 최고 수준을 나타내고 있으며, 제어시스템에서는 독일이 최고 수준이다. 한국의 경우, 통신과 공장 운

표 A2-1 기술 역량 평가

스마트제조 기술 분류			최고 기술국	한국의 기술 역량 및 평가
대분류	중분류	소분류		
애플리케이션	비즈니스	APS	미국	· 대기업은 세계적 SCM 경쟁력 확보, 동기화 생산기술 최고 수준 · 조선 산업은 공급망을 고려한 생산 계획 모듈 설계 및 일정 계획을 보완하는 TOC 기반의 블록 도장 실행 시스템 우수
		SCM	독일	· 우수한 인력 및 산업체 응용 경험 풍부 · 대기업을 중심으로 세계적인 SCM 경쟁력 보유
		ERP	미국	· 중소형 솔루션 보급으로 중소기업에서 활용도가 높지만(고객 특화 개발 가능) 대기업 및 중견기업은 외산 선호 · 삼성SDS, LG CNS, SK C&C와 같은 국내 SI 업체들 또한 SAP 위주의 ERP 기술 보유
		PLM	미국	· 대부분의 개발업체 파산 및 개발자 이직, 업체의 영세성 등 전반적으로 업체 수와 인력 수급 부족으로 솔루션 업그레이드 및 유지보수 불가 · 3D CAD를 비롯한 선행 기술이 외산이므로 기술 종속 심화
	공장 운영 시스템	MES	미국	· 오랜 경험을 바탕으로 기술력을 확보한 우수 공급사들이 많음 · 시장이 대기업 중심으로 구성되어 있으며 지역 종속성이 강함 · 우수 공급사들의 해외시장 진출이 어렵고 해외 마케팅 역량 부족 · 자동차 부품 제조업 중심으로 MES 시장 전개
플랫폼	미들웨어	클라우드	미국	· 인터넷 보급률이 높고 정보통신 기술은 발달했지만 IT 자원(SW, 저장 공간, 서버, 네트워크)이 국내에 한정되어 글로벌 경쟁력 빈약
		AR/VR/MR	미국	· 현재 연구 개발을 통해 기술 개발 진행 중으로, 당장 상용화는 힘든 상황
		IoT	독일	· 인터넷 인프라는 우수하지만 플랫폼 자체는 선진국 의존도가 높고, 산업 생태계 취약
		CPS/ 디지털 트윈	미국	· 유디엠텍 등의 우수 솔루션사 등장(전자·자동차 분야 활용) · 3D CAD를 비롯한 선행 기술이 외산이므로 기술 종속 심화 · 효용성 실증을 위해 테스트베드 및 설비 모델링 기술 필요
		빅데이터/ AI	미국	· 제조업에서 생성되는 빅데이터의 공유가 어려워 데이터 분석 경험 축적이 어려움 · 학계를 중심으로 논문 게재 수가 증가하는 추세지만 '개인정보 보호법' 등 과도한 규제로 인해 연구자들이 가용할 수 있는 절대적인 빅데이터 양이 적어 분석 경험 능력에서 떨어짐 · 기술 수준이 상승세이나 중국에 비해 상승 속도가 느리며, 전반적으로 미국, 유럽, 중국에 비해 기술 열세
		보안	미국	· IT 보안과 관련해서는 기술력을 어느 정도 확보하고 있으나, 산업용 보안 분야는 취약
장비·디바이스	제어 시스템	HMI	독일	· 패널 PC 및 터치 패널 등 기본적인 HMI 기능 구현은 선도 수준이지만 스마트화 및 네트워킹, ICT 연계 기능은 초기 단계임
		SCADA	미국	· XISOM(한국)은 산업자동화 소프트웨어 개발 툴 'X-SCADA' 기술을 보유하여 최적 통합 플랫폼 환경 구축 및 제어 감시가 가능하나 외산 의존도가 높음

스마트제조 기술 분류				최고 기술국	한국의 기술 역량 및 평가
대분류	중분류		소분류		
장비·디바이스	제어 시스템		DCS	미국	· 한정된 국내시장과 해외 업계의 등장 등 과열 경쟁으로 인해 저가 수주가 심함. 인력 수급 및 정책 부재, 국내 경기 저하 등 국내 DCS 산업이 전반적으로 침체기 · DCS는 규모 및 범위의 경제가 나타나고 경험곡선 효과가 적용되는 플랜트 업종에 활용되고 있으나 DCS에 대한 개발투자비용을 매몰비용으로 인식하고 최근 PLC가 DCS의 일부 기능을 대체
			PLC	독일	· 한국은 외산 선호(락인 효과가 큼) · LS산전의 활동으로 국내 시장점유율 약 33% 확보 · 적합성 인증 프로그램 부재로 센서, I/O 디바이스 등 유관 중소·중견 기업들의 제품 상용화 개발 참여도가 낮고 외산의 공격적 시장 전략으로 인해 국산 인지도가 떨어지는 등 시장 확대에 어려움이 있음
			장비연동 CAx	독일	· 한국은 원천기술 개발이 늦어 외산 의존이 강하고 일부 전용화된 분야를 제외하고는 매우 취약하지만 CAE 분야에서는 일부 선도 기술을 따라가고 있음(펑션베이 등) · 중소기업의 경우 외산이 고가여서 사용이 저조하므로 중소기업용 임베디드 솔루션 보급이 필요
	내장형 IoT	표식과 인지	AR/VR/MR	미국	· 현재 연구 개발을 통해 기술 개발 진행 중으로 당장 상용화는 힘든 상황
		제어 디바이스	모션 제어기	독일	· 대표 공장(신성이엔지) 등 일부 공장에서 실험적으로 적용 중
			CNC	독일	· 기본 인터페이스·제어 기능은 가능하나 스마트 기능·고속 제어·타 제품 연계성 등이 취약하고 구동부는 CNC 연계 개발 경험 부족
		측정 디바이스	스마트센서	독일	· 해외 선진국과의 기술 격차가 누적되어 있음. 가격 차이와 기술 장벽 극복이 어렵고 세계 시장점유율 미미 · 센서의 교정, 감도, 정확도, 정밀도 등이 취약하여 외산에 의존도가 높고 저가형 제품 위주로 공급
	통신		산업용 통신	미국	· 정보통신 기술 및 초고속 인터넷 통신망의 발전으로 기술력은 외산과 큰 차이가 없지만 브랜드 인지도 부족으로 외산을 사용
			인터넷 통신	한국	· 5G, 스마트폰, 인터넷망 등 품질이나 서비스가 우수하고, 우수한 개발인력 또한 풍부 · 전국적인 통신 인프라 구축 등 기업의 적극적 투자 · 기술의 최신성, 통신 속도 및 안정성 등 기술력 우위
	생산 현장		로봇	독일	· 한국은 '교육용 로봇' 분야에서 우수한 기술 보유 · 제조로봇 생산·수출 성장에도 불구하고 국내시장은 여전히 협소하며, 차세대 분야를 선도할 만한 역량 있는 로봇 전문 기업 부족 · 핵심 제어기 및 고도의 기술력을 요구하는 특성화 로봇 등은 일본 업체(야스카와 전기, 화낙) 제품 사용 · 중국에 비해 내수 시장 규모 및 시장 성장성도 작고 원천 및 상용화 기술력 또한 낮아 성장이 정체된 상황
			머신비전	미국	· 머신러닝, 딥러닝 등 알고리즘 분야에서는 기술력이 있는 편이나 렌즈, 카메라 등 기본 기술 취약

스마트제조 기술 분류			최고 기술국	한국의 기술 역량 및 평가
대분류	중분류	소분류		
	생산 현장	3D프린팅	미국	· 정부 주도로 기술 개발이 이루어지고 있으나 선도 기업 부재 및 사업화 정체로 인해 시장 성장성은 약함 · 투자 규모가 작아 개발 범위와 품목도 극히 제한적

자료: 산업통상자원부(2019).

영 시스템에서 선도 그룹에 해당하며, 특히 통신에서는 93.2%의 가장 높은 기술적 수준을 보인다. 생산 현장, IoT, 제어시스템, 비즈니스, 플랫폼에서는 추격 그룹에 해당하고, 가장 낮은 기술 수준인 제어시스템은 최고 수준 대비 67.2% 정도다.

에필로그

언제나 이타카를 마음에 두라
너의 목표는 그곳에 이르는 것이니
그러나 서두르지는 마라
비록 네 갈 길이 오래더라도
늙고 나서야 그 섬에 이르는 것이 더 나으니
길 위에서 너는 이미 풍요로워졌으니
이타카가 너를 풍요롭게 해주기를 기대하지 마라

이타카는 아름다운 모험을 선사했고
이타카가 없었다면 네 여정은 시작되지도 않았으리니
이제 이타카는 너에게 줄 것이 하나도 없다

설령 그 땅이 불모지라 해도
이타카는 너를 속인 적이 없고
길 위에서 너는 지혜로운 자가 되었으니
마침내 이타카가 가르친 것을 이해하리라

콘스탄티노스 카바피스의 「이타카(Ithaca)」 중에서

존재 이유를 어떻게 추슬렀는지

잠을 뒤척였고 심란한 밤을 보냈다

이제 내려놓고 다시, 걷는다

참고문헌

제1부 제조업의 미래, '생각하는 공장(Brilliant factory)'

관계부처 합동. 2019.「제조업 르네상스 비전 및 전략」.

권대욱. 2017.「Smart Factory 구현기술」. 한국산업지능화협회(KOSMIA).

삼성SDS. 2019a. "REAL 2019". https://www.samsungsds.com/global/ko/about/event/real2019.html (검색일: 2021.2.13).

______. 2019b. "Samsung SDS Cello Squre®". https://image.samsungsds.com/kr/resources/__icsFiles/afieldfile/2019/03/29/Cello_Square_Kor_Single_Page_View_190109.pdf (검색일: 2021.2.13).

______. 2020. "REAL 2020". https://real.samsungsds.com/ (검색일: 2021.2.13).

≪전자신문≫. 2020.7.29. "[스마트제조 2.0] '등대공장'으로 포스코가 국내 유일 … 정부, 'K-등대공장' 육성". https://m.etnews.com/20200729000194.

Jackie Jeong. 2018. "SAP의 Intelligent Enterprise 전략은?" https://sapstoryhub.co.kr/sap%EC%9D%98-intelligent-enterprise-%EC%A0%84%EB%9E%B5%EC%9D%80/ (검색일: 2021.2.13).

KIET. 2016.「IT-OT 기술 융합 및 제조분야 혁신」.

NNPC. 2015.「중국 제조 2025」(2015.11).

Devereaux, Doug. 2019. "5 Manufacturing Technology Trends to Watch in 2019." https://www.nist.gov/blogs/manufacturing-innovation-blog/5-manufacturing-technol

ogy-trends-watch-2019-0 (검색일: 2021.2.13).
Gartner. 2019. "Magic Quadrant for Sales and Operations Planning Systems of Differentiation." https://www.gartner.com/en/documents/3913323/magic-quadrant-for-sales-and-operations-planning-systems (검색일: 2021.2.13).
McKinsey & Company. 2018. "Distraction or Disruption? Autonomous Trucks Gain Ground in US Logistics." https://www.mckinsey.com/industries/travel-logistics-and-transport-infrastructure/our-insights/distraction-or-disruption-autonomous-trucks-gain-ground-in-us-logistics?cid=other-soc-fce-mip-mck-oth-1812&kui=e-8dcvb-rPy7UfXoKiMFxw (검색일: 2021.2.13).
______. 2019. "'Lighthouse' Manufacturers Lead the Way?: Can the Rest of the World Keep Up?" https://www.mckinsey.com/business-functions/operations/our-insights/lighthouse-manufacturers-lead-the-way%E2%80%AC (검색일: 2021.2.13).
NIST. 2021. "Strategic Goals and Programs." https://www.nist.gov/el/goals-programs (검색일: 2021.2.13).
PAT Research. 2020. "Top 45 Cloud EPR Software." https://www.predictiveanalyticstoday.com/top-cloud-erp-software/ (검색일: 2021.2.13).
Plattform Industrie 4.0. 2020. https://www.plattform-i40.de (검색일: 2020.2.13).
Porter, Michael E. and James E. Heppelmann. 2014. "How Smart, Connected Products Are Transforming Competition." *Harvard Business Review*. https://hbr.org/2014/11/how-smart-connected-products-are-transforming-competition.
WEF. 2019. "Fourth Industrial Revolution: Beacons of Technology and Innovation in Manufacturing." https://www.weforum.org/whitepapers/fourth-industrial-revolution-beacons-of-technology-and-innovation-in-manufacturing (검색일: 2021.2.13).

제2부 개방과 플랫폼(Open & Platform)

공개SW포털. 2020. "공개SW 라이선스". http://www.oss.kr/oss_license/ (검색일: 2021.2.13).
공공데이터포털. 2020. "2020년 1월 공공데이터 활용신청 TOP 10". https://www.data.go.kr/bbs/ntc/selectNotice.do?originId=NOTICE_0000000001612 (검색일: 2021.2.13).
과기정통부·NIPA. 「2018년 공개소프트웨어 시장조사 보고서」.

김우진. 2019.「공공 오픈소스 R&D 확대를 위한 제언」. IITP. ≪ICT SPOT ISSUE 산업 분석≫, 2019-03.
김태영 외. 2015.「Open API 개발 기술 현황」. ≪KNOM Review≫, 18호 1권, 25~34쪽.
삼성SDS. 2020. “REAL 2020”. https://real.samsungsds.com/ (검색일: 2021.2.13).
서정호. 2018.『오픈 API 활성화를 통한 국내 은행산업의 혁신전략』. 서울: KIF.
신지강. 2019.「한국전력 HUB-PoP 플랫폼 개발 현황과 성과」. KEPCO.
유재필. 2013.「오픈소스 하드웨어 플랫폼(OSHW) 동향 및 전망」. KISA. ≪Internet & Security Focus≫, 8월 호, 24~50쪽.
이진휘. 2019.「오픈소스 중요성과 시사점」. NIPA. ≪이슈리포트≫, 2019-20호.
정보통신산업진흥원. 2018.「2018년 공개SW 시장조사 보고서」.
표준프레임워크 포털. 2020. “전자정부 표준프레임워크 구성”. www.egovframe.go.kr (검색일: 2021.2.13).
행정안전부. 2020.「전자정부 표준프레임 개요」.

Software AG. 2019. “Breaking the Big — From Monolithic to Microservices.” https://tech.forums.softwareay.com/t/breaking-the-big-from-monolithic-to-microservices/237115 (검색일: 2021.2.13).

제3부 AI, 과대광고(Hype)를 넘어 현실로

과학기술일자리진흥원. 2019.「인공지능(빅데이터) 시장 및 기술 동향」. ≪S&T Market Report≫, 71권.
과학기술정보통신부. 2018.「과학기술 & ICT 동향」, 116호.
김용균. 2018.「반도체 산업의 차세대 성장엔진, AI 반도체 동향과 시사점」. ≪ICT SPOT ISSUE≫, 2018-1호.
삼성SDS. 2020.「Technology Toolkit 2020」.
안성훈. 2019.「중소·중견 기업을 위한 한국형 적정 스마트팩토리」.
이정림. 2018.「Data Lake를 통한 데이터 관리 패러다임의 전환」. ≪삼성SDS 인사이트 리포트≫.
이정태. 2020.5.25. “AI로 제조업을 개선하는 10가지 방법”. ≪AI 타임스≫.
이준호. 2020.「AI 반도체 글로벌 동향」. NIPA.

이진휘. 2020.「AI 기술동향과 오픈소스」. NIPA. ≪이슈리포트≫, 2020-3호.
전수남. 2019.「스마트공장의 끝판왕, "AI 공장" 중소기업이 어떻게?」. NIPA. ≪이슈리포트≫, 2019-26호.
정지선. 2019.「글로벌 인공지능 연구의 4대 키워드와 시사점」. 한국정보화진흥원(NIA). ≪IT & Future Strategy≫, 1호.
정지형 외. 2019.「빛의 속도로 계산하는 꿈의 컴퓨터, 양자컴퓨터」. 한국과학기술기획평가원. ≪KISTEP Issue Paper≫, 2019-7(통권 265호).
ETRI. 2018. "AI 알고리즘 트렌드". ≪Insight Report≫, 2018-10호.

Beam, Andrew L. 2017. "Deep Learning 101—Part 1: History and Background." https://beamandrew.github.io/deeplearning/2017/02/23/deep_learning_101_part1.html (검색일: 2021.2.13).
Davenport, Thomas H. and Rajeev Ronanki. 2018.1.9. "Artificial Intelligence for the Real World." *Harvard Business Review*.
HAI. 2019. "AI Index 2019 Annual Report."
Hale, Jeff. 2018. "Deep Learning Framework Power Scores 2018." https://towardsdatascience.com/deep-learning-framework-power-scores-2018-23607ddf297a (검색일: 2021.2.13).
IoT Analytics Research. 2019. "Industrial AI Market Report 2019-2025." https://iot-analytics.com/the-top-10-industrial-ai-use-cases/ (검색일: 2021.2.13).
Wang, J. et al. 2018. "Deep Learning for Smart Manufacturing: Methods and Applications." *Journal of Manufacturing Systems*, 48, pp.144~156.

제4부 핵심 기술(Key Technologies), 연결과 보안

김기현. 2018.「스마트공장 사이버 위협과 보안 기술」. ≪OSIA S & TR Journal≫, 31권 2호, 23~29쪽.
김병섭 외. 2020.「멀티 클라우드 기술 개요 및 연구 동향」. ETRI. ≪전자통신동향분석≫, 35권 3호, 45~54쪽.
삼성SDS. 2020.「Technology Toolkit 2020」.
삼정KPMG 경제연구원. 2019.「5G가 촉발할 산업 생태계 변화」. ≪Samjong Insight≫, 63호.

신동형. 2019.「5G가 만들 새로운 세상」(2019.7). NIA.
안성원. 2018.「클라우드 가상화 기술의 변화」. SPRi. ≪Issue Report≫, 2018-8호.
안성원·유호석·김다혜. 2017.「클라우드 보안의 핵심 이슈와 대응책」. SPRi. ≪Issue Report≫, 2017-6호.
이글루시큐리티. 2020. "보안관제방법론(IGMSM-IGLOO Security management security methodology)". www.igloosec.co.kr (검색일: 2020.2.13).
한국인터넷진흥원(TIPA). 2018.「Technology Roadmap for SME(정보보호, 2018~2020)」.

Chen, J. and X. Ran. 2019. "Deep Learning with Edge Computing: A Review." IEEE. https://proceedingsoftheieee.ieee.org/most-downloaded/deep-learning-with-edge-computing/ (검색일: 2021.2.6).
ICS-CERT. 2018. "Recommended Practice: Updating Antivirus in an Industrial Control System." https://us-cert.cisa.gov/sites/default/files/recommended_practices/Recommended%20Practice%20Updating%20Antivirus%20in%20an%20Industrial%20Control%20System_S508C.pdf (검색일: 2021.2.13).
MSV, Janakiram. 2020.6.15. "Critical Capabilities for Edge Computing in Industrial IoT Scenarios." *Forbes*. https://www.forbes.com/sites/janakirammsv/2020/06/15/critical-capabilities-for-edge-computing-in-industrial-iot-scenarios/#3d88db876df9.

제5부 와해성 기술(Disruptive Technologies), 뉴노멀을 넘어

강송희. 2019.「직무의 변화를 이끄는 로보틱 프로세스 자동화」. SPRi. ≪월간 SW중심사회≫, 59호, 15~22쪽.
계중읍. 2018.「4차 산업혁명의 동인! 산업용 로봇과 전문서비스 로봇」. ≪기술과 혁신≫, 6월 호(418호), 17~20쪽.
권영환 외. 2020.「원격근무 솔루션 기술·시장 동향 및 시사점」. SPRi. ≪Issue Report≫, IS-093.
김용기. 2017.「제조용 로봇 기술 및 시장 동향」(2017.3). 연구성과실용화진흥원(COMPA).
박종훈. 2019.「제조업을 넘어 다양한 산업으로, IoT 및 AI와 융합 중인 디지털 트윈」. IITP. ≪주간기술동향≫, 1889호, 29~34쪽.
사공호상·임시영. 2018.「4차 산업혁명을 견인하는 '디지털 트윈 공간(DTS)' 구축 전략」.

≪국토정책 Brief≫, 661호, 1~6쪽.
삼성SDS. 2019. "REAL 2019". https://real.samsungsds.com/ (검색일: 2020.2.13).
______. 2020a. "Nexledger Universal". https://www.samsungsds.com/global/ko/solutions/off/nexledger/Nexledger.html (검색일: 2021.2.13).
______. 2020b. "Real 2020". https://real.samsungsds.com/ (검색일: 2021.2.13).
서미란. 2019.「국내·외 3D프린팅 활용사례와 시사점」. NIPA. ≪이슈리포트≫, 2019-16호.
이범진. 2019.「몰입형 XR 기술이 기업에 미치는 긍정적 영향」. ≪글로벌 산업기술 주간브리프≫, 6월.
정보통신기획평가원(IITP). 2018.「ICT R&D 기술로드맵 2023」.
정승현. 2020.「스마트시티와 블록체인」. 한국건설기술연구원.
정용복. 2017.「협동로봇의 현황 및 전망」. http://www.kosmia.or.kr/download/20170330/31/Track%20D1.pdf (검색일: 2021.2.13).
최선미. 2019.「제조혁신: 블록체인 도입 가치와 방향」. ETRI. ≪Insight Report≫, 2019-56호.
FirmaChain. 2020.11.27. "'퍼블릭, 프라이빗, 하이브리드' 3가지 블록체인 네트워크 알아보니?!" https://medium.com/firmachain/퍼블릭-프라이빗-하이브리드-3가지-블록체인-네트워크-알아보니-afafb10ad59 (검색일: 2021.2.6).
Markets and Market. 2016.「세계 디지털 트윈 시장 전망」.
TTA. 2021. "내 손안의 표준". http:/tta.or.kr (검색일: 2021.2.13).

Aragon Research. 2019. "The Aragon Research Globe™ for Unified Communications and Collaboration, 2019."
Candusio, Roberto. 2018. "2018, Blockchain 3.0! Are You Ready?" https://www.linkedin.com/pulse/2018-blockchain-30-you-ready-roberto-candusio (검색일: 2021.2.13).
Core77. 2018. "How to Select the Right 3D Printing Process." https://www.core77.com/posts/71172/How-to-Select-the-Right-3D-Printing-Process (검색일: 2021.2.13).
Gartner. 2017. "Market Insight: How to Collaborate and Compete in the Emerging VPA, VCA, VEA and Chatbot Ecosystems." https://www.gartner.com/en/documents/3629830/market-insight-how-to-collaborate-and-compete-in-the-eme (검색일: 2021.2.6).
______. 2018. "5 Trends Emerge in the Gartner Hype Cycle for Emerging Technologies, 2018." https://www.gartner.com/smarterwithgartner/5-trends-emerge-in-gartne

r-hype-cycle-for-emerging-technologies-2018/ (검색일: 2021.2.13).
______. 2019. “Top 10 Strategic Technology Trends for 2019.” https://www.gartner.com/en/doc/3891569-top-10-strategic-technology-trends-for-2019 (검색일: 2021.2.13).
______. 2020. “5 Trends Drive the Gartner Hype Cycle for Customer Service and Support Technologies, 2020.” https://www.gartner.com/smarterwithgartner/5-trends-drive-the-gartner-hype-cycle-for-customer-service-and-support-technologies-2020/#:~:text=(CX)%20goals.-,The%20Gartner%20Hype%20Cycle%20for%20Customer%20Service%20and%20Support%20Technologies,business%20value%20they%20could%20provide (검색일: 2021.2.13).
IFR. 2020. “World Robotics Industrial Robots 2020.”
Shaw, Keith and Josh Fruhlinger. 2019.1.31. “What is a Digital Twin and Why It's Important to IoT.” Network World. https://www.networkworld.com/article/3280225/what-is-digital-twin-technology-and-why-it-matters.html (검색일: 2021.2.13).

부록

김상훈. 2017. 「4차 산업혁명과 제조업 부문의 경쟁력 강화방안」.
김정언 외. 2018. 「지능형반도체 기술개발을 위한 기획연구」. 과학기술정보통신부 정책연구 18-29.
김진국 외. 2018. 「4차 산업혁명 시대의 스마트 플랜트 엔지니어링」. KEIT. ≪KEIT PD Issue Report≫, 18-4호, 17~43쪽.
박광현. 2019.11.14. 「산업테마보고(반도체장비)」. 한국기업데이터.
산업통상자원부. 2019. 「스마트제조 R&D 로드맵」(2019.3).
한국반도체산업협회(KSIA). 2019. 「2019 반도체통계」.
한국석유화학협회. 2015. “석유화학으로 만드는 세상”. http://www.kpia.or.kr/ (검색일: 2021.2.13).
홍순파. 2014. 「첨단 뿌리기술 발굴·육성으로 제조업의 글로벌 경쟁력 강화」. ≪KIET 산업경제≫, 9월 호, 72~75쪽.

찾아보기

자

차

카

타

D

E

F

G

H·I

J·K

L

M

지은이

/

정동곤_ 기술사

duncan.chung@kakao.com

삼성SDS 소프트웨어 엔지니어로, IT 업계에 입문한 후 삼성전자 통합설비관리시스템구축 PM 등 반도체 소재·부품·장비 외 디스플레이, 이차전지, 케미컬, 오일·가스, 조선, 신발 같은 다양한 업종의 스마트팩토리 프로젝트에 참여했다.

2010년, 2017년 삼성SDS인상(Best Solution賞)을 수상했고, 저술한 책으로 『스마트매뉴팩처링을 위한 MES 요소기술』(2013), 『스마트팩토리: 제4차 산업혁명의 출발점』(2017)이 있다.

한울아카데미 2297

스마트팩토리 2.0

지은이 정동곤
펴낸이 김종수
펴낸곳 한울엠플러스(주)
편　집 이진경

초판 1쇄 인쇄 2021년 6월 11일
초판 1쇄 발행 2021년 6월 18일

주소 10881 경기도 파주시 광인사길 153 한울시소빌딩 3층
전화 031-955-0655
팩스 031-955-0656
홈페이지 www.hanulmplus.kr
등록번호 제406-2015-000143호

Printed in Korea.
ISBN 978-89-460-7297-8 13560

* 책값은 겉표지에 표시되어 있습니다.